Oßwald · Produktionsplanung bei losweiser Fertigung

Beiträge zur industriellen Unternehmensforschung

Herausgeber: Prof. Dr. Dietrich Adam, Universität Münster

Band 7

Dr. Jürgen Oßwald

Produktionsplanung bei losweiser Fertigung

Operationale Modelle zur
simultanen Programm-, Ablauf- und Losgrößenplanung
bei ein- und mehrstufiger Produktion

SPRINGER FACHMEDIEN WIESBADEN GMBH

D 6

© 1979 Springer Fachmedien Wiesbaden

Ursprünglich erschienen bei Betriebswirtschaftlicher Verlag Dr. Th. Gabler KG, Wiesbaden 1979

Umschlaggestaltung: Horst Koblitz, Wiesbaden

ISBN 978-3-409-34251-3   ISBN 978-3-663-13118-2 (eBook)

DOI 10.1007/978-3-663-13118-2

Geleitwort des Herausgebers

Im Band 7 der "Beiträge zur industriellen Unternehmensforschung"
werden Entscheidungsmodelle für die operative Produktionsplanung
bei losweiser Fertigung entwickelt. Ausgangspunkt der Betrachtung
ist die statische Analyse der simultanen Produktionsprogramm-,
Losgrößen- und Lossequenzplanung bei einstufiger Fertigung auf
einem Aggregat. Diese zunächst enge Problemstellung wird schritt-
weise bis zu einem umfassenden dynamischen Modell zur simultanen
Produktionsplanung für lineare und vernetzte Erzeugnisstrukturen
bei mehrstufiger losweiser Fertigung auf mehreren, auch parallel
einsetzbaren Aggregaten erweitert.

Die vorliegende Arbeit leistet insbesondere im Teil über dynamische Modelle einen bemerkenswerten, über den derzeitigen Stand der
Literatur hinausgehenden Beitrag zur Theorie losweiser Fertigung.
Der Beitrag des Verfassers zur simultanen Programm-, Losgrößen- und
Lossequenzplanung ist insbesondere deshalb wertvoll, weil es ihm
durch sinnvolle Modellaufbereitung gelingt, größere Probleme analytisch durch Einsatz der heute verfügbaren Standardsoftware optimal
zu lösen, während für Probleme gleicher Größenordnung in der Literatur mehr oder weniger "brauchbare" Heuristiken angeboten werden.

Bei der Entwicklung der Modelle stand gleichermaßen theoretische
Exaktheit und praktische Anwendbarkeit der Modelle im Vordergrund.
Dies macht die Arbeit nicht nur für den Theoretiker, sondern auch
für den mit der operativen Produktionsplanung befaßten Praktiker
interessant.

Dietrich Adam

Vorwort des Verfassers

Zur kurzfristigen Produktionsplanung bei losweiser Fertigung ist eine
Reihe von Entscheidungsmodellen in der Literatur nachzuweisen. Ein
Teil dieser Modelle leidet wegen fehlender geeigneter Lösungsalgorithmen
an mangelnder Operationalität i.S.v. Anwendbarkeit; der andere Teil
kennzeichnet heuristische Ansätze, die zwar dem Anspruch an die Operationalität genügen, aber nur zufällig zum Optimum führen. Der Ver-
fasser entwickelt in seiner Arbeit ein System von Entscheidungsmodellen,
mit deren Hilfe kurzfristige gewinnmaximale Produktionspläne für Betriebe ermittelt werden können, die mehrere Erzeugnisarten in losweiser
Fertigung in einstufigen und mehrstufigen Prozessen herstellen. Die
Modelle sind frei von heuristischen Elementen und lassen sich mit Hilfe
der Marginalanalyse bzw. mit Verfahren der linearen Programmierung
lösen.

Nach einer kurzen Charakterisierung des Problembereichs losweiser Fertigung werden in mehreren Stufen Entscheidungsmodelle entwickelt, die
von Stufe zu Stufe zunehmende Realitätsnähe aufweisen. Ausgangspunkt
ist die statische Analyse der simultanen Produktionsprogrammplanung,
der Losgrößenplanung und der Lossequenzplanung für den Fall einer einstufigen Fertigung auf einem Aggregat. Aufbauend auf dem statischen
Modellansatz wird ein dynamisches Modellkonzept entwickelt. Das dynamische Grundmodell für einstufige Fertigung arbeitet unter recht ein-
schneidenden Prämissen, die sukzessive im Verlauf der Arbeit abgebaut
werden.

Zunächst wird im Rahmen des Ein-Maschinenfalls eine umfassendere Abbildung des Lager-, Absatz- und Produktionsbereichs vorgenommen. Besonders hervorzuheben ist die Integration schwankender Nachfrage im
Zeitablauf, sortenschaltungsabhängiger Umrüstungen und intensitätsmäßiger Anpassungsprozesse in das dynamische Modell. Anschließend wird
die Planungssituation bei mehrstufiger losweiser Fertigung untersucht.
Hier wird zunächst der Fall linearer Fertigungsstrukturen unterstellt,
der dann als Basis für den Modellausbau auf vernetzte Produktionsstrukturen bei losweiser Fertigung dient. Im einzelnen wird das Modell für
Misch- und Montageprozesse, Kuppelprozesse, die Situation eines ge-

meinsamen Vorproduktes für unterschiedliche Erzeugnisarten auf nachfolgenden Produktionsstufen sowie für den Fall einer zeitlichen
Parallelproduktion auf funktionsgleichen, kostenverschiedenen Aggregaten erweitert.

Herrn Prof. Dr. D. Adam schulde ich Dank für seinen kritischen Rat
und seine Mühe bei der Förderung meiner Arbeit. Frau H. Schuffenhauer
gebührt Anerkennung für das sorgfältige Schreiben des Manuskripts.
Meiner Frau danke ich für ihr Verständnis.

Jürgen Oßwald

Inhaltsverzeichnis

0. Problemstellung

01. Gegenstand und Ziel der Untersuchung

Die vorliegende Untersuchung hat Probleme der kurzfristigen Produktionsprogrammplanung und der Produktionsdurchführungsplanung zum Gegenstand. Beide Teilprobleme werden unter dem Oberbegriff "Produktionsplanung" zusammengefaßt[1].

In dieser Arbeit wird die Produktionsplanung für Mehrproduktbetriebe mit losweiser Produktion[2] behandelt. Die Fertigung der Erzeugnisse kann eine oder mehrere Produktionsstufen erfordern. Im Fall mehrstufiger Produktion werden sowohl lineare als auch vernetzte Erzeugnisstrukturen[3] berücksichtigt.

Wesentliches Merkmal der Produktion in Mehrproduktunternehmen mit losweiser Fertigung ist der intermittierende Produktionsprozeß. Die Produktionsanlagen werden abwechselnd von unterschiedlichen Erzeugnissen gemeinsam beansprucht. Für jeden Produktionswechsel von einer zu einer anderen Erzeugnisart ist die Fertigung zu unterbrechen und die Produktionsanlage auf die Erfordernisse der neuen Erzeugnisart umzustellen. Zwischen zwei aufeinanderfolgenden Umstellungen werden jeweils mehrere Einheiten einer Erzeugnisart (Sorte) als geschlossener Posten (Los) gefertigt.

Das Anliegen dieser Arbeit ist die Entwicklung operationaler Entscheidungsmodelle zur Bestimmung gewinnmaximaler Produktionspläne für Betriebe mit losweiser Fertigung. Alle vorgeschlagenen Modelle ermöglichen eine simultane Planung des Produktionsprogramms, der Losgrößen und des zeitlichen Vollzugs der Produktion.

---

1 Zur Definition der Produktionsplanung vgl. D. Adam (1972/1), S. 335 ff. Vgl. auch E. Gutenberg (1976), S. 149. Gutenberg unterscheidet zwischen Produktionsprogramm-, Bereitstellungs- und Prozeßplanung.

2 Zum Begriff der losweisen Produktion vgl. G. v. Kortzfleisch (1972), S. 191 ff.

3 Vgl. D. Adam (1977), S. 61 ff.

Bei der Auswahl und Konzeption der mathematischen Modelle stand deren
Operationalität im Vordergrund. Eine strukturerhaltende Abbildung der
relevanten Merkmale der realen Planungssituation wird von allen Modellen gefordert[1]. Für operationale Modelle soll zusätzlich ein
Algorithmus zur Lösung von Problemen praxisrelevanter Größenordnung existieren[2], der nach einer endlichen Anzahl wohldefinierter
Schritte mit der Angabe der optimalen Lösung der in einem Modell abge-
bildeten Entscheidungssituation endet[3].

Als Lösungsalgorithmen für die vorgeschlagenen Modelle werden die
lineare Programmierung, Verfahren zur Lösung linearer Gleichssysteme
und die Marginalanalyse eingesetzt.

02. Aufbau der Arbeit

Die Arbeit ist in drei Kapitel gegliedert. Im ersten Kapitel wird die
reale Problemstellung erarbeitet, und es werden die problemspezifi-
schen Strukturelemente der Planung bei losweiser Fertigung analysiert.
Am Ende des ersten Kapitels wird das generelle Konzept der Modellentwicklung aufgezeigt.

Der Entwicklungsprozeß der Modelle vollzieht sich in mehreren Stufen.
Ausgehend von der statischen Analyse des Planungsproblems bei einstufiger Fertigung wird im zweiten Kapitel gezeigt, wie das Problem losweiser Fertigung gelöst werden kann. Durch fortlaufende Prämissenauf-
lösung wird anhand von zwei Planungsansätzen der Übergang zu einem
dynamischen "Grundmodell der einstufigen Fertigung" vollzogen. Bei-
spielrechnungen verdeutlichen den Entwicklungsprozeß.

Der Aufbau des Grundmodells wird zu Beginn des dritten Kapitels erläutert. Die folgenden Modellerweiterungen für den Lager-, Absatz-

---

1 Vgl. D. Adam (1975), S. 389 ff., S. 419 ff. und (1976), S. 1 ff.;
  W. Dinkelbach (1973), S. 151 ff.; E. Grochla (1969), S. 382 ff.;
  E. Kosiol (1961), S. 318 ff.

2 Vgl. Th. Witte (1978), S. 72 ff.

3 Zur Definition eines Algorithmus vgl. D.E. Knuth (1973), S. 1 ff.

und Produktionsbereich gelten zunächst für eine einstufige Fertigung
und beziehen sich auf das zuvor entwickelte Grundmodell.

Anschließend erfolgt die Erweiterung des Grundmodells für die mehrstufige Fertigung. Zunächst wird die veränderte Planungssituation bei
mehrstufigen Produktionsprozessen erläutert und das Modell auf den
Fall linearer Erzeugnisstrukturen erweitert. Gegenstand des letzten
Abschnitts der Arbeit ist die Analyse vernetzter Fertigungsstrukturen
und ihre Integration in das Modell. Im einzelnen werden Mischungs- und
Montageprozesse, der Fall eines gemeinsamen Vorprodukts für mehrere
Erzeugnisarten, Kuppelprozesse sowie die zeitliche Parallelproduktion
einer Erzeugnisart zugelassen.

1. Die reale Planungssituation bei losweiser Fertigung und deren Abbildung in Modellen

11. Die Definition der Planungssituation

Im Rahmen der betrieblichen Leistungserstellung ist eine Vielzahl einzelner Planungsprobleme zu lösen, die untereinander in wechselseitiger Beziehung stehen. Eine isolierte Betrachtung der Teilprobleme wird in der Regel nicht zu einem Gesamtplan führen, der die unternehmerische Zielsetzung erfüllt. Eine simultane Entscheidung über alle Teilprobleme ist erforderlich.

Die Produktionsplanung läßt sich als ein System interdependenter Teilpläne charakterisieren. Diese Planung umfaßt die Festlegung des Produktionsprogramms und alle Entscheidungen, die zur Durchführung des Produktionsprogramms erforderlich sind. Die Produktionsprogrammplanung entscheidet über Art und Menge der herzustellenden Erzeugnisse. Die Aufgabe der Produktionsdurchführungsplanung besteht darin, für ein nach Art und Menge gegebenes Produktionsprogramm den Fertigungsvollzug festzulegen.

Aus der Menge der Entscheidungsmöglichkeiten für das Produktionsprogramm und die Festlegung des Fertigungsvollzugs ist die Entscheidung zu treffen, die der unternehmerischen Zielsetzung genügt. Mit Hilfe der Zielsetzung erfolgt die Auswahl eines Planes, d.h., durch einen Vergleich der Zielgrößen aller Entscheidungsmöglichkeiten wird die zu treffende Entscheidung determiniert. Als Ziel wird in dieser Arbeit die Gewinnmaximierung unterstellt[1].

Der Produktionsprozeß bei losweiser Fertigung ist durch folgende Merkmale zu kennzeichnen:

● Im Produktionsablauf existieren neben Produktionszeiten Rüstzeiten. Die Dauer eines Umrüstvorgangs und die mit ihm verbundenen Kosten

---

1 Andere, auch kombinierte Zielsetzungen sind denkbar, bleiben in der Arbeit jedoch unberücksichtigt; zur Diskussion betriebswirtschaftlicher Ziele siehe E. Heinen (1976), S. 109 ff.

können allein von der Erzeugnisart abhängig sein, auf die umgerüstet wird. In diesem Fall wird von reihenfolgeneutraler Umrüstung gesprochen. Sind die Rüstkosten und/oder Rüstzeiten zusätzlich von der zuvor produzierten Erzeugnisart abhängig, liegt eine reihenfolgeabhängige Umrüstung vor.

- Der Produktionsprozeß kann eine oder mehrere Produktionsstufen umfassen. Wird ein Erzeugnis in einem Veredelungsprozeß nacheinander auf mehreren Produktionsstufen bearbeitet, liegt eine lineare Erzeugnisstruktur vor. Bei Montage- oder Mischprozessen wird die Erzeugnisstruktur als vernetzt bezeichnet.

- Unabhängig von der Erzeugnisstruktur soll zwischen zwei aufeinanderfolgenden Produktionsstufen grundsätzlich eine Zwischenlagerung der Erzeugnisse möglich sein. Nach Verlassen der letzten Produktionsstufe werden die Enderzeugnisse dem Verkaufslager zugeführt. Kann gleichzeitig mit der Fertigstellung der ersten Erzeugniseinheit eines Loses die Weiterverarbeitung oder der Verkauf dieser Erzeugniseinheit erfolgen, liegt auf der betrachteten Stufe eine offene Produktion vor. Als geschlossen wird die Produktion bezeichnet, wenn erst mit der Fertigstellung des gesamten Loses Erzeugniseinheiten dieses Loses weiterbearbeitet oder verkauft werden dürfen.

- Entsprechend der Anzahl der gefertigten Mengen der Erzeugnisarten wird von dem Produktionstyp Massenfertigung oder Großserienfertigung ausgegangen. Die Anzahl der pro Zeiteinheit vom Markt nachgefragten Erzeugnismengen und die Verkaufspreise sollen mit hinreichender Genauigkeit prognostizierbar sein. Beide Größen sind somit als deterministische Parameter der Planung anzusehen. Einer Variation der Absatzmengen im Zeitablauf wird durch Vorgabe verschiedener Parameterwerte für einzelne Zeitintervalle des Planungszeitraums Rechnung getragen. Es wird unterstellt, daß zwischen den Erzeugnisarten keinerlei Absatzverwandtschaft besteht.

- Die Nachfrage braucht nicht zu jedem Zeitpunkt des Planungszeitraums erfüllt zu werden. Verzugsmengen treten auf, wenn die nachgefragten Mengen zu einem späteren Zeitpunkt nachgeliefert werden. Ist eine Nachlieferung nicht möglich, geht die Nachfrage verloren, und es treten Fehlmengen auf.

• Der Planungszeitraum kann als kurzfristig charakterisiert werden. Wichtige Aktionsparameter der langfristigen Planung werden als Daten vorausgesetzt. Insbesondere werden die Betriebsmittelkapazitäten und die Grundstruktur des qualitativen Produktionsprogramms als gegeben angenommen.

Für die Modellentwicklung ist es zunächst erforderlich, die skizzierte komplexe Planungssituation in einzelne Teilpläne aufzugliedern.

12. Die Teilpläne der Produktionsplanung

Die Vorgehensweise bei der späteren Modellentwicklung macht zunächst eine isolierte Darstellung der Planungsprobleme erforderlich. Der Entwicklungsprozeß der Modelle beginnt mit Planungsansätzen, die nur grundlegende Probleme der Produktionsplanung bei losweiser Fertigung berücksichtigen. Mit fortschreitender Entwicklung werden in die Modelle sukzessive weitere Teilprobleme integriert. Für die Entwicklung ist es folglich erforderlich, die Teilprobleme zu untersuchen und deren Interdependenzen aufzuzeigen.

Das Problem der Produktionsplanung läßt sich in Produktionsprogrammplanung, Aufteilungsplanung, Emanzipationsplanung, Losplanung und zeitliche Ablaufplanung gliedern. Unter die Losplanung wird das Losgrößenproblem, das Lossequenzproblem und das Sortenreihenfolgeproblem subsumiert[1].

121. Produktionsprogrammplanung[2]

Die kurzfristige Produktionsprogrammplanung legt fest, welche Erzeugnisse eines gegebenen Rahmenprogramms in welchen Mengen während des Planungszeitraums herzustellen sind. Die Absatzmengen und die Kapazi-

---

1 Vgl. D. Adam (1972/1), S. 335 ff. und S. 437 ff.

2 Zur Produktionsprogrammplanung siehe z.B. H. Jacob (1971), S. 495 ff.; H. Jacob (1972), S. 39 ff.; W. Kilger (1973), S. 22 ff.

täten der Produktionsanlagen gehen bei der Programmplanung als konstante Parameter in die Planung ein. Die Verkaufspreise und die variablen, rein mengenabhängigen Produktionskosten pro Stück sind vorgegeben. Entscheidungen über die Produktionsdurchführung werden im Rahmen dieses Teilproblems ausgeklammert.

122. Produktionsaufteilungsplanung[1]

Im Rahmen der Produktionsaufteilungsplanung werden zwei verschiedene Aspekte berücksichtigt. Stehen mehrere funktionsgleiche, kostenverschiedene Aggregate zur Verfügung, wird durch die Aufteilungsplanung festgelegt, welche Teilmengen einer gegebenen Gesamtmenge einer Erzeugnisart auf welchen Aggregaten produziert werden sollen. Kann zudem die technische Leistungsabgabe der Aggregate variiert werden, sind zusätzlich die Intensitäten als Entscheidungsvariable bei der Produktionsaufteilungsplanung zu berücksichtigen. Für die Produktionsaufteilungsplanung stehen damit für jedes Aggregat zeitliche und intensitätsmäßige Anpassungsprozesse als Aktionsparameter zur Verfügung.

Eine Variation der Aggregatleistung ist mit einer Veränderung der variablen Produktionskosten verbunden. Beide Einflußgrößen - die Aggregatleistung und die variablen Produktionskosten - werden auch für die Planung des Produktionsprogramms benötigt. Die Produktionsprogrammplanung könnte demnach erst im Anschluß an die Aufteilungsplanung durchgeführt werden.

Andererseits ist eine Aufteilungsplanung nur denkbar, wenn bereits feststeht, was aufgeteilt werden soll. Eine Aufteilung der Produktion kann somit erst vorgenommen werden, wenn das Produktionsprogramm festgelegt ist. Wird das Produktionsprogramm jedoch aufgestellt, be-

---

1 Zur Produktionsaufteilungsplanung siehe z.B. D. Adam (1972), S. 381 ff.; K. Dellmann, L. Nastansky (1969), S. 239 ff.; H. Jacob (1963), S. 206 ff.; H. Jacob (1972), S. 207 ff.; R. Karrenberg, A. W. Scheer (1970), S. 689 ff.; L. Pack (1970), S. 67 ff.

vor die variablen Produktionskosten und die eingesetzte Aggregatleistung bekannt sind,wird sich in der Regel kein optimaler Plan ergeben. Es ist mithin eine simultane Betrachtung beider Teilpläne erforderlich.

123. Emanzipationsplanung[1]

Die Emanzipationsplanung bezieht sich auf den Zeitraum zwischen Fertigstellung und Absatz der Erzeugnisse. Unterliegt die Absatzentwicklung
z.B. wegen saisonaler Einflüsse im Zeitablauf Schwankungen, kann es
vorteilhaft bzw. notwendig sein, die zeitliche Produktionsentwicklung
von der Absatzentwicklung abzuheben. Eine Emanzipation der Produktion
von der Absatzentwicklung wird notwendig, wenn im Zeitablauf Absatzspitzen mit einer erforderlichen Absatzmenge pro Zeiteinheit auftreten,
die größer als die maximal mögliche Produktionsmenge pro Zeiteinheit
ist. Eine Befriedigung der Nachfrage ist somit nur möglich, wenn zu
Zeiten eines geringeren Absatzes Läger zum Ausgleich der Absatzspitzen
aufgebaut werden.

Ist aufgrund der Kapazitätssituation eine Abhebung der Produktion von
der Absatzentwicklung nicht unbedingt erforderlich, kann eine Emanzipation vorteilhaft sein, wenn durch eine Glättung der zeitlichen Produktionsentwicklung Kosteneinsparungen möglich sind. Eine Glättung
der Produktion ist u.a. durch intensitätsmäßige Anpassung möglich. Die
enge Beziehung zwischen Emanzipationsplanung und Produktionsaufteilungsplanung wird hier deutlich.

Die Interdependenzen zur Planung des Produktionsprogramms, das Datum
der Emanzipationsplanung ist, werden durch die Lager- und Produktionskosten hervorgerufen. Beide Kostenkomponenten werden durch die Emanzipationsplanung beeinflußt. Bei der Entscheidung über das Produktionsprogramm müßten diese Kosten bereits bekannt sein. Da bei sukzessiver
Planung die Lager- und Produktionskosten zur Aufstellung des Produktionsprogramms zunächst geschätzt werden müssen, braucht das resultierende Programm nicht notwendigerweise optimal zu sein.

---

1 Zur Emanzipationsplanung siehe z.B. D. Adam (1972/1), S. 342 ff.;
  W. Kilger (1973/1), S. 175 ff.; W. Piesch (1968), S. 1 ff.

124. Losgrößenplanung[1]

Durch die Losgrößenplanung werden die innerbetrieblichen Auftragsgrößen festgelegt. Werden mehrere Erzeugnisarten gemeinsam auf einer Produktionsanlage hergestellt, ist die Produktionsanlage bei jedem Produktionswechsel von einer auf eine andere Sorte umzustellen. Die Anzahl der zwischen zwei aufeinanderfolgenden Umstellungen gefertigten Erzeugniseinheiten einer Sorte wird als Losgröße bezeichnet.

Jede Umstellung ist mit Rüstkosten und Rüstzeiten verbunden. Die Anzahl der Umstellungen in der Planungsperiode ist von den Losgrößen abhängig. Bei steigenden Losgrößen nimmt die Anzahl der Umrüstungen im Planungszeitraum ab; die Belastung mit Rüstkosten und unproduktiven Rüstzeiten sinkt. Möglichst hohe Losgrößen wären somit erstrebenswert.

Andererseits wird während der Produktionszeit einer Sorte ein Lager aufgebaut, denn die Produktionsgeschwindigkeit ist im Durchschnitt größer als die Absatzmenge pro Zeiteinheit. Mit steigender Losgröße erhöht sich die einzulagernde Menge; die Lagerhaltungskosten nehmen zu. Vorteilhaft wäre es, eine möglichst kleine Losgröße zu realisieren.

Aufgabe der Losgrößenplanung ist es, die gegenläufigen Kostenkomponenten durch eine entsprechende Wahl der Losgrößen zum Ausgleich zu bringen. Bei isolierter Planung ist die optimale Losgröße erreicht, wenn die Summe aus Rüstkosten und Lagerkosten pro Stück minimal ist.

Durch die isolierte Planung wird der Einfluß der Rüstzeiten auf die Kapazitätsausnutzung der betrachteten Produktionsanlage nicht berücksichtigt. Übersteigt bei gegebener Losgröße die Summe der reinen Produktionszeiten und Rüstzeiten die Maschinenkapazität, kann ein zulässiger Produktionsplan höchstens durch eine Erhöhung der Losgrößen bei gleichzeitiger Umsetzung unproduktiver Rüstzeiten in Produktionszeiten erzielt werden. Die Berücksichtigung einer gemeinsamen Kapazitätsrestriktion macht eine simultane Planung der Losgrößen erforderlich.

---

1 Zur Losgrößenplanung siehe z.B. D. Adam (1969), S. 51 ff.; E. Gutenberg (1960), Sp. 4897 ff.; W. Lücke (1957), S. 344 ff.; L. Orth (1961), S. 738 ff.; L. Pack (1963), S. 465 ff. und S. 573 ff.

Eine Erhöhung der Losgrößen über die isoliert bestimmten Losgrößen hinaus ist stets mit Kostensteigerungen verbunden. Es stellt sich somit die Frage, ab wann es günstiger ist, anstelle einer weiteren Erhöhung der Losgrößen die Produktionsmengen und damit die Erlöse einzelner Sorten zu senken, um die Kapazitätsrestriktion einzuhalten.

125. Lossequenzplanung[1]

Bei losweiser Produktion tritt selbst bei einstufiger Fertigung ein spezielles Maschinenbelegungsproblem auf, das bei isolierter Planung der Losgrößen nicht berücksichtigt wird. Die isolierte Planung geht davon aus, daß mit der Produktion eines neuen Loses einer Sorte jeweils begonnen wird, wenn das Lager dieser Sorte gerade erschöpft ist. Bei vorgegebenen Losgrößen sind demnach die Produktionstermine für die Lose der einzelnen Sorten und die Auflageperioden zwischen zwei aufeinanderfolgenden Auflagen derselben Sorte festgelegt.

Aufgrund der gemeinsamen Fertigung mehrerer Sorten auf einer Produktionsanlage kann sich für die isoliert bestimmten Losgrößen ein Maschinenbelegungsplan ergeben, der zu gewissen Zeiten Mehrfachbelegungen einer Produktionsanlage vorsieht. Durch die isolierte Planung der Losgrößen wird sich höchstens zufällig ein zeitlich durchsetzbarer, überschneidungsfreier Maschinenbelegungsplan ergeben.

Das Lossequenzproblem kann als zweistufiges Planungsproblem angesehen werden. In der ersten Planungsstufe wird die Auflagenreihenfolge der Sorten festgelegt. Anschließend wird für die ermittelte Auflagenreihenfolge durch Abstimmung der Produktionstermine ein überschneidungsfreier Maschinenbelegungsplan bestimmt. Überschneiden sich die Produktionstermine einzelner Sorten, liegt keine zulässige Sortenfolge vor. Erst durch die Koordination der Produktionstermine wird die zeitliche Reihenfolge der zeitlich unmittelbar aufeinanderfolgenden Lose eindeutig determiniert.

---

1 Zur Lossequenzplanung siehe z.B. D. Adam (1969), S. 84 ff.;
   W. Dinkelbach (1964), S. 47 ff.; W. Kilger (1973), S. 441 ff.

Wird im Anschluß an die Losgrößenplanung ein überschneidungsfreier Maschinenbelegungsplan durch Verschieben der Produktionstermine der Sorten ermittelt, resultieren aus einer derartigen Verschiebung tendenziell höhere Lagerbestände. Die Lagerkosten weichen dann von den bei der isolierten Planung der Lose angesetzten Lagerkosten ab. Die isolierte Planung des Losgrößen- und Lossequenzproblems wird folglich nicht zu einem optimalen Produktionsplan führen.

126. Sortenreihenfolgeplanung[1]

Bei jedem Sortenwechsel ist die Produktionsanlage auf die Erfordernisse der neuen Sorte umzustellen. Jede Umstellung ist mit Rüstkosten und Rüstzeiten verbunden. Beide Komponenten sind bisher als reihenfolgeneutral angenommen worden, d.h., der Arbeitsaufwand für eine Umstellung ist ausschließlich von der Sorte abhängig, auf die umgerüstet wird.

In vielen praktischen Planungssituationen trifft diese Annahme nicht zu. Hier ist der Arbeitsaufwand für eine Umstellung von der zuvor produzierten Sorte und der aufzulegenden Sorte abhängig. Es liegen somit reihenfolgeabhängige Rüstkosten und Rüstzeiten vor; die Sortenreihenfolge wird zum Planungsproblem. Es ist die Produktionsreihenfolge zu bestimmen, bei der die gesamten Rüstkosten und Rüstzeiten minimal sind.

Im Unterschied zu dem *Auflagenreihenfolgeproblem* im Rahmen der Lossequenzplanung existiert das hier skizzierte *Sortenreihenfolgeproblem* nur dann, wenn reihenfolgeabhängige Rüstkosten und/oder Rüstzeiten vorliegen.

Das Reihenfolgeproblem bei sortenschaltungsabhängigen Umrüstkosten kann als asymetrisches Rundreiseproblem interpretiert werden. Der numerischen Lösung des Problems sind bis heute enge Grenzen gesetzt[2].

---

1 Zum Sortenreihenfolgeproblem siehe z.B. D. Adam (1969), S. 117 ff.; H. Müller-Merbach (1970), S. 65 ff.; U. Pfaffenberger (1960), S. 31 ff.

2 Vgl. M. Bellmore, G.L. Nemhauser (1968), S. 538 ff.; M. Grötschel, M.W. Padberg (1975), S. 378 ff.; M. Held, R.M. Karp (1970), S. 1138 ff. und (1971), S. 6 ff.; S. Lin, B.W. Kerninghan (1973), S. 498 ff.; H. Müller-Merbach (1970), S. 123 ff.

127. <u>Zeitliche Ablaufplanung</u>[1]

Die bisher angesprochenen Planungsprobleme zur Losplanung beziehen sich jeweils auf eine einzelne Produktionsstufe oder ein einziges Aggregat. Die Verknüpfung zwischen den aufeinanderfolgenden Produktionsstufen wurde noch nicht berücksichtigt.

Die erste Aufgabe der zeitlichen Ablaufplanung ist die Koordination der Produktionstermine in allen aufeinanderfolgenden Produktionsstufen. Die zweite Aufgabe, die Abstimmung der Produktionstermine innerhalb einer Produktionsstufe ist bereits im Rahmen der Lossequenzplanung und der Reihenfolgeplanung behandelt worden und soll hier nicht wiederholt werden.

Für die zeitliche Ablaufplanung ist die Maschinenfolge, d.h. die Reihenfolge, in der die Erzeugnisse die einzelnen Produktionsstufen durchlaufen, als Datum gegeben. Zwischen zwei aufeinanderfolgenden Produktionsstufen ist grundsätzlich eine Zwischenlagerung der Erzeugnisse erlaubt.

Ziel der zeitlichen Ablaufplanung ist es, durch alle Produktionsstufen einen zeitlich zulässigen Produktionsdurchlauf zu bestimmen, in dem Zwischenläger weitgehend vermieden werden. Die zusätzliche Forderung nach geringen ablaufbedingten Stillstandszeiten der Produktionsanlagen braucht bei simultaner Planung des zeitlichen Ablaufs und des Produktionsprogramms nicht explizit berücksichtigt zu werden[2]. Ablaufbedingte Leistungsausfälle wirken sich nur nachteilig auf den als Zielgröße angenommenen Gewinn aus, wenn die Stillstandszeiten zu Verkaufseinbußen, d.h. zu verminderten Deckungsbeiträgen führen.

Bei der Produktionsprogrammplanung werden Stillstandszeiten durch eine Verminderung der tatsächlich für Produktionszwecke nutzbaren Maschinenkapazitäten berücksichtigt. Durch die Verminderung der effektiv ver-

---

1 Zu den Problemen der zeitlichen Ablaufplanung siehe z.B. <u>D. Adam</u> (1963), S. 233 ff. und (1969), S. 130 ff.; <u>E. Gutenberg</u> (1976), S. 215 ff.; <u>H. Seelbach</u> (1975), S. 32 ff.

2 Zu dem "Dilemma der Ablaufplanung" siehe <u>E. Gutenberg</u> (1976), S. 215 ff.; vgl. auch <u>H. Günther</u> (1971).

fügbaren Produktionskapazitäten können schließlich nur Produktionsprogramme realisiert werden, in denen ablaufbedingte Leistungsausfälle implizit erfaßt sind.

Im Rahmen einer simultanen Produktionsplanung kann das Ablaufproblem
somit auf die Ermittlung eines zulässigen Materialflusses zwischen
allen aufeinanderfolgenden Produktionsstufen und die Bestimmung der
zugehörigen Zwischenlagerkosten eingeengt werden. Die Zwischenlagerkosten gehen als Kostenkomponente in die Zielfunktion ein. Ein zulässiger Materialfluß ist durch spezielle Bedingungen zu erzwingen,
die in der vorliegenden Arbeit als Stufenwechselbedingungen bezeichnet
werden. Die in diesem Zusammenhang auftretenden Probleme werden später
im Zusammenhang mit der Modellentwicklung erörtert.

13. Die Strukturelemente der Produktionsplanung bei losweiser Fertigung

Durch die Strukturelemente werden das Entscheidungsfeld und die Zielsetzung der Produktionsplanung determiniert. Daten und Entscheidungsvariable definieren das Entscheidungsfeld. Die Zielsetzung wird durch
den Zielinhalt, das angestrebte Zielausmaß und den zeitlichen Bezug
der Ziele beschrieben[1].

Als Zielsetzung wird in dieser Arbeit die Maximierung des Gewinns im
Planungszeitraum unterstellt. Die Komponenten der Zielfunktion und
der zeitliche Bezug sind im folgenden zu analysieren. Die Kosten-
und Erlössituation wird untersucht, und die Länge sowie der Grad der Ab-
geschlossenheit des Planungszeitraums werden geklärt. Gleichzeitig ist
zu analysieren, inwieweit andere betriebliche Teilpläne, die nicht
Gegenstand der Produktionsplanung sind, auf diese einwirken.

Der im folgenden aufgespannte Planungsrahmen und die gesetzten Prämissen beziehen sich auf das umfassende Endmodell in dieser Arbeit.
Für alle zuvor entwickelten Modelle gelten strengere Prämissen, die
jeweils am Anfang der einzelnen Abschnitte erläutert werden.

---

1 Vgl. E. Heinen (1976), S. 115 ff.

131. Nachfrage und Absatz

Als auslösender Faktor der Leistungserstellung ist die Nachfrage ein
wesentliches Strukturelement der Produktionsplanung. Die in dieser
Arbeit unterstellte Nachfragesituation abstrahiert völlig von Substi-
tutions- und Komplementäreffekten zwischen den am Markt angebotenen
Erzeugnissen. Die Nachfrage nach den einzelnen Erzeugnissen wird somit als unabhängig voneinander angenommen. Insbesondere hat die realisierte Absatzmenge einer Erzeugnisart keinen Einfluß auf die Nachfrage
nach anderen Produkten.

Ferner wird die Marketingplanung als abgeschlossen angesehen. Der Einsatz der absatzpolitischen Instrumente (z.B. Verkaufspreis, Werbeein-
satz und qualitative Produktgestaltung), und die resultierende Nachfrage sind bekannt[1].

Die Nachfrage nach einer Sorte kann sich gleichmäßig über den Planungszeitraum verteilen. Die Nachfrage pro Zeiteinheit, d.h. die Nachfragerate ist somit während des gesamten Planungszeitraums konstant.
Verteilt sich die Nachfrage ungleichmäßig auf den Planungszeitraum,
ergibt sich eine im Zeitablauf veränderte Nachfragerate, die z.B. auf
Saisonschwankungen zurückzuführen ist.

Theoretisch müßten die Schwankungen der Nachfrage als kontinuierliche
Funktion in Abhängigkeit von der Zeit betrachtet werden. In der Praxis
wird jedoch weitgehend eine diskrete Betrachtung bevorzugt; es wird
nach Teilperioden - z.B. Monaten - differenziert. Wird bei der diskreten
Betrachtung eine gleichmäßige Nachfrage innerhalb der Teilperioden
unterstellt, verläuft die Funktion der Nachfragerate in Abhängigkeit
von der Zeit parallel zur Abszisse und weist bei Veränderung der
Nachfrage jeweils zu Beginn einer Teilperiode Sprungstellen auf.

In der folgenden Abbildung wird der Planungszeitraum T in vier Teilperioden gegliedert. Die Nachfragerate V ist innerhalb der Teilperio-

---

1 Zur Integration der Marketingplanung in die Produktionsplanung
  siehe W. Kilger (1973), S. 513 ff. und (1975), S. 132 f.

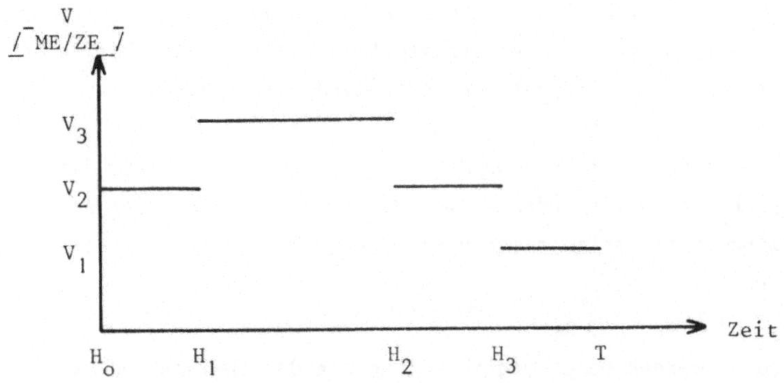

Abbildung 1: Zeitliche Entwicklung der Nachfragerate

den konstant, von Teilperiode zu Teilperiode jedoch verschieden. In
der ersten und dritten Teilperiode zwischen den Zeitpunkten H_0 und H_1
bzw. H_2 und H_3 wird eine Nachfragerate in Höhe von V_2 angenommen. Für
die zweite Teilperiode ist die Nachfragerate V_3 und für die vierte
Teilperiode ist V_1 ermittelt worden.

Bei der Modellentwicklung wird von gegebenen Zeitpunkten H für die
Änderung der Nachfragerate V ausgegangen. Die Zeitpunkte können beliebig entsprechend der jeweiligen Nachfragesituation gewählt werden.
Eine Einteilung in gleichlange Teilperioden ist nicht notwendig. Die
Zeitpunkte H, die zugehörigen Nachfrageraten und die Absatzpreise
sind Daten der Planung. Die Absatzpreise werden als konstant im Planungszeitraum angenommen.

Die Nachfrageraten gehen als Absatzgeschwindigkeiten in das Modell
ein. Treten in Engpaßsituationen Fehlmengen von einer Sorte auf, ist
die Absatzmenge kleiner als die Nachfrage nach dieser Sorte. Die
Nachfragerate stimmt somit nicht zu jedem Zeitpunkt mit der Absatzgeschwindigkeit überein.

Fehlmengen können berücksichtigt werden, wenn für die Absatzgeschwindigkeit eine kontinuierliche *Variable* eingeführt wird. Für jeden
Zeitpunkt des Planungszeitraums kann folglich eine Aufteilung der
Nachfrage auf Absatzmenge und Fehlmenge erfolgen. In diesem Fall
bleibt der Betrieb bei verminderter Absatzgeschwindigkeit ständig
lieferbereit.

Eine zweite Möglichkeit besteht darin, die Nachfragerate als *Konstante* in das Modell aufzunehmen. Die Absatzsituation ist in diesem Fall durch zwei Alternativen gekennzeichnet. Entweder wird die Nachfrage während eines bestimmten Zeitraums in voller Höhe befriedigt, oder es treten Fehlmengen pro Zeiteinheit in Höhe der Nachfragerate auf. Diese Situation wird durch eine unverminderte, mit der Nachfragerate identische Absatzgeschwindigkeit bei zeitlich beschränkter Lieferbereitschaft charakterisiert.

In der Literatur werden beide Möglichkeiten zur Berücksichtigung von Fehlmengen vorgeschlagen[1]. Aus rechentechnischen Gründen wird hier die zweite Möglichkeit bei der Modellformulierung verwirklicht.

Bisher wurde die Berücksichtigung von Fehlmengen analysiert, die zu einem Bedarfsverlust führen. Können andererseits nicht befriedigte Nachfragemengen zu einem späteren Termin nachgeliefert werden, wird im Gegensatz zu Fehlmengen von Verzugsmengen gesprochen. Die Verzugsmengensituation wird auch als Erfüllungsverzug bezeichnet.

Eine modellmäßige Berücksichtigung von Erfüllungsverzug ist leicht möglich, wenn Verzugsmengen als "negative Lagerbestände" interpretiert werden. Wegen des engen Zusammenhangs von Verzugs- und Lagermengen wird der Erfüllungsverzug an späterer Stelle im Rahmen der Untersuchung über die Lagerbestandsentwicklung erörtert.

132. Die technische Leistung der Produktionsanlagen

Für die kurzfristige Produktionsplanung werden die Betriebsmittelkapazitäten und die räumliche Anordnung der Produktionsanlagen als gegeben im Planungszeitraum angenommen. Alle Probleme der Investitionsplanung[2] und der räumlichen Verteilungsplanung[3] werden ausgeklammert.

---

1 Vgl. D. Adam (1976/2), S. 266; K. Dellmann (1975), S. 94 ff.; W. Kilger (1973), S. 419 ff.

2 Zu Problemen und Modellen der Investitionsplanung siehe z.B. H. Albach (1962); A. Born (1976); H. Hax (1964); H. Jacob (1962), (1971/1), (1974); H. Seelbach (1967); P. Swoboda (1965); J. Waldmann (1971).

3 Zur räumlichen Verteilungsplanung siehe z.B. D. Domainko (1966), S. 21-30; A. Fackelmeyer (1966); H. Krippendorff (1967); H. Winkler (1977).

Während des Planungszeitraums kann sich die Intensität der Produktionsanlagen ändern. Durch eine Variation der technischen Leistung der Produktionsanlagen kann die Produktionsmenge pro Zeiteinheit beeinflußt werden. Die Leistungsanpassung erfolgt stufenweise auf der Basis vorgegebener Intensitätsstufen.

Durch Vorgabe möglicher Intensitätsstufen für die einzelnen Aggregate können im Rahmen der Modelloptimierung die günstigsten Intensitäten zur Produktion der einzelnen Sorten ausgewählt werden. Für ein bestimmtes Aggregat ist in der folgenden Abbildung der generelle Zusammenhang zwischen den Produktionskosten KT pro Zeiteinheit und der Produktionsgeschwindigkeit x angegeben.

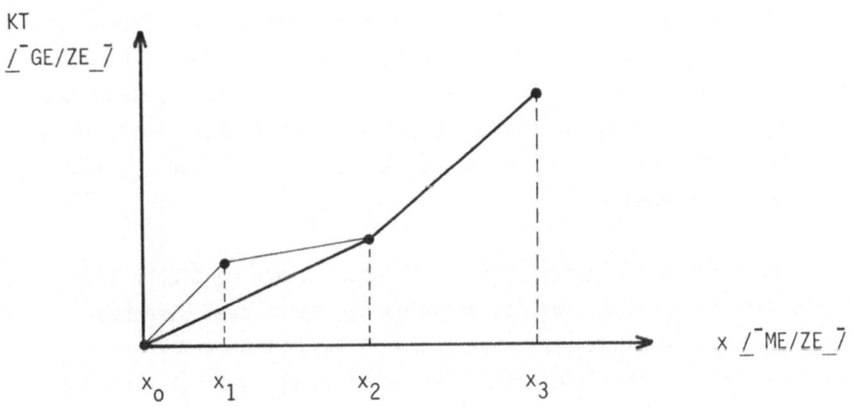

Abbildung 2: Produktionskosten KT pro Zeiteinheit in Abhängigkeit von der Intensität x

Die technische Ausstattung des Aggregates läßt vier verschiedene Intensitätsstufen x_0 bis x_3 zu. Bei der Intensitätsstufe x_0 ist das Aggregat ausgeschaltet; es wird nicht produziert. Für die einzelnen Intensitätsstufen sind die Produktionskosten KT pro Zeiteinheit als Punkte dargestellt.

Wird an das Aggregat eine Produktionsanforderung gestellt, die einer Intensität zwischen x_0 und x_1 entspricht, kann die geforderte Produktionsmenge mit der Intensität x_1 erbracht werden. Nach Fertigstellung der geforderten Menge wird das Aggregat abgestellt, d.h., Intensitätsstufe x_0 wird realisiert. Die entsprechenden Produktionskosten pro Zeiteinheit werden durch die geradlinige Verbindung der Kostenpunkte von x_0 und x_1 determiniert. Produktionsanforderungen entsprechend einer Intensität zwischen x_1 und x_2 können teils mit der Intensität x_1 und teils mit der Intensität x_2 erbracht werden.

Beide vorgeschlagenen Strategien führen nicht zu einer kostenoptimalen Anpassung, denn aus einer Kombination der Intensitätsstufen x_0 und x_2 resultiert stets eine kostengünstigere Lösung. Die Intensitätsstufe x_1 kann somit von vornherein ausgeschlossen werden und braucht nicht bei der Modellformulierung berücksichtigt zu werden[1].

Für eine Produktionsanforderung, die einer Intensität zwischen x_2 und x_3 entspricht, bleibt das Aggregat während der verfügbaren Produktionszeit stets eingeschaltet. Die geforderte Produktionsmenge wird mit den Intensitäten x_2 und x_3 erstellt. Für Produktionsanforderungen zwischen x_0 und x_3 werden die Produktionskosten KT pro Zeiteinheit folglich durch die geradlinige Verbindung der Kostenpunkte von x_0, x_2 und x_3 wiedergegeben.

Für Produktionsanforderungen, die nicht exakt einer möglichen Intensitätsstufe entsprechen, werden nacheinander stets zwei benachbarte Intensitätsstufen eingesetzt. Nur wenn die Produktionsanforderung genau einer Intensitätsstufe entspricht, wird in der optimalen Lösung des Planungsmodells diese Intensitätsstufe als einzige realisiert.

133. Die Produktionsstruktur

Durch die Produktionsstruktur wird der technische Rahmen als grundlegender Parameter der Produktionsplanung festgelegt. Die Produktionsaufgaben werden den einzelnen Betriebsmitteln zugeordnet, und der Material- oder Teilefluß wird nach Art, Richtung und Menge bestimmt. Transportzeiten zwischen aufeinanderfolgenden Produktionsstufen werden vernachlässigt.

Bei gemeinsamer Fertigung ist die einfachste Produktionsstruktur durch einen einstufigen Prozeß auf einem einzigen Aggregat gekennzeichnet,

---

1 Dabei wird angenommen, daß die Vorteile aus der Verringerung der Produktionskosten und der Kapazitätsbeanspruchung die Lagerkostenachteile aufgrund einer höheren Produktionsgeschwindigkeit ($x_2 > x_1$) überwiegen. Vgl. D. Adam (1969), S. 78 ff.

auf dem alle Sorten hergestellt werden. In der folgenden Abbildung
soll das gestrichelte Rechteck das zur Produktion verfügbare Aggregat
kennzeichnen, auf dem die Sorten gemeinsam gefertigt werden. Die
Kreise innerhalb des Rechtecks sollen den jeweiligen Arbeitsgang
zur Herstellung der Sorten andeuten. Kleine Quadrate symbolisieren
eine Lagermöglichkeit.

Durch die Pfeile werden Art und Richtung des Materialflusses definiert.
Die Mengenrelation zwischen Input und Output, d.h. die für eine Out-
puteinheit benötigten Mengen an Inputfaktoren sind für jeden Pfeil,
der zu einem Arbeitsgang führt, anzugeben. Zunächst wird jedoch durch
Unterstellung einer Input-Output-Relation von 1:1 auf die Berücksichtigung von Mengenfaktoren verzichtet.

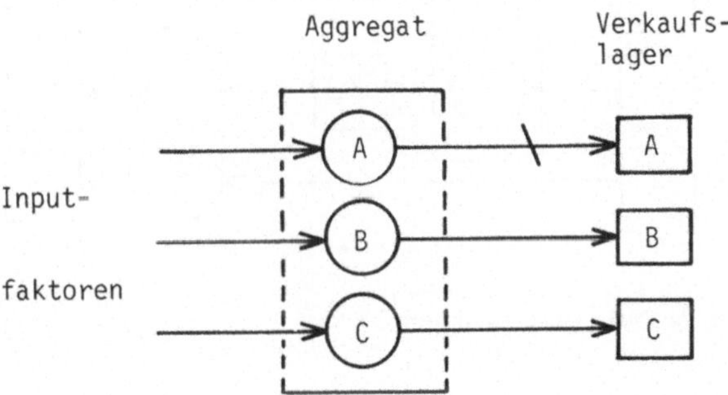

<u>Abbildung 3:</u> Einstufiger Fertigungsprozeß auf einem Aggregat

Auf dem vorhandenen Aggregat werden die Sorten A, B und C gemeinsam
gefertigt. Bei jedem Produktionswechsel von einer zu einer anderen
Sorte ist das Aggregat auf die neuen Produktionserfordernisse umzustellen. Die Inputfaktoren, z.B. Rohstoffe oder Halbfabrikate, sind
in der benötigten Menge zur Herstellung der Sorten ständig verfügbar.
Die Outputmengen der einzelnen Sorten werden schließlich den Ver-
kaufslägern zugeführt.

Je nachdem, ob gleichzeitig mit der Fertigstellung der ersten Erzeugniseinheit oder erst nach Abschluß der Produktion eines Loses mit
dem Verkauf begonnen werden kann, wird durch die Produktionsstruktur

eine offene oder geschlossene Produktion festgelegt. Für Sorte A
soll durch den gekreuzten Pfeil zwischen dem Aggregat und dem Verkaufslager eine geschlossene Produktion vorgeschrieben sein.

Bei mehrstufiger Fertigung wird zwischen linearer und vernetzter Produktionsstruktur unterschieden[1]. Als linear wird eine Produktionsstruktur bezeichnet, wenn die Rohstoffe bzw. Halbfabrikate nacheinander
in mehreren Fertigungsstufen bearbeitet werden. Ein Produktionsprozeß
für drei verkaufsfähige Erzeugnisse mit linearer Produktionsstruktur
ist in Abbildung 4 dargestellt.

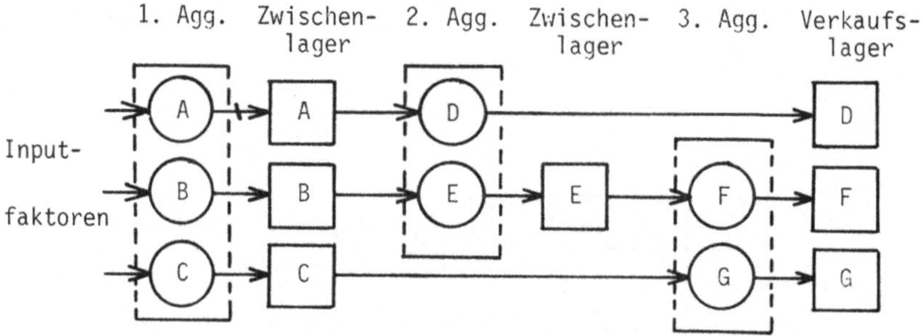

<u>Abbildung 4</u>: Lineare Produktionsstruktur

Für die Herstellung der Fertigerzeugnisse D, F und G stehen drei
Aggregate zur Verfügung. Für Fertigerzeugnis D ist ein zweistufiger
Produktionsprozeß erforderlich. Aus Rohstoffen bzw. fremdbezogenen
Vorprodukten wird in der ersten Stufe auf dem 1. Aggregat das Vorpro-
dukt A gefertigt. Bevor A weiterverarbeitet wird, kann es zwischen
der ersten und zweiten Produktionsstufe gelagert werden. In die zwei-
te Stufe geht Vorprodukt A zur Herstellung des Fertigprodukts D auf
Aggregat 2 ein. D wird im Anschluß an die zweite Produktionsstufe dem
Verkaufslager zugeführt. Aggregat 3 wird nicht benötigt.

Für Enderzeugnis F sind drei Produktionsstufen erforderlich. Auf dem
1. Aggregat wird Vorprodukt B gefertigt, auf dem 2. Aggregat Zwischenprodukt E und auf dem 3. Aggregat schließlich das Endprodukt F.

---

1 Vgl. <u>D. Adam</u> (1977), S. 61 ff.

Zwischen den Stufen kann Vorprodukt B und Zwischenprodukt E gelagert werden. Endprodukt F geht auf das Verkaufslager.

Das dritte verkaufsfähige Erzeugnis G durchläuft zwei Produktionsstufen. Auf dem 1. Aggregat wird Vorprodukt C gefertigt, das zur Produktion von G auf dem 3. Aggregat eingesetzt wird. Eine Zwischenlagerung des Vorprodukts C ist vorgesehen. Enderzeugnis G wird dem Verkaufslager zugeführt.

Für jedes Erzeugnis A bis G kann eine offene oder geschlossene Produktion vorgesehen werden. Wird Vorprodukt A auf Aggregat 1 in geschlossener Produktion erstellt, kann die Weiterverarbeitung eines Loses des Vorprodukts A erst nach Fertigstellung der letzten Erzeugniseinheit dieses Loses erfolgen. Bei offener Produktion darf die Weiterverarbeitung eines Vorprodukts oder der Verkauf eines Endprodukts aus einem Los bereits nach Fertigstellung der ersten Erzeugniseinheit dieses Loses beginnen.

In der betrachteten Produktionsstruktur wird das 1. Aggregat gemeinsam von den Vorprodukten A, B und C beansprucht. Beim Wechsel der Produktion von einem zu einem anderen Vorprodukt ist Aggregat 1 stets auf die Erfordernisse zur Herstellung des neuen Vorprodukts umzurüsten. Auf Aggregat 2 werden das Endprodukt D sowie das Zwischenprodukt E und auf Aggregat 3 die Endprodukte F und G gemeinsam gefertigt. Bei einem Produktionswechsel auf einem dieser Aggregate ist auch hier jeweils eine Umrüstung erforderlich.

Eine *vernetzte Produktionsstruktur* ist gegeben, wenn Zwischenprodukte oder Endprodukte aus mehreren Vorprodukten zusammengesetzt werden. In Abbildung 5 werden für die Herstellung des Erzeugnisses C die Vorprodukte A und B benötigt. Die Herstellung von

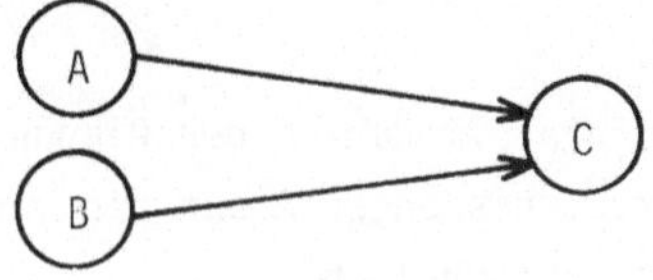

<u>Abbildung 5:</u> Montage- bzw. Mischungsprozeß

Erzeugnis C kann z.B. als *Montageprozeß* oder als *Mischungsprozeß* interpretiert werden.

Wird ein gemeinsames Vorprodukt für die Herstellung verschiedener Erzeugnisarten benötigt, soll von einer Verzweigung des Materialflusses gesprochen werden. In Abbildung 6 geht Vorprodukt A in die Erzeugnisse B und C ein. Merkmal einer vernetzten Produktionsstruktur

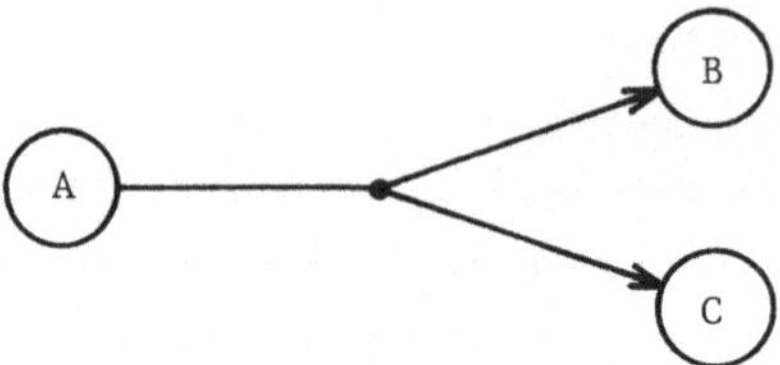

Abbildung 6: Verzweigung des Materialflusses

ist hier die *Verzweigung des Materialflusses*.

Eine vernetzte Produktionsstruktur kann auch durch Parallelproduktion identischer Erzeugnisse auf mehreren Aggregaten hervorgerufen werden. Ist eine Produktion des Erzeugnisses A auf zwei Aggregaten möglich und können Mengeneinheiten des Erzeugnisses A von beiden Aggregaten in der nachfolgenden Produktionsstufe zur Herstellung des Erzeugnisses B eingesetzt werden, ergibt sich

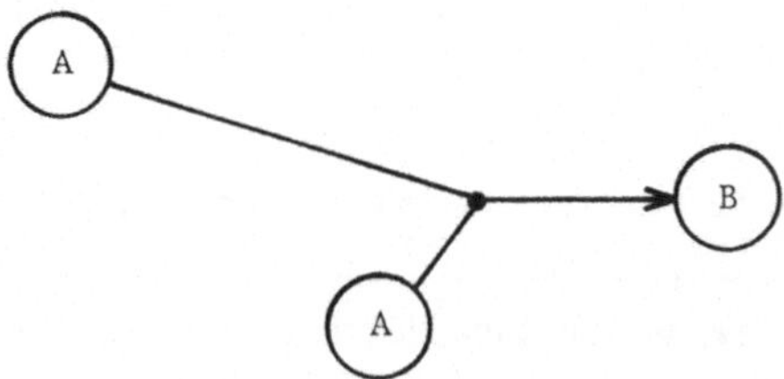

Abbildung 7: Vereinigung des Materialflusses

eine *Vereinigung des Materialflusses*. Im Rahmen der Planung ist über die Aufteilung der benötigten Erzeugnismengen A auf die verfügbaren Aggregate zur Produktion von A zu entscheiden.

Die Produktionsstruktur der betrachteten Betriebe kann sich aus
einer beliebigen Kombination von Montage- und Mischprozessen sowie
Vereinigungen und Verzweigungen des Materialflusses zusammensetzen.
In Abbildung 8 ist eine mögliche vernetzte Produktionsstruktur dargestellt.

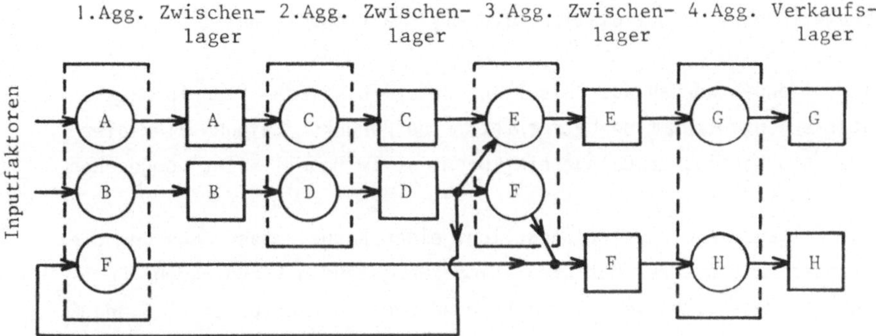

Abbildung 8: Vernetzte Produktionsstruktur

Die Erzeugnisse A und B werden auf dem 1. Aggregat aus Rohstoffen
oder Vorprodukten erstellt. Nach einer möglichen Zwischenlagerung
gehen A und B in die Erzeugnisse C und D ein. C und D werden auf dem
2. Aggregat gefertigt; sie werden nach einer möglichen Zwischenlagerung
für die Produktion der Erzeugnisse E und F benötigt.

Zur Herstellung des Erzeugnisses E auf Aggregat 3 sind die Vorprodukte C *und* D erforderlich (Misch- oder Montageprozeß). Das Erzeugnis F
kann auf Aggregat 1 und/oder Aggregat 3 gefertigt werden (Parallelproduktion). Bei Erzeugnis D tritt folglich eine dreifache Verzweigung
des Materialflusses auf. Eine Vereinigung des Materialflusses resultiert aus der Parallelproduktion der Erzeugnisart F.

E und F gehen schließlich nach möglicher Zwischenlagerung in die Fertigerzeugnisse G bzw. H ein. Nach der Produktion auf dem 4. Aggregat
werden G und H dem Verkaufslager zugeführt.

Neben den bisher betrachteten Produktionsstrukturen werden im Planungsmodell zusätzlich *Kuppelprozesse* zugelassen. Bei Kuppelproduktion

werden in einem Arbeitsgang aus den Inputfaktoren zwangsläufig mehrere
verschiedenartige Produkte gewonnenen[1]. In der Praxis treten Kuppelprozesse mit deterministischer oder zufallsabhängiger Relation des
Outputs auf[2]. Kann die Relation zwischen dem Output durch geplante
Beeinflussung des Produktionsprozesses variiert werden, liegt ein
flexibles Kopplungsverhältnis zwischen den Produkten vor. Eine nicht
beeinflußbare Outputrelation wird als starr bezeichnet.

Im folgenden werden ausschließlich deterministische Kuppelprozesse mit
starrer Outputrelation betrachtet. Eine Berücksichtigung flexibler
oder stochastischer Outputrelationen ist im Modell nicht vorgesehen.

Die folgende Abbildung verdeutlicht einen Kuppelprozeß, aus dem drei
Produkte mit starrer Outputrelation zwangsläufig hervorgehen. Der
äußere Kreis symbolisiert die Verbundenheit der Produkte A, B und C.
Die Pfeile für die beiden Inputfaktoren enden bereits am äußeren

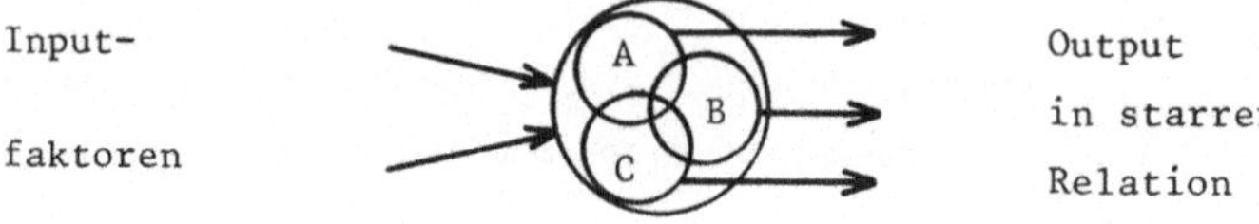

<u>Abbildung 9</u>: Kuppelprozeß mit starrer Outputrelation

Kreis, um anzudeuten, daß die Inputfaktoren nur der Gesamtheit der
Produkte unmittelbar zurechenbar sind.

Aufgrund der starren Outputrelation besteht zwischen dem Input und
dem Output jedes beliebigen Produktes A, B oder C eine lineare Beziehung. Wird Produkt B als Bezugs- oder Maßstabprodukt ausgewählt,
können die Einsatzmengen der Inputfaktoren mit Hilfe der linearen Beziehung in Outputeinheiten des Produktes B gemessen werden.

---

1 Vgl. <u>P. Riebel</u> (1955), S. 27 ff.; <u>E. Gutenberg</u> (1976), S. 446.
2 Vgl. <u>D. Adam</u> (1977), S. 89.

134. Finanzierung und Kapitalbedarf

Der Kapitalbedarf wird durch die Höhe der produktionswirtschaftlichen
Aktivitäten und die Zeitverschiebung zwischen den Ausgaben zur Be-
schaffung der Produktionsfaktoren und den Einnahmen aufgrund reali-
sierter Erlöse für die gefertigten Erzeugnisse bestimmt[1]. Die Produktionsplanung nimmt somit Einfluß auf den Finanzierungsbereich einer
Unternehmung. Andererseits kann der Umfang der produktionswirtschaftlichen Aktivitäten durch mögliche Finanzierungsengpässe begrenzt werden.

In der vorliegenden Arbeit bleiben alle Probleme der Finanzierung und
des Kapitalbedarfs außer Ansatz[2]. Insbesondere werden in den entwickelten Modellen keine Zahlungsvorgänge erfaßt. Eine Berücksichtigung von
Liquiditätsproblemen ist folglich nicht vorgesehen.

135. Die Entwicklung der Zwischenläger im Zeitablauf

Jedes Vor- oder Zwischenprodukt kann vor der Weiterverarbeitung zwischengelagert werden. Die Lagerzugänge werden durch die Produktionstermine und die Produktionsgeschwindigkeiten für das betrachtete Zwischenprodukt determiniert. Der Lagerabgang erfolgt während der Produktionszeiten der nachfolgenden Erzeugnisse, in die das Zwischenprodukt
eingeht.

Zur Verdeutlichung der Zwischenlagerbestandsentwicklung im Zeitablauf
wird von folgendem Ausschnitt aus einer Produktionsstruktur ausgegangen. Das Zwischenprodukt A kann auf dem ersten und zweiten Aggregat
zeitlich parallel gefertigt werden. Die produzierten Mengen des Zwi-

---

1 Vgl. D. Adam (1976/3), S. 19; D. Schneider (1975), S. 164 ff.

2 Zu den Problemen der Finanzplanung siehe z.B. E. Gutenberg (1975),
  S. 272 ff.; W. Lücke (1962); D. Schneider (1975), S. 526 ff.

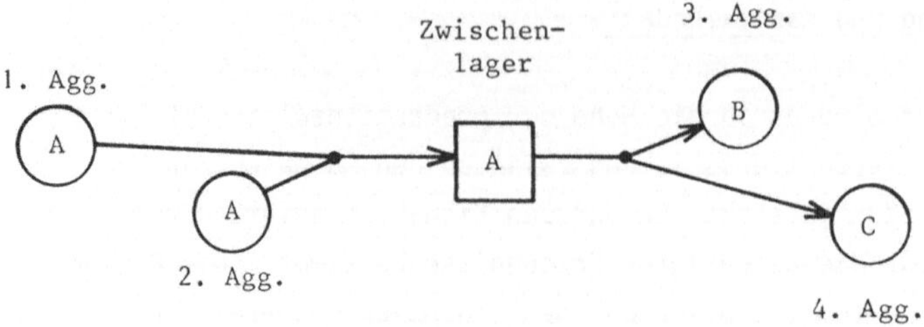

Abbildung 10: Ausschnitt aus einer Produktionsstruktur zur Verdeutlichung der Zwischenlagerentwicklung

schenproduktes A werden von beiden Aggregaten dem Zwischenlager zugeführt. Nach Verlassen des Zwischenlagers geht Zwischenprodukt A in die Produkte B und C ein, die auf dem dritten bzw. vierten Aggregat gefertigt werden.

Der Lagerzugang erfolgt während der Produktionszeiten des Erzeugnisses A auf dem ersten bzw. zweiten Aggregat. Während der Produktion der Erzeugnisse B und C ist der Bedarf an Zwischenerzeugnissen A aus dem Lager zu decken.

Eine zwischenlagerungsfreie Produktion ist für Input-Output-Verhältnisse von 1:1 möglich, wenn die Summe der Produktionsgeschwindigkeiten für Zwischenprodukt A auf Aggregat 1 und 2 mit der Summe der Produktionsgeschwindigkeiten für die Erzeugnisse B und C identisch ist *und* die Produktion auf den vier Aggregaten jeweils gleichzeitig beginnt und gleichzeitig abgeschlossen wird. Genaugenommen muß die Produktion auf den Aggregaten 3 und 4 etwas später beginnen. Denn die Produktion auf den Aggregaten 3 und 4 kann erst gestartet werden, wenn die ersten Erzeugniseinheiten auf den Aggregaten 1 und 2 fertiggestellt und zu den Aggregaten 3 und 4 transportiert sind. Diese als Vorlaufzeit bezeichnete Zeitverschiebung wird als vernachlässigbar gering angenommen und bei der Modellformulierung nicht berücksichtigt.

Die soeben skizzierte zwischenlagerungsfreie Produktion ist als Sonderfall in der folgenden allgemeinen Betrachtung und in der späteren Modellformulierung enthalten. Eine spezielle Berücksichtigung ist somit nicht notwendig.

In Abbildung 11 ist für je eine Auflage des Zwischenprodukts A auf den Aggregaten 1 und 2 sowie für je eine Auflage der Erzeugnisse B und C auf den Aggregaten 3 bzw. 4 eine mögliche Zwischenlagerbestandsentwicklung im Zeitablauf dargestellt. Zu Beginn der Betrachtung zum Zeitpunkt t_0 liegen noch Mengen des Zwischenproduktes A aus vorangegangenen Losen auf Lager. Im Zeitraum zwischen t_1 und t_4 wird Erzeugnis B produziert. Gleichzeitig mit Produktionsbeginn sinkt der Lagerbestand pro Zeiteinheit entsprechend der Produktionsgeschwindigkeit von B. Zum Zeitpunkt t_2 ist der Zwischenlagerbestand verbraucht. Spätestens jetzt muß mit der Produktion des Erzeugnisses A begonnen werden - wenn B und C weiter produziert werden sollen - , um einen kontinuierlichen

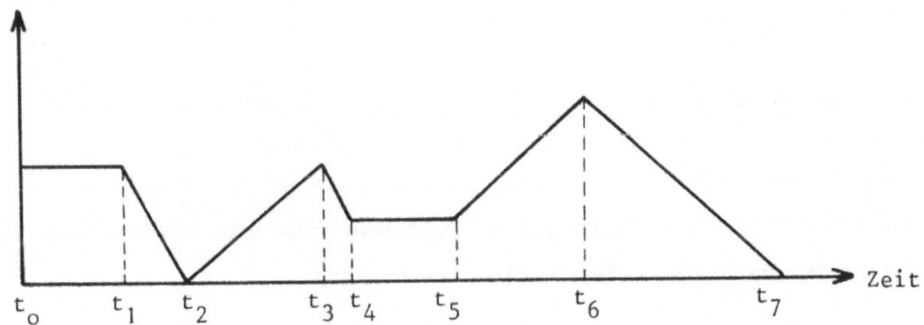

Abbildung 11: Zeitliche Zwischenlagerbestandsentwicklung

Materialfluß aufrechtzuerhalten. Die Produktion des Zwischenproduktes A beginnt auf Aggregat 1. Die Produktionsgeschwindigkeit auf Aggregat 1 ist höher als die auf Aggregat 3 zur Herstellung von B, d.h., der Zwischenlagerbestand steigt entsprechend der Differenz der Produktionsgeschwindigkeiten. Zum Zeitpunkt t_3 endet die Produktion von A auf Aggregat 1, das jetzt z.B. zur Produktion einer anderen, hier nicht betrachteten Sorte umgestellt wird.

Die Produktion von B wird erst zum Zeitpunkt t_4 beendet, der Lagerbestand sinkt während des Zeitraumes $t_4 - t_3$. Zwischen t_4 und t_5 verändert sich der Lagerbestand nicht, da auf keinem der vier Aggregate

während dieser Zeit produziert wird. Zwischen t_5 und t_7 wird Zwischenerzeugnis A auf Aggregat 2 produziert. Bis zum Zeitpunkt t_6 entspricht
der Lagerzugang der Produktionsgeschwindigkeit auf Aggregat 2. Jetzt beginnt die Produktion des Erzeugnisses C auf Aggregat 4. Der Verbrauch an
Mengeneinheiten der Sorte A pro Zeiteinheit zur Fertigung von Erzeugnis
C ist größer als die Produktionsgeschwindigkeit von A auf Aggregat 2.
Aus diesem Grund sinkt der Lagerbestand bis zum Zeitpunkt t_7, an dem
die Produktion von A auf Aggregat 2 und die Produktion von C auf Aggregat 4 abgeschlossen sind. Zu diesem Zeitpunkt ist das Lager völlig geräumt.

Die aufgezeigte Lagerentwicklung kann nur beispielhaft anstelle von
vielen möglichen Bestandsentwicklungen stehen. Z.B. wird in der Abbildung nicht die gleichzeitige Produktion des Zwischenerzeugnisses A auf
beiden Aggregaten oder eine zeitliche Überlappung der Produktionstermine für die Erzeugnisse B und C berücksichtigt. Beide Fälle sind jedoch durchaus realistisch und müssen bei der späteren Modellformulierung beachtet werden.

Für einen zulässigen Produktionsablauf wird ein kontinuierlicher Materialfluß während der Produktionszeiten der nachfolgenden Erzeugnisse B
und C gefordert. Maschinenstillstandszeiten während der Produktion
eines Loses von B oder C aufgrund zu langsamer oder stockender Materialzufuhr werden nicht zugelassen.

Im Rahmen des mathematischen Modells können aufgrund der Modellformulierung während der Produktion eines Loses keine Maschinenstillstandszeiten auftreten. Ein zulässiger Produktionsablauf zwischen aufeinan-
derfolgen Stufen liegt folglich vor, wenn die Modellvariable für den
Zwischenlagerbestand zu keinem Zeitpunkt während des Planungszeitraums
ein negatives Niveau aufweist.

Durch geeignete Bedingungen zur Fortschreibung des Zwischenlagerbestandes und zur Verknüpfung der Produktionstermine in allen aufeinanderfolgenden Produktionsstufen kann die Überprüfung des Zwischenlagerbestands auf die Zeitpunkte des Produktionsbeginns begrenzt werden. Wie
im einzelnen die Abstimmung der Produktionstermine und die Bestimmung
der Zwischenlagerkosten erfolgt, wird im Rahmen der Modellformulierung
gezeigt.

136. <u>Die zeitliche Lager- oder Verzugsentwicklung für Fertigerzeugnisse</u>

Eine spezielle Analyse der zeitlichen Bestandsentwicklung in einem
Verkaufslager wird durch zwei veränderte Einflußfaktoren gegenüber
der Zwischenlagersituation notwendig. Die Veränderungen werden durch
die Art des Lagerabgangs und die unterschiedlichen Annahmen über die
Lieferbereitschaft hervorgerufen.

Von einem Zwischenlager erfolgt der Lagerabgang diskontinuierlich entsprechend den Produktionsterminen für die Erzeugnisse, in die das betrachtete Zwischenprodukt eingeht. Als Bedingung für einen zulässigen
Materialfluß zwischen aufeinanderfolgenden Produktionsstufen wird eine
ständige "Lieferbereitschaft" des Zwischenlagers gefordert.

Die veränderte Situation für ein Verkaufslager resultiert aus zwei
Bedingungen; und zwar einmal aus dem kontinuierlichen Lagerabgang pro
Zeiteinheit, wobei sich das Niveau des Lagerabgangs pro Zeiteinheit
bei saisonalen Absatzschwankungen von einer zur anderen Teilperiode
des Planungszeitraums verändern kann, und zweitens aus dem Verzicht
auf ständige Lieferbereitschaft.

Während der Zeit, in der ein Betrieb in einer bestimmten Sorte nicht
lieferbereit ist, fallen entweder Verzugsmengen oder Fehlmengen von
dieser Sorte an. Fehlmengen führen zu Bedarfsverlust. In dem Zeitraum,
in dem Bedarfsverlust auftritt, wird von der betrachteten Sorte nichts
abgesetzt, d.h., die Fehlmenge pro Zeiteinheit entspricht der Nachfragerate. Die Zeit, in der Fehlmengen auftreten, wird auch als Fehlzeit
bezeichnet.

Der Fall eines Erfüllungsverzuges ist gegeben, wenn Verzugsmengen
auftreten, die zu einem späteren Termin nachgeliefert werden können.
Treten nur Verzugsmengen, aber keine Fehlmengen auf, stimmt die gesamte Absatzmenge mit der Gesamtnachfrage im Planungszeitraum überein. Verzugsmengen führen somit im Gegensatz zur Fehlmengensituation
nicht zu ausfallenden Deckungsbeiträgen.

Nur während der Zeit, in der weder Verzugsmengen noch Fehlmengen
auftreten, ist der Betrieb lieferbereit. Der Lagerabgang pro Zeiteinheit entspricht der Absatzgeschwindigkeit. Geht der Lagerbestand zur
Neige, bevor ein neues Los der betrachteten Sorte aufgelegt wird,
fallen nach Räumung des Verkaufslagers zwangsläufig Verzugsmengen
oder Fehlmengen an. Kann nur ein Teil der anfallenden Nachfrage zu
einem späteren Termin nachgeliefert werden, fallen zeitlich nacheinander Fehlmengen und Verzugsmengen an. Während der Verzugszeit entwickelt sich ein Verzugsbestand entsprechen der Nachfragerate. Während
der Fehlzeit bleiben Lager- und Verzugsbestände unverändert.

In der folgenden Abbildung ist eine mögliche Lager- und Verzugsbestandsentwicklung im Zeitablauf dargestellt. Die Nachfrage im Zeitablauf
wird als kontinuierlich und konstant angenommen. Eine Berücksichtigung
von schwankender Nachfrage im Zeitablauf erfolgt erst im Rahmen späterer Modellentwicklungen.

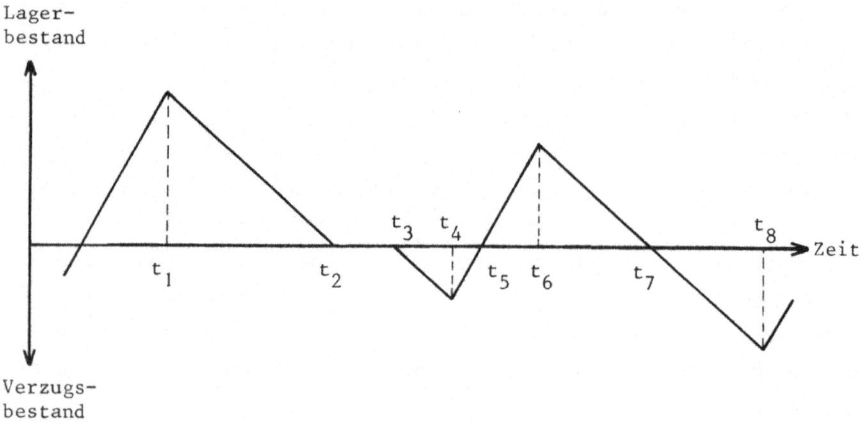

Abbildung 12: Lager- und Verzugsentwicklung im Zeitablauf

Zum Zeitpunkt t_1 ist die Produktion eines Loses der betrachteten Sorte gerade beendet. Im folgenden sinkt der Lagerbestand kontinuierlich
entsprechend der Absatzgeschwindigkeit bis zum Zeitpunkt t_2, an dem
das Lager geräumt ist. Während der Fehlzeit zwischen t_2 und t_3 verändert sich die Bestandshöhe nicht; es fallen Fehlmengen pro Zeiteinheit
in Höhe der möglichen, nicht realisierten Absatzmenge pro Zeiteinheit

an. Zwischen t_3 und t_4 entwickeln sich Verzugsmengen, die bei der Auflage des nächsten Loses nachgeliefert werden. Zum Zeitpunkt t_4 entspricht der Verzugsbestand der Höhe der Nachfrage zwischen t_3 und t_4.

Zum Zeitpunkt t_4 wird mit der Produktion des nächsten Loses begonnen. Bis zum Zeitpunkt t_5 wird die gesamte Produktionsmenge sofort abgesetzt. Ein Teil dient der Befriedigung der aktuellen Nachfrage, der andere Teil zum Abbau des Verzugsbestands. Der Verzugsbestand verringert sich somit pro Zeiteinheit entsprechend der Differenz aus Produktions- und Absatzgeschwindigkeit.

Zum Zeitpunkt t_5 sind alle Verzugsmengen nachgeliefert, und die im folgenden nicht sofort absetzbaren Produktionsmengen gehen auf Lager. Zum Zeitpunkt t_6 ist die Produktion des Loses abgeschlossen, und der Lagerbestand entspricht der Differenz der Produktions- und Verkaufsmengen zwischen t_5 und t_6. Bis zum Zeitpunkt t_7 reicht dieser Bestand zur sofortigen Befriedigung der Nachfrage aus. Anschließend bis zum Zeitpunkt t_8, an dem die Produktion eines nächsten Loses beginnt, laufen wiederum später nachzuliefernde Verzugsmengen auf. Ein Bedarfsverlust, hervorgerufen durch Fehlmengen, tritt hier nicht ein.

Rein mathematisch lassen sich Verzugsbestände als negative "Lagerbestände" interpretieren. Im folgenden Teil der Arbeit wird daher anstelle von "Verzugsbestand" auch von einem "negativen Bestand" gesprochen.

Die aus einer Lagerung bzw. aus auftretendem Verzug resultierenden Kosten und die Einflüsse von Fehlmengen auf die Kosten- und Erlössituation werden im folgenden analysiert.

137. <u>Die Erlöse und Kosten</u>

Als unternehmerische Zielsetzung wurde die Maximierung des Gewinns im Planungszeitraum angenommen. In der Zielfunktion sind somit die Verkaufserlöse und alle disponiblen Kosten zu erfassen. Komponenten der Kosten sind Produktionskosten, Umrüstkosten sowie Lager-, Verzugs- und Fehlmengenkosten.

Der *Erlös* - die erste Gewinnkomponente - ergibt sich aus dem Verkauf
von Fertigerzeugnissen. Durch Bewertung der Absatzmengen mit den zugehörigen, konstant vorgegebenen Absatzpreisen wird der Erlös im Planungszeitraum bestimmt. Der Erlös kann als Produkt der Produktionsmengen und Absatzpreise ermittelt werden, wenn alle Bestandsgrößen zu
Beginn und am Ende des Planungszeitraums identisch sind. Können unterschiedliche Bestände zu diesen Zeitpunkten auftreten, sind die Produktionsmengen nicht mit den Absatzmengen im Planungszeitraum identisch. In diesem Fall dürfen die Produktionsmengen nicht als Berechnungsgrundlage für die Erlöse dienen; nur die tatsächlich realisierten
Absatzmengen dürfen zur Ermittlung der Erlöse herangezogen werden,
wenn für die Erlöse vom Realisationsprinzip ausgegangen wird.

Im Rahmen der Modellformulierung können die realisierten Absatzmengen
als Differenz der maximal möglichen Absatzmenge und der Fehlmenge dargestellt werden. Eine zweite Möglichkeit besteht darin, die Produktionsmengen im Planungszeitraum um die Bestandsdifferenz zu Beginn und am
Ende des Planungszeitraums zu korrigieren. Die Erlöse für eine Sorte
ergeben sich schließlich als Produkt des konstanten Verkaufspreises
und der realisierten Absatzmenge.

Unter die *Produktionskosten* werden alle disponiblen, durch die Produktionsplanung beeinflußbaren Kosten subsumiert, die unabhängig von der
Losgröße und der Anzahl der Auflagen im Planungszeitraum allein von
der Produktionsmenge, den Produktionszeiten und den realisierten Lei-
stungsgraden der eingesetzten Produktionsanlagen im Planungszeitraum
abhängen.

Für die Modellformulierung werden die Produktionskosten pro Erzeugniseinheit für alle Vor-, Zwischen- und Fertigerzeugnisse benötigt.
Die Produktionskosten pro Mengeneinheit sind für alle realisierbaren
Intensitätsstufen der Produktionsanlagen anzugeben. Besteht ferner
die Möglichkeit einer Parallelproduktion auf funktionsgleichen, aber
kostenverschiedenen Aggregaten, sind die Produktionskosten pro Mengeneinheit zusätzlich entsprechend den einsetzbaren Aggregaten zu differenzieren.

Die Produktionskosten pro Mengeneinheit sind somit für alle Erzeugnisarten sowie für alle einsetzbaren Aggregate und Intensitätsstufen als
konstante Parameter vorgegeben.

Umrüstkosten fallen bei jeder Umstellung der Produktionsanlagen auf eine andere Erzeugnisart an. Sie umfassen alle bewerteten Faktoreinsatzmengen, die für einen Produktionswechsel von einer zu einer anderen Sorte erforderlich sind. Ihre Höhe im Planungszeitraum ist abhängig von der Anzahl der Auflagen sowie gegebenenfalls von der Produktionsreihenfolge. Es wird unterstellt, daß alle mit einer Umstellung der Anlagen verbundenen Kosten vor Produktionsbeginn einer Sorte anfallen, d.h., es wird von sogenannten Anlaufkosten in der ersten Produktionsphase eines Loses abstrahiert.

In der Arbeit werden zunächst nur reihenfolgeneutrale Umrüstkosten berücksichtigt. Die Erfassung reihenfolgeabhängiger Umrüstkosten erfolgt später im Rahmen von Modellerweiterungen.

Die *Lagerkosten* werden durch die Höhe der Bestände im Zeitablauf und den Lagerkostensatz bestimmt. Der Lagerkostensatz beinhaltet Zinsen für die Kapitalbindung sowie Kosten für die Wartung und Pflege der eingelagerten Bestände.

Neben den bestands- und zeitabhängigen Lagerkosten können zusätzlich Kosten der Ein- und Auslagerung der Erzeugnisse sowie lagerbelegzeitabhängige Kosten berücksichtigt werden. Letztere sind zu den disponiblen Kosten zu zählen, wenn abbaubare bestandsunabhängige Lagerkosten auftreten.

Verzugskosten oder *Fehlmengenkosten* treten auf, wenn die Nachfrage nicht bzw. nicht fristgerecht befriedigt werden kann. Die Quantifizierung dieser Kosten bereitet in der Praxis große Schwierigkeiten, da Goodwill- oder Prestigeverlust als Hauptkosteneinflußgrößen anzusehen sind. Ihre Messung und Bewertung wird nur rein subjektiv eventuell aufgrund von Erfahrungswerten erfolgen können[1].

---

1 Vgl. G. Hadley, T.M. Whitin (1963), S. 18 ff.; H. Müller-Merbach (1961), S. 146; E.S. Buffa (1963), S. 427.

Über den Ansatz von Verzugs- und Fehlmengenkosten kann die Lieferbereitschaft gesteuert werden. Die *Verzugskosten* sind abhängig von der Höhe der Verzugsbestände im Zeitablauf und dem Verzugskostensatz. Der Verzugskostensatz beinhaltet alle Kostenkomponenten, die sich aus einer verspäteten Lieferung ergeben. Durch seine Höhe wird das Ausmaß der Verzugsmengen und der Grad der Lieferbereitschaft beeinflußt.

Fehlmengenkosten fallen bei Bedarfsverlust an. Zu ihrer Bewertung sind zwei generell verschiedene Fälle zu unterscheiden, die von der Art der Modellformulierung abhängen.

Werden die Erlöse auf der Basis der maximal möglichen Absatzmengen verrechnet, sind in die Fehlmengenkosten verlorene Deckungsbeiträge für nicht realisierte Absatzmengen aufgrund auftretender Fehlmengen einzubeziehen. Dienen andererseits die tatsächlichen Verkaufsmengen (Realisationsprinzip) als Berechnungsgrundlage für die Erlöse, dürfen verlorene Deckungsbeiträge nicht mehr in den Fehlmengenkosten erfaßt werden.

In den entwickelten Modellen werden die Erlöse ausschließlich auf der Grundlage der verkauften Mengen ermittelt, d.h., verlorene Deckungsbeiträge sind in den Fehlmengenkosten nicht zu erfassen. Fehlmengenkosten beinhalten vielmehr nur Kostenkomponenten, die zusätzlich zu verlorenen Deckungsbeiträgen aufgrund von Bedarfsverlust anfallen.

Diese Kosten können als bewerteter Goodwillverlust, z.B. als zusätzliche Werbeausgaben interpretiert werden, die pro Fehlmengeneinheit erforderlich sind, wenn ein Sinken der Nachfragerate aufgrund unzufriedener und zur Konkurrenz abwandernder Kunden verhindert werden soll.

138. <u>Der Planungszeitraum</u>

Der Planungszeitraum umfaßt diejenige Zeitspanne, für die der Produktionsplan aufgestellt werden soll. Der Zeitraum ist in der Regel wesentlich kürzer als der gesamte zukünftige Handlungszeitraum, in dem wirtschaftliche Entscheidungen zu treffen sind. Die Länge des Planungszeitraums wird durch den ökonomischen Planungshorizont begrenzt. Alle Probleme, die mit der Ermittlung des Planungszeitraums verbunden sind, werden als gelöst angesehen[1].

In der vorliegenden Arbeit werden statische und dynamische Modelle entwickelt. Für die mathematische Formulierung statischer Modelle ist die Länge des Planungszeitraums ohne Relevanz, d.h., die Ergebnisse statischer Modelle sind vom Planungszeitraum unabhängig, und die Maximierung des durchschnittlichen Gewinns pro Zeiteinheit kann anstelle der Gewinnmaximierung im Planungszeitraum als Zielsetzung in den statischen Modellen verwendet werden. Als Beispiel für ein statisches Modell kann die Bestimmung der kostenminimalen Losgröße im Rahmen der klassischen Losgrößentheorie dienen. Werden durch diesen Planungsansatz die losgrößenabhängigen Kosten im Planungszeitraum minimiert, läßt sich der konstante Parameter für die Länge des Planungszeitraums beim Differenzieren kürzen und ist folglich in der resultierenden Wurzelformel für die kostenminimale Losgröße nicht enthalten.

Die Ergebnisse statischer Modelle beinhalten somit keinen Kalenderzeitbezug. Erst durch Ergebnisinterpretation läßt sich die Lösung auf den Kalenderzeitraum übertragen[2]. Bei der losweisen Produktion erfolgen die einzelnen Auflagen der Sorten auf einer Produktionsanlage zwangsläufig zeitlich nacheinander. Aufgabe der Interpretation ist es, die Produktionstermine für die einzelnen Auflagen im Kalenderzeitraum festzulegen. Die Länge des benötigten Kalenderzeitraums für eine Folge von Auflagen ist von den Modellergebnissen, d.h. vom Umfang der ermittelten Losgrößen abhängig.

Wird für die Planung mit statischen Modellen im voraus ein konstanter Planungszeitraum vorgegeben, kann der benötigte Kalenderzeitraum bei Durchsetzung der gesamten Lose höchstens zufällig mit dem vorgegebenen Planungszeitraum übereinstimmen. Die resultierenden Abstimmungsschwie-

---

1 Zur Bestimmung des Planungszeitraums siehe z.B. H. Albach (1962); F. Modigliani, F.E. Hohn (1955), S. 46 ff.; D. Schneider (1975), S. 33 ff.; H. Teichmann (1975), S. 295 ff.

2 Vgl. D. Adam (1976/1), S. 149 ff.

rigkeiten für die Ergebnisinterpretation werden bei Planung mit
statischen Modellen durch die Annahme eines offenen, in der Länge
variablen Planungszeitraums umgangen.

Für dynamische Modelle ergeben sich keine Abstimmungsschwierigkeiten
zwischen benötigtem Kalenderzeitraum und Planungszeitraum, da innerhalb der Modelle der Planungszeitraum explizit berücksichtigt wird.
Die Ergebnisgrößen aus einem dynamischen Modell beinhalten einen ein-
deutigen Kalenderzeitbezug. Die Ergebnisse von Planungen mit Hilfe eines dynamischen Modells hängen im Gegensatz zur Planung mit statischen
Modellen von der Länge des vorgegebenen Planungszeitraums ab. Gehen
z.B. die Produktionstermine als Entscheidungsvariable in die Modellformulierung ein, werden die Kalenderzeitpunkte innerhalb des Planungszeitraums für Produktionsbeginn und Produktionsende aller Auflagen durch die Modelloptimierung bestimmt. Gleichzeitig wird durch die
Modellformulierung sichergestellt, daß der Planungszeitraum exakt eingehalten wird, d.h., die erste Auflage einer Sorte darf frühestens
zu Beginn des Planungszeitraums erfolgen, und die letzte Auflage muß
spätestens mit dem Ende des Planungszeitraums abschließen.

In dieser Arbeit wird für dynamische Modelle stets von einem Planungszeitraum mit vorgegebener Länge ausgegangen.

14. Die Vorgehensweise bei der Entwicklung der Modelle

Ziel der Arbeit ist die Entwicklung eines operationalen Entscheidungs-
modells zur simultanen Lösung der bereits skizzierten Produktionspla-
nungsprobleme. Der Entwicklungsprozeß vollzieht sich in mehreren Stufen. Zunächst wird die beschriebene Planungssituation durch strengere
Annahmen eingeengt, und es werden Planungsansätze formuliert, die die
eingeschränkten Probleme optimal zu lösen vermögen. Auf jeder Stufe
des Modellentwicklungsprozesses werden eine oder mehrere dieser strenge-
ren Prämissen aufgelöst. Das Modell wird entsprechend verändert und an
die eingangs beschriebene komplexe Planungssituation angepaßt. Am
Ende des ersten Entwicklungsabschnitts steht das "Grundmodell der
einstufigen Fertigung". Der folgende Entwicklungsabschnitt basiert
auf diesem Grundmodell. Er beginnt mit Modellerweiterungen für den

einstufigen Ein-Maschinenfall und endet mit der Integration vernetzter Produktionsstrukturen.

Im ersten Entwicklungsabschnitt wird die Planung auf die grundlegenden Strukturelemente der losweisen Produktion eingeschränkt. Alle Planungsprobleme, die für eine erste Analyse nicht unbedingt erforderlich sind, werden ausgeschlossen. Die simultane Analyse beschränkt sich auf die Programm-, Losgrößen- und Lossequenzplanung.

Der Entwicklungsprozeß beginnt mit Planungsansätzen, die ausschließlich zur Lösung von Problemen der einstufigen Fertigung bei offener Produktion auf einem einzigen Aggregat geeignet sind. Das verfügbare Aggregat läßt sich nicht intensitätsmäßig anpassen, und das Sortenreihenfolgeproblem wird durch die Annahme reihenfolgeneutraler Umrüstkosten und Umrüstzeiten ausgeklammert. Zusätzlich werden alle Daten als konstant im Planungszeitraum angenommen. Diese Einschränkungen gelten bis zur Formulierung des "Grundmodells der einstufigen Fertigung"; sie werden erst anschließend aufgelöst.

Neben den genannten Annahmen, die eine Begrenzung der realen Planungssituation vornehmen, sind für den Aufbau der beiden ersten Planungsansätze, die dem "Grundmodell der einstufigen Fertigung" vorausgehen, planungstechnische Prämissen erforderlich, mit deren Hilfe die Modellformulierung vereinfacht wird und der Planungsaufwand durch Einsatz der Marginalanalyse als Lösungsverfahren reduziert werden kann.

2. Planungsansätze auf der Grundlage von Produktionszyklen

Gegenstand dieses Kapitels ist die erste Phase der Modellentwicklung. Mit Hilfe von zwei aufeinander aufbauenden Modellansätzen wird gezeigt, wie durch Einengung des generellen Planungsproblems eine statische Analyse der grundlegenden Planungssituation losweiser Fertigung mit Hilfe der Marginalanalyse möglich ist.

Die grundlegende Planungssituation beschränkt sich auf die einstufige, offene Fertigung mehrerer Sorten auf einem gemeinsamen Aggregat. Intensitätsmäßige Anpassungsprozesse und reihenfolgeabhängige Umrüstvorgänge werden nicht berücksichtigt. Die simultane Analyse wird somit auf die Produktionsprogrammplanung sowie die Losgrößen- und Lossequenzplanung eingeengt.

Eine zusätzliche Einengung erfährt das generelle Planungsproblem aufgrund der statischen Betrachtung des real stets zeitablaufbezogenen Produktionssystems. Die erforderlichen planungstechnischen Prämissen für eine statische Modellformulierung werden im folgenden erörtert.

21. Die Einengung des generellen Planungsproblems beim Zykluskonzept

Die statische Analyse des Planungsproblems bietet gegenüber dynamischen Modellen den Vorteil einer einfacheren Modellformulierung, die den Einsatz marginalanalytischer Lösungsverfahren ermöglicht. Andererseits können in statischen Modellen die zeitlichen Beziehungen zwischen den Elementen des realen Planungssystems nicht oder nur indirekt abgebildet werden. Eine Einengung des generellen Planungsproblems wird damit zwangsläufig erforderlich.

Eine statische Modellformulierung ist nur möglich, wenn[1]

a) eine identische Wiederholung aller Zustandsgrößen des realen Produktionssystems in jeweils gleichen Zeitabständen gefordert wird,

---

[1] Vgl. D. Adam (1976/2), S. 264 ff.

b) von einem bestimmten Typ einer Lager- und Verzugsbestandsentwicklung ausgegangen wird und

c) eine bestimmte Abstimmungsregel zur Lösung des Lossequenzproblems
   vorgeschrieben wird.

<u>Zu a)</u> Durch die erste Bedingung wird das generelle Planungsproblem auf
identisch wiederkehrende Zustandsgrößen im Zeitablauf eingeengt. Diese
Annahme erlaubt es, den Planungszeitraum in gleich lange, identische
Zeitabschnitte aufzuteilen, die als Produktionszyklen bezeichnet werden. In jedem Produktionszyklus werden die Lose jeweils in gleicher
Reihenfolge aufgelegt. Die Losgrößen und die zeitlichen Auflagenabstän-
de jeder einzelnen Sorte sind im Zeitablauf identisch, d.h., die Planung führt zu Produktionszyklen, die sich im Zeitablauf identisch an-
einanderreihen. Die Zeitspanne zwischen zwei aufeinanderfolgenden Produktionszyklen wird als Zyklusdauer bezeichnet.

Die gleichförmig, im Zeitablauf identisch wiederkehrenden Produktionszyklen können mit Hilfe der Zustandsgrößen des zugehörigen Produktionsplans beschrieben werden. Sind alle Zustandsgrößen, die den Produktionsplan zum Zeitpunkt t determinieren, in dem Zustandsvektor $Z(t)$ zusammengefaßt, können identische Produktionszyklen von der Länge D durch
folgende Beziehung der Zustandsvektoren gekennzeichnet werden[1].

$$Z(t) = Z(t + aD) \quad \forall \; t \; \text{und} \; a=1,2,3,\ldots$$

Der Zustandsvektor $Z(t)$ zum Zeitpunkt t ist mit allen Zustandsvektoren
$Z(t+D)$, $Z(t+2D)$, $Z(t+3D)$ usw. identisch. Durch die ganzzahlige Variable
a wird die ständige Wiederholung der Zustandsvektoren im Abstand von D
Zeiteinheiten beschrieben. Der erste Produktionszyklus wird durch die
Zustandsvektoren $Z(t)$ mit t=1,...,D abgebildet. Alle im Abstand von
jeweils D Zeiteinheiten folgenden Produktionszyklen sind aufgrund der
obigen Bedingung mit dem ersten Produktionszyklus identisch.

Die fortlaufende Wiederholung identischer Produktionszyklen kann als
Gleichgewichtszustand des Produktionssystems interpretiert werden. Wie
der Startzustand zu Beginn des Planungszeitraums in den Gleichgewichtszustand mit identisch wiederkehrenden Produktionszyklen zu überführen

---

1 Vgl. <u>D.B. Pressmar</u> (1974), S. 730 f.

ist, wird im Rahmen des Zykluskonzeptes nicht beantwortet. Ist der Gleichgewichtszustand erst einmal erreicht, soll er sich zukünftig unbegrenzt fortsetzen.

Aufgrund der ständigen, ununterbrochenen Wiederholung der Produktionszyklen ist eine zusätzliche Bedingung für einen zulässigen Produktionsplan erforderlich. Eine Folge von Produktionszyklen kann nur zu einem zulässigen Produktionsplan führen, wenn alle Zustandsgrößen am Ende eines Produktionszyklus mit den entsprechenden Zustandsgrößen zu Beginn des folgenden Produktionszyklus übereinstimmen. Aus der Identität der Produktionszyklen folgt zwangsläufig die Übereinstimmung der Zustandsgrößen zu Beginn und am Ende eines jeden Zyklus.

Die Identität der Produktionszyklen mit gleichen Anfangs- und Endzuständen kann für die Modellformulierung ausgenutzt werden. Zur Abbildung des realen Produktionssystems reicht es nunmehr aus, den Zeitraum, den das Modell umfaßt, auf einen einzigen Produktionszyklus zu begrenzen. Die Länge des Produktionszyklus geht dabei als Entscheidungsvariable in die Modellformulierung ein.

<u>Zu b)</u> In einem statischen Modell kann zur Ermittlung der Lager- und Verzugskosten nicht von effektiven Beständen zu bestimmten Zeitpunkten des Planungszeitraums ausgegangen werden. Die Lager- und Verzugskosten können vielmehr nur mit Hilfe von Durchschnittsbeständen abgebildet werden, die allein von der Losgröße abhängen[1]. Zur Ermittlung der benötigten Durchschnittsbestände ist von folgendem Typ einer Lager- und Verzugsbestandsentwicklung bei der Auflage eines Loses auszugehen.

---

1 Vgl. <u>D. Adam</u> (1976/2), S. 264 ff.

Bestand

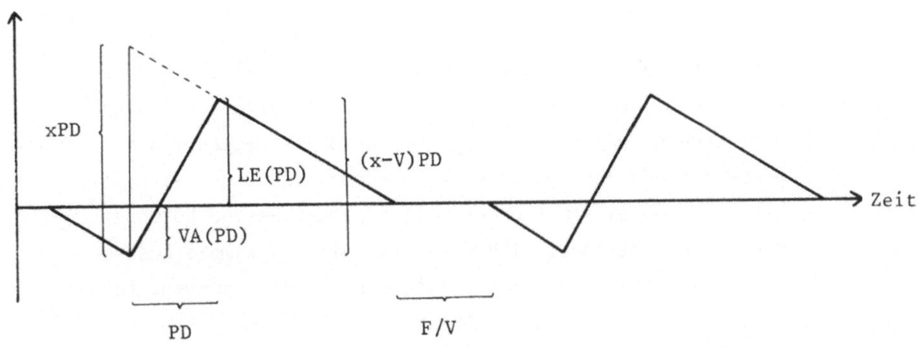

Abbildung 13: Typ der Bestandsentwicklung bei statischer Analyse

Bei Produktionsbeginn des betrachteten Loses liegen Verzugsmengen der
Höhe VA vor. Während der Produktionsdauer PD werden x Mengeneinheiten
pro Zeiteinheit gefertigt. Als Losgröße ergibt sich folglich xPD. Die
"Bestandserhöhung" (x-V)PD resultiert aus der Differenz der Produktionsmenge xPD und der Absatzmenge V PD während der Produktionsdauer PD. Mit
V wird die Absatzmenge pro Zeiteinheit bezeichnet. Der Lagerbestand
bei Produktionsende beträgt LE Mengeneinheiten. Nach Produktionsende
sinkt der Lagerbestand entsprechend der Absatzgeschwindigkeit um V
Mengeneinheiten pro Zeiteinheit. Ist das Lager geräumt, fallen Fehlmengen F während der Fehlzeit F/V an.

Der abgebildete Typ einer Lager- und Verzugsentwicklung ist durch eine
funktionale Abhängigkeit der Bestandsgrößen VA bzw. LE allein von der
Produktionsdauer PD bzw. der Losgröße xPD gekennzeichnet. Ein neues
Los einer Sorte ist somit stets dann aufzulegen, wenn die Erzeugnis-
mengen der vorangegangenen Auflage verkauft sind und zudem bereits ein
Verzugsbestand in der Höhe VA(PD) aufgelaufen ist.

Die funktionale Abhängigkeit des Verzugsbestands VA allein von der Produktionsdauer PD soll als Losauflageregel bezeichnet werden. Die Ableitung dieser Funktion und die Ermittlung der Lager- und Verzugskosten

als Funktion der Produktionsdauer erfolgt im Rahmen der späteren Modellentwicklung.

Durch den unterstellten Typ der Bestandsentwicklung werden nicht alle real möglichen Bestandsentwicklungen erfaßt. In der Realität kann es z.B. durchaus sinnvoll sein, ein neues Los bereits aufzulegen, wenn noch Mengen vorangegangener Lose derselben Sorte auf Lager liegen. Aufgrund der Begrenzung der möglichen Bestandsentwicklungen wird das generelle Planungsproblem somit eingeengt, indem zulässige Lösungen ausgeschieden werden. Befindet sich die tatsächlich optimale Lösung des ursprünglichen Problems unter den ausgeschiedenen Lösungen, kann dieses Optimum mit einer statischen Analyse nicht ermittelt werden, zu finden ist dann nur die beste Lösung für den unterstellten Bestandstyp.

<u>Zu c)</u> Die zeitliche Koordination der Produktionstermine innerhalb des Produktionszyklus ist durch spezielle Abstimmungsbedingungen zu erzwingen. Eine derartige Abstimmung kann z.B. erreicht werden, wenn von jeder Sorte genau eine Auflage pro Zyklus verlangt wird. Diese Bedingung ist identisch mit der aus der Literatur bekannten Forderung nach gleicher Auflagenzahl der Sorten im Planungszeitraum[1].

Durch die vorgeschlagene Abstimmungsbedingung werden wichtige Entscheidungsparameter für die Koordination der Produktionstermine determiniert. Als Entscheidungsparameter werden die Zeitabstände zwischen aufeinanderfolgenden Auflagen einer Sorte betrachtet. Die Forderung nach je einer einzigen Auflage pro Sorte und Zyklus impliziert gleiche Zeitabstände von der Länge des Produktionszyklus für die erneute Auflage aller Sorten.

Aufgrund der geforderten gleichen Zeitabstände läßt sich aus den Planungsergebnissen stets ein zulässiger Belegplan ableiten. Jede beliebige Folge der nach Umfang festgelegten Lose führt zu einem überschneidungsfreien Maschinenbelegungsplan.

Wird die hier skizzierte Abstimmungsbedingung dem Modell zugrunde gelegt, resultiert ein "strenger Produktionszyklus", in dem jede Sorte

---

1 Vgl. <u>D. Adam</u> (1969), S. 84 ff.

genau einmal aufgelegt wird. Sind mehrere Auflagen einiger oder aller
Sorten in einem Zyklus erlaubt, muß die Koordination der Produktionstermine innerhalb eines "erweiterten Produktionszyklus" durch andere
Abstimmungsbedingungen erzwungen werden. Für diese Abstimmung gilt
generell, daß sich ein überschneidungsfreier Maschinenbelegplan ergibt, wenn die Umrüstung auf eine neue Sorte später oder höchstens
gleichzeitig mit dem Produktionsende des unmittelbar zuvor aufgelegten
Loses beginnt. Jede hinreichende Abstimmungsbedingung, die zusätzliche,
für die Koordination der Produktionstermine nicht notwendige Forderungen enthält, führt zu einer Einengung des zulässigen Lösungsraums und
somit zu einer nicht unbedingt optimalen Lösung des realen Planungsproblems.

22. Der strenge Produktionszyklus mit einer einzigen Auflage je Sorte

Für eine gegebene Anzahl zn Sorten z wird im folgenden ein Planungsansatz[1] auf der Basis des strengen Produktionszyklus formuliert, der die
Teilprobleme der quantitativen Programmplanung und Losgrößenplanung
beinhaltet. Das Lossequenzproblem wird implizit durch die Annahme des
strengen Produktionszyklus, d.h. durch die Forderung nach genau einer
Auflage jeder Sorte im Produktionszyklus erfaßt. Das Problem besteht
darin, die Zyklusdauer zu bestimmen, bei der die durchschnittliche
Deckungsspanne pro Zeiteinheit maximal ist.

221. Modellaufbau

Die verwendeten Symbole für die benötigten Parameter und Entscheidungsvariablen sind in der folgenden Übersicht zusammengefaßt.

---

1 Ein strenges Zyklusmodell wurde ohne Berücksichtigung der Programmplanung zuerst formuliert von J.F. Magee (1958), S. 310 ff.; Vgl.
auch D. Adam (1969), S. 86 ff.; F. Hansmann (1962), S. 158 ff.; W.
Kilger (1973), S. 445 ff.; D.B. Pressmar (1974), S. 736 ff.; W.
Strobel (1964), S. 241 ff.

Parameter

x	= Produktionsgeschwindigkeit	$/\overline{}ME/ZE\_7$
V	= Absatzgeschwindigkeit	$/\overline{}ME/ZE\_7$
p	= Verkaufspreis	$/\overline{}GE/ME\_7$
k	= variable Produktionskosten	$/\overline{}GE/ME\_7$
Cl	= Lagerkostensatz	$/\overline{}GE/(ME\cdot ZE)\_7$
Cv	= Verzugskostensatz	$/\overline{}GE/(ME\cdot ZE)\_7$
Cr	= Rüstkosten pro Umrüstung	$/\overline{}GE\_7$
tr	= Rüstzeit pro Umrüstung	$/\overline{}ZE\_7$

Variable

D	= Zyklusdauer	$/\overline{}ZE\_7$
PD	= Produktionsdauer je Los	$/\overline{}ZE\_7$
F	= Fehlmenge zwischen zwei Auflagen einer Sorte	$/\overline{}ME\_7$
LE	= Lagerbestand bei Produktionsende eines Loses	$/\overline{}ME\_7$
VA	= Verzugsbestand bei Produktionsbeginn eines Loses	$/\overline{}ME\_7$
G	= zu maximierender Deckungsbeitrag pro ZE	$/\overline{}GE/ZE\_7$

Zielfunktion

Der Deckungsbeitrag G pro Zeiteinheit ergibt sich als Quotient des
Deckungsbeitrags pro Zyklus und der Zyklusdauer D. Für einen strengen
Zyklus ist der Deckungsbeitrag pro Zyklus identisch mit der Summe der
Deckungsbeiträge pro Los für alle Sorten z eines Zyklus. Er setzt
sich aus Bruttodeckungsbeiträgen, Rüstkosten sowie Lager- und Verzugs-
kosten zusammen. Auf eine Berücksichtigung von Fehlmengenkosten als
"Goodwillverlust" wird verzichtet.

$$(1.1) \quad G = \frac{1}{D} \left[\sum_{z=1}^{zn} (p_z - k_z)\, x_z PD_z - \sum_{z=1}^{zn} Cr_z \right.$$

$$\underbrace{\qquad\qquad\qquad\qquad}_{\substack{\text{Bruttodeckungsbei-}\\ \text{träge pro Zyklus}}} \qquad \underbrace{\qquad\qquad}_{\substack{\text{Rüst-}\\ \text{kosten}}}$$

$$- \sum_{z=1}^{zn} \left(\frac{LE_z}{2}\, \frac{x_z}{V_z}\, \frac{LE_z}{x_z - V_z}\, Cl_z + \frac{VA_z}{2}\, \frac{x_z}{V_z}\, \frac{VA_z}{x_z - V_z}\, Cv_z \right) \left. \right] \quad \rightarrow \text{max!}$$

$$\underbrace{\qquad\qquad\qquad\qquad\qquad\qquad\qquad\qquad\qquad}_{\text{Lager- und Verzugskosten pro Zyklus}}$$

Der Bruttodeckungsbeitrag pro Zyklus ergibt sich für Sorte z als Produkt der Deckungsspanne $p_z - k_z$ pro Mengeneinheit und der Losgröße $x_z PD_z$. Die gesamten Rüstkosten pro Zyklus sind mit der Summe der Rüstkosten pro Umstellung identisch, da jede Sorte z einmal pro Zyklus aufgelegt wird.

Die Lagerkosten KL für eine Sorte[1] werden von der durchschnittlich eingelagerten Erzeugnismenge, der Lagerdauer und dem Lagerkostensatz bestimmt. Die durchschnittlich eingelagerte Menge entspricht dem halben Maximalbestand LE am Ende der Produktionszeit einer Sorte.

Die Lagerdauer setzt sich aus der Summe der Zeiten für den Lageraufbau $LE/(x-V)$ und den Lagerabbau LE/V zusammen. Aus der Addition der Summanden resultiert die Lagerdauer $(x/V) \cdot LE/(x-V)$. Die Lagerkosten KL pro Zyklus ergeben sich aus der Multiplikation des durchschnittlichen Lagerbestands und der Lagerdauer mit dem Lagerkostensatz Cl.

Die Verzugskosten KV pro Zyklus ermitteln sich entsprechend aus dem durchschnittlichen Verzugsbestand VA/2, der Verzugsdauer $(x/V) \cdot VA/(x-V)$ und dem Verzugskostensatz Cv.

Die Bestandskosten KB pro Zyklus werden als Summe der Lagerkosten KL und der Verzugskosten KV pro Zyklus definiert.

---

1 Der Sortenindex z ist bei der Ableitung der Lager- und Verzugskosten zur Vereinfachung der Schreibweise entfallen.

$$(1.2) \quad \underbrace{KB}_{\substack{\text{Bestands-}\\\text{kosten}\\\text{pro}\\\text{Zyklus}}} = \underbrace{KL}_{\substack{\text{Lager-}\\\text{kosten}\\\text{pro}\\\text{Zyklus}}} + \underbrace{KV}_{\substack{\text{Verzugs-}\\\text{kosten}\\\text{pro}\\\text{Zyklus}}} = \underbrace{\frac{LE}{2}}_{\substack{\emptyset\ \text{La-}\\\text{gerbe-}\\\text{stand}}} \underbrace{\frac{x}{V}\frac{LE}{x-V}}_{\substack{\text{Lager-}\\\text{dauer}}} \underbrace{Cl}_{\substack{\text{Lager-}\\\text{kosten-}\\\text{satz}}}$$

$$+ \underbrace{\frac{VA}{2}}_{\substack{\emptyset\ \text{Verzugs-}\\\text{bestand}}} \underbrace{\frac{x}{V}\frac{VA}{x-V}}_{\substack{\text{Verzugs-}\\\text{dauer}}} \underbrace{Cv}_{\substack{\text{Verzugs-}\\\text{kosten-}\\\text{satz}}}$$

Bisher wurden Fehlmengen bei der Herleitung der Lager- und Verzugskosten nicht berücksichtigt. Wie aus Abbildung 13 hervorgeht, werden
Fehlmengen F, die während des Zeitraums F/V auftreten, grundsätzlich
dann eingeplant, wenn weder Lager- noch Verzugsbestände vorliegen.
Ist es ökonomisch gleichgültig, wann Fehlmengen auftreten, führt jede
andere Politik zu höheren Lager- bzw. Verzugskosten.

Abstimmungsbedingung zwischen Produktion und Absatz

Die Abstimmungsbedingung für die Produktions- und Absatzmengen eines
Zyklus erfüllt die Forderung nach einem strengen Produktionszyklus,
da nur ein Los $x_z PD_z$ jeder Sorte aufgelegt wird. Für jede Sorte z
muß die Produktionsmenge $x_z PD_z$ der möglichen Absatzmenge $V_z D$ abzüglich
der Fehlmengen F_z pro Zyklus entsprechen.

$$(1.3) \quad \underbrace{x_z\, PD_z}_{\text{Losgröße}} = \underbrace{V_z D}_{\substack{\text{mögliche Absatz-}\\\text{menge pro Zyklus}}} - \underbrace{F_z}_{\substack{\text{Fehlmenge}\\\text{pro Zyklus}}} \quad \forall\, z=1,zn \quad [1]$$

Kapazitätsrestriktion

Die Kapazitätsrestriktion verhindert, daß die Summe der Rüstkosten tr_z
und Produktionszeiten PD_z aller Sorten die Zyklusdauer D überschreitet.

$$(1.4) \quad \sum_{z=1}^{zn} \underbrace{(tr_z + PD_z)}_{\substack{\text{Maschinenbeleg-}\\\text{zeit für Sorte z}}} \leq \underbrace{D}_{\substack{\text{Zyklus-}\\\text{dauer}}}$$

---

[1] Ohne besondere Angabe eines Inkrementes impliziert die Schreibweise
z=1,zn ein Inkrement von Eins.

Bestandsbedingung

Für jede Sorte z entspricht die Summe des Verzugsbestands VA_z bei
Produktionsbeginn und des Lagerbestands LE_z bei Produktionsende eines
Loses der Bestandserhöhung $(x_z-V_z)PD_z$ während der Produktionsdauer PD_z.

$$(1.5) \quad VA_z + LE_z = (x_z-V_z)PD_z \qquad \forall\ z=1,zn$$

Verzugsbestand bei Produktionsbeginn	Lagerbestand bei Produktionsende	Bestandserhöhung während der Produktionsdauer PD_z

Nicht-Negativitätsbedingung

$$(1.6) \quad D \gtrless 0 \ ; \ PD_z,\ F_z,\ VA_z,\ LE_z \gtrless 0 \qquad \forall\ z=1,zn$$

Der formulierte Planungsansatz kann nach einer Umformung mit Hilfe
der linearen Programmierung gelöst werden. Die Lager- und Verzugskosten
gehen zunächst als quadratische Funktionen der Bestandsgrößen LE_z bzw.
VA_z in die Zielfunktion ein. Im Fall der Maximierung sind negativ quadratische Funktionen stets konvex[1]. Werden die quadratischen
Terme durch eine stückweise lineare Approximation ersetzt, wird durch
das Simplexkriterium das Auffinden einer optimalen Lösung des ange-
näherten Problems garantiert. Eine geeignete Vorgehensweise zur Linearisierung der Lager- und Verzugskosten wird in einem Exkurs am Schluß
dieser Arbeit vorgestellt.

Im Anschluß an die Linearisierung der Lager- und Verzugskosten ist für
das hyperbolische Programm - die Zyklusdauer erscheint im Nenner der
Zielfunktion - eine äquivalente lineare Modellformulierung[2] zu entwickeln. Zur Vorgehensweise für diese Transformation wird wiederum
auf den Exkurs am Ende der Arbeit verwiesen.

Der Einsatz der linearen Programmierung ist zur Lösung des Planungsproblems nicht unbedingt notwendig. Denn eine optimale Politik kann

---

1 Vgl. G. Hadley (1969), S. 112 ff.
2 Vgl. A. Charnes, W.W. Cooper (1962), S. 181 ff.

auch mit Hilfe der Marginalanalyse abgeleitet werden. Zur Vorberei-
tung der Marginalanalyse wird zunächst gezeigt, wie die Lager- und
Verzugskosten allein in Abhängigkeit von der Produktionsdauer dar-
stellbar sind.

Aufgrund der als Gleichung formulierten Bestandsbedingung (1.5) kann
der Verzugsbestand VA_z durch $(x_z-V_z)PD_z-LE_z$ ersetzt werden. Die Bestandsbedingung darf anschließend ersatzlos gestrichen werden, da die
Nicht-Negativitätsbedingung für die ursprüngliche Variable VA_z bei
Optimalverhalten stets erfüllt ist. Aufgrund der quadratischen Funktion
der Verzugskosten kann eine negative Ausprägung der Bestandsvariablen
VA_z nicht zu einer optimalen Lösung führen.

Die Variable VA_z geht nur in die Zielfunktion ein. Durch Ersetzen von
VA_z durch $(x_z-V_z)PD_z-LE_z$ verändert sich folglich nur die Zielfunktion.

$$(1.7) \quad G = \frac{1}{D} \left[\sum_{z=1}^{zn} (p_z-k_z) \, x_z \, PD_z - \sum_{z=1}^{zn} Cr_z \right.$$

$$\left. - \sum_{z=1}^{zn} \left(\frac{LE_z}{2} \frac{x_z}{V_z} \frac{LE_z}{x_z-V_z} Cl_z + \frac{(x_z-V_z)PD_z-LE_z}{2} \frac{x_z}{V_z} \frac{(x_z-V_z)PD_z-LE_z}{x_z-V_z} Cv_z \right) \right]$$

$$\to max!$$

Die Modellformulierung kann weiter vereinfacht werden[1]. Der Lagerbestand LE_z bei Produktionsende geht nur in die Zielfunktion ein. Folglich ist die optimale Aufteilung der Bestanderhöhung $(x_z-V_z)PD_z$ auf
den Verzugsbestand $(x_z-V_z)PD_z-LE_z$ und den Lagerbestand LE_z allein
durch die Zielfunktion determiniert. Die optimale Aufteilung ist erreicht, wenn für eine bestimmte Produktionsdauer PD_z die Summe aus
Lager- und Verzugskosten pro Zeiteinheit minimal ist.

Durch Differenzieren der Bestandskosten kb pro ZE nach der Variablen LE_z,
Nullsetzen der ersten Ableitung und Auflösen nach LE_z ergibt sich der
optimale Lagerbestand LE_z allein als Funktion der Produktionsdauer
PD_z.

---

1 Vgl. D. Adam (1976/2), S. 270 ff.

$$kb = \frac{1}{D} \sum_{z=1}^{zn} \left(\frac{LE_z}{2} \frac{x_z}{V_z} \frac{LE_z}{x_z - V_z} Cl_z + \frac{(x_z - V_z)PD_z - LE_z}{2} \frac{x_z}{V_z} \frac{(x_z - V_z)PD_z - LE_z}{x_z - V_z} Cv_z \right) \rightarrow \min!$$

$$\frac{dkb}{dLE_z} = \frac{1}{D} \left[\frac{- x_z LE_z}{V_z (x_z - V_z)} Cl_z + \frac{x_z LE_z - (x_z - V_z) x_z PD_z}{V_z (x_z - V_z)} Cv_z \right] \overset{!}{=} 0 \quad \forall \; z = 1, zn$$

$$(1.8) \qquad LE_z = (x_z - V_z) \, PD_z \; \frac{Cv_z}{Cl_z + Cv_z} \qquad \forall \; z=1, zn$$

Der Verzugsbestand VA_z ergibt sich als Funktion der Produktionsdauer PD_z durch Ersetzen von LE_z in der Bestandsbedingung (1.5) durch den abgeleiteten Ausdruck (1.8) für LE_z.

$$(1.9) \qquad VA_z = (x_z - V_z) \, PD_z \; \frac{Cl_z}{Cl_z + Cv_z} \qquad \forall \; z=1, zn$$

Durch (1.8) und (1.9) werden der Lagerbestand LE_z bei Produktionsende und der Verzugsbestand VA_z bei Produktionsbeginn eines Loses der Sorte z allein als Funktion der Produktionsdauer PD_z beschrieben.

In der Zielfunktion (1.7) kann die Variable LE_z durch den Ausdruck (1.8) ersetzt werden. Nach einigen Umformungen nimmt die Zielfunktion dann folgende Form an.

(1.10)

$$G = 1/D \left[\underbrace{\sum_{z=1}^{zn} (p_z - k_z) x_z PD_z}_{\substack{\text{losgrößenunabhän-}\\ \text{gige Deckungsbei-}\\ \text{träge pro Zyklus}}} - \underbrace{\sum_{z=1}^{zn} Cr_z}_{\substack{\text{Rüst-}\\ \text{kosten}\\ \text{pro}\\ \text{Zyklus}}} - \underbrace{\sum_{z=1}^{zn} \frac{(x_z - V_z)PD_z}{2} \frac{x_z PD_z}{V_z} \frac{Cl_z Cv_z}{Cl_z + Cv_z}}_{\substack{\text{Lager- und Verzugskosten pro}\\ \text{Zyklus}}} \right] \rightarrow \max!$$

Deckungsbeitrag pro Zyklus

Deckungsbeitrag pro Zeiteinheit

In dem vereinfachten Planungsansatz sind die Bestandsvariablen VA_z und LE_z nicht mehr enthalten. Das zur Zielfunktion (1.10) gehörige Restriktionssystem beinhaltet die Abstimmungsbedingung (1.3), die Kapazitätsrestriktion (1.4) und die Nicht-Negativitätsbedingung (1.11).

Abstimmungsbedingung

$$(1.3) \qquad \underbrace{x_z \, PD_z} \quad = \quad \underbrace{V_z \, D} \quad - \quad \underbrace{F_z} \qquad \forall \; z=1,zn$$

$$\quad\;\; \text{Produktionsmenge} \qquad \text{mögliche} \qquad \text{Fehlmenge}$$
$$\quad\;\; \text{pro Zyklus} \qquad\qquad \text{Absatzmenge} \quad \text{pro Zyklus}$$
$$\qquad\qquad\qquad\qquad\qquad\quad \text{pro Zyklus}$$

Kapazitätsrestriktion

$$(1.4) \qquad \sum_{z=1}^{zn} \; (\underbrace{tr_z} \; + \; \underbrace{PD_z}) \qquad \leq \qquad \underbrace{D}$$

$$\qquad\qquad\quad\; \text{Rüst-} \quad\; \text{Produk-} \qquad \text{Zyklus-}$$
$$\qquad\qquad\quad\; \text{zeit} \qquad\; \text{tions-} \qquad\quad \text{dauer}$$
$$\qquad\qquad\qquad\qquad\; \text{zeit}$$

Nicht-Negativitätsbedingung

$$(1.11) \qquad D \geq 0 \; ; \; PD_z, \, F_z \geq 0 \qquad\qquad \forall \; z=1,zn$$

Für den vereinfachten Planungsansatz (1.10), (1.3), (1.4) und (1.11) wird im folgenden eine optimale Politik mit Hilfe der Marginalanalyse abgeleitet.

222. Ableitung einer optimalen Politik mit Hilfe der Marginalanalyse

Für die Lösung des Planungsansatzes mit Hilfe der Marginalanalyse werden drei Fallunterscheidungen anhand der Kapazitäts- und Fehlmengensituation eingeführt.

- Freie Kapazität   -   keine Fehlmengen

- Knappe Kapazität   -   keine Fehlmengen

- Knappe Kapazität   -   Fehlmengen treten auf

Der vierte denkbare Fall auftretender Fehlmengen bei freier Maschinenkapazität kann nur vorkommen, falls die Bruttodeckungsspanne einer
Sorte pro Zeiteinheit kleiner ist als die durchschnittlichen Lager-
und Verzugskosten dieser Sorte pro Zeiteinheit ohne Fehlmengen. Dieser
Fall erscheint wenig realistisch und wird im folgenden vernachlässigt.

Zunächst werden nur die beiden ersten Fälle betrachtet. Fehlmengen
werden folglich nicht zugelassen. Es wird analysiert, wann freie bzw.
knappe Kapazität ohne Fehlmengen vorliegt.

Der Fall freier Kapazität ist gegeben, wenn es vorteilhaft ist, Maschinenstillstandszeiten einzuplanen, d.h.,die Restriktion (1.4) ist
unwirksam. Wenn keine Fehlmengen zugelassen sind, kann in der Abstimmungsbedingung (1.3) die Fehlmengenvariable F_z eliminiert werden. Ohne
Fehlmengen nimmt die Abstimmungsbedingung (1.3) die Form (1.12) an.

$$(1.12) \qquad x_z \, PD_z = V_z \, D \qquad\qquad \forall \; z=1,zn$$

In der Zielfunktion (1.10) kann die Variable PD_z aufgrund von (1.12)
durch $\dfrac{V_z \, D}{x_z}$ ersetzt werden. Aus (1.10) und (1.12) folgt somit die Formulierung der Zielfunktion (1.13).

(1.13)   [1]

$$G = \frac{1}{D} \left[\sum_{z=1}^{zn} (p_z - k_z) V_z D - \sum_{z=1}^{zn} Cr_z - \sum_{z=1}^{zn} \frac{(V_z D)^2}{2 \, V_z} \left(1 - \frac{V_z}{x_z}\right) \frac{Cl_z Cv_z}{Cl_z + Cv_z} \right] \;\to\; \max!$$

<table>
<tr><td>losgrößenunab-
hängige
Deckungsbei-
träge pro
Zyklus</td><td>Rüst-
kosten
pro
Zyklus</td><td>Lager- und Verzugskosten
pro Zyklus</td></tr>
</table>

Deckungsbeitrag pro Zyklus

Deckungsbeitrag pro Zeiteinheit

---

[1] Fußn. s. S. 52.

Der Deckungsbeitrag pro Zeiteinheit G ist damit allein abhängig von der Zyklusdauer D. Es sind hier nur Werte für D zulässig, für die Restriktion (1.4) eingehalten ist; andernfalls liegt nicht der Fall freier Kapazität vor.

Zur Bestimmung der optimalen Zyklusdauer D ist die Funktion (1.13) nach D zu differenzieren; man erhält dann den Grenzdeckungsbeitrag (1.14).

$$(1.14) \quad \frac{dG}{dD} = \left[- \frac{\sum\limits_{z=1}^{zn} Cr_z}{D^2} - \sum\limits_{z=1}^{zn} \frac{V_z}{2} \left(1 - \frac{V_z}{x_z}\right) \frac{Cl_z \, Cv_z}{Cl_z + Cv_z} \right]$$

Der generelle Verlauf des Grenzdeckungsbeitrag dG/dD in Abhängigkeit von der Zyklusdauer ist in der folgenden Abbildung dargestellt.

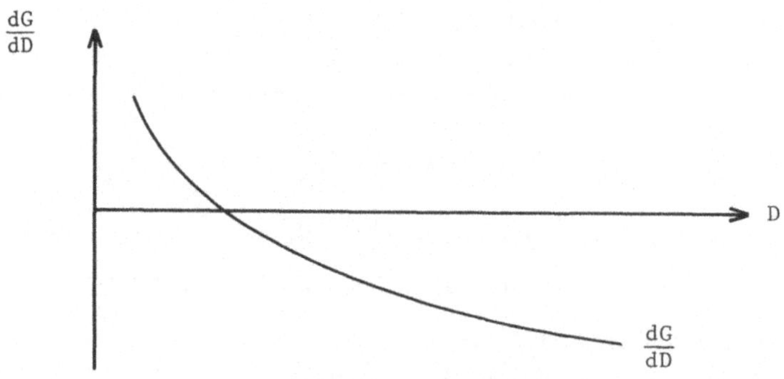

Abbildung 14: Grenzdeckungsbeitrag pro Zykluszeiteinheit

Der Ausdruck für die Bestandskosten in (1.13) ergibt sich aus (1.10) und (1.12) wie folgt:

$$\frac{(x-V)}{2} \frac{PD^2}{V} x = \frac{(x-V) \dfrac{V^2}{2} D^2 x}{2 \quad V}$$

$$= \frac{V^2 \, D^2}{2Vx} (x-V)$$

$$= \frac{(VD)^2}{2V} \left(1 - \frac{V}{x}\right)$$

Im Bereich positiver Grenzdeckungsbeiträge kann der Deckungsbeitrag
pro Zeiteinheit durch eine Verlängerung der Zyklusdauer erhöht werden.
Mit zunehmender Zyklusdauer erhöhen sich die Losgrößen, und die im Durchschnitt pro Zeiteinheit erforderliche Rüstzeit sinkt. Existiert folglich im Bereich positiver Grenzdeckungsbeiträge eine kapazitativ zulässige Lösung (Restriktion (1.4)), kann der Deckungsbeitrag pro Zeiteinheit durch Einplanen von Maschinenstillstandszeiten bei verlänger-
ter Zyklusdauer verbessert werden. Das Deckungsbeitragsmaximum ist bei
einem Grenzdeckungsbeitrag dG/dD in Höhe von Null erreicht.

Im folgenden ist zu analysieren, wann eine kapazitativ zulässige Lösung
im Bereich positiver Grenzdeckungsbeiträge vorliegt. Das Problem besteht darin, die - von der Kapazität her - kleinste zulässige Zyklusdauer D zu bestimmen.

Da in Fall 1 keine Fehlmengen auftreten dürfen, ist die gesamte Nachfrage mit zeitlich koordinierten Losen zu befriedigen. Die kürzeste
Zyklusdauer ist erreicht, wenn keine Maschinenstillstandszeiten eingeplant werden, d.h.,wenn die Kapazitätsrestriktion zur Gleichung wird.
Die kürzeste Zyklusdauer Dkrit ist allein durch die Abstimmungsbedingung (1.12) und die Kapazitätsrestriktion (1.4) determiniert. Wird
die Kapazitätsrestriktion als Gleichung formuliert und PD_z in der Kapazitätsrestriktion durch den Ausdruck $\dfrac{V_z D}{x_z}$ ersetzt, ergibt sich folgende
Beziehung, aus der die kritische Zyklusdauer Dkrit durch Auflösen nach
der Zyklusdauer D ermittelt wird.

$$\underbrace{\sum_{z=1}^{zn} tr_z}_{\substack{\text{Rüstzeiten} \\ \text{pro Zyklus}}} + \underbrace{\sum_{z=1}^{zn} \frac{V_z D}{x_z}}_{\substack{\text{Produktions-} \\ \text{zeiten zur} \\ \text{Befriedigung} \\ \text{der Nachfrage}}} = \underbrace{D}_{\substack{\text{Zyklus-} \\ \text{dauer}}}$$

$$(1.15) \qquad Dkrit = \frac{\displaystyle\sum_{z=1}^{zn} tr_z}{1 - \displaystyle\sum_{z=1}^{zn} \frac{V_z}{x_z}}$$

Der Summenausdruck im Nenner des Quotienten gibt die durchschnittliche, pro Zeiteinheit benötigte Produktionszeit zur Befriedigung der Nachfrage an. Der gesamte Nenner bezeichnet den Teil einer Zeiteinheit, der durchschnittlich nicht für die Produktion benötigt wird. Diese Teilzeit muß vollständig für Rüstzwecke eingesetzt werden, wenn keine Maschinenstillstandszeiten auftreten sollen. Die kritische Zyklusdauer ergibt sich folglich als Quotient der benötigten Rüstzeiten und dem nicht für Produktionszwecke benötigten Teil einer Zeiteinheit.

Eine kleinere Zyklusdauer als Dkrit führt ohne Zulassen von Fehlmengen stets zu einer unzulässigen Lösung, da dann die benötigte Rüstzeit die für Rüstzwecke verfügbare Zeit übersteigt.

Ergibt sich durch Einsetzen von Dkrit in die Grenzdeckungsbeitragsfunktion dG/dD ein positiver Grenzdeckungsbeitrag ist es vorteilhaft, durch Einplanen von Maschinenstillstandszeiten eine größere Zyklusdauer als Dkrit zu realisieren. In der optimalen Lösung treten folglich Maschinenstillstandszeiten auf, d.h., der erste unterschiedene Fall mit freier Maschinenkapazität liegt vor. Die optimale Zyklusdauer $Dopt_1$ ist hier bei einem Grenzdeckungsbeitrag dG/dD in Höhe von Null erreicht. Durch Nullsetzen der Grenzdeckungsbeitragsfunktion (1.14) und Auflösen nach der Zyklusdauer D wird $Dopt_1$ bestimmt.

$$(1.16) \quad Dopt_1 = \sqrt{\dfrac{2 \sum\limits_{z=1}^{zn} Cr_z}{\sum\limits_{z=1}^{zn} V_z \left(1 - \dfrac{V_z}{x_z}\right) \dfrac{Cl_z \, Cv_z}{Cl_z + Cv_z}}} \qquad \text{falls } \dfrac{dG}{dD} \, (Dkrit) \geqq 0$$

Die erste Fallunterscheidung wird durch einen nicht negativen Grenzdeckungsbeitrag dG/dD an der Stelle Dkrit charakterisiert. Für dG/dD (Dkrit) $\geqq$ 0 ist die optimale Lösung des Planungsproblems durch $Dopt_1$ bestimmt. Durch Einsetzen von $Dopt_1$ in die Abstimmungsbedingung (1.12) sind schließlich die optimalen Losgrößen zu ermitteln.

Die beiden folgenden Fallunterscheidungen beziehen sich auf eine Situation knapper Kapazitäten, d.h., Maschinenstillstandszeiten werden nicht zugelassen. Diese Situation ist gegeben, wenn der Grenzdeckungsbeitrag dG/dD an der Stelle Dkrit ein negatives Niveau aufweist.

Aufgrund der Kapazitätsrestriktion ist es ohne Zulassen von Fehlmengen nicht möglich, eine kleinere Zyklusdauer als Dkrit zu realisieren. Andererseits führt eine Erhöhung der Zyklusdauer zu einem verminderten Deckungsbeitrag. Folglich wird die optimale Lösung durch die kritische Zyklusdauer Dkrit determiniert, sofern es nicht vorteilhaft ist, Fehlmengen zuzulassen. Dkrit determiniert somit die Lösung für den zweiten unterschiedenen Fall - knappe Kapazität ohne Fehlmengen - .

Im folgenden wird für den Fall 3 zunächst ein Kriterium abgeleitet, mit dessen Hilfe festgestellt werden kann, ob es vorteilhaft ist, die Nachfrage vollständig zu befriedigen oder Fehlmengen einzuplanen. Anschließend ist für die Fehlmengensituation die optimale Zyklusdauer mit der zugehörigen Fehlmenge zu bestimmen.

Zur Analyse der Fehlmengensituation wird davon ausgegangen, daß nur von einer im voraus bestimmten Sorte a Fehlmengen auftreten können. Die Planungsaufgabe wird somit auf die Bestimmung der optimalen Zyklusdauer sowie der Fehlmengen für eine im voraus festzulegende Sorte a eingeengt.

Entsprechend der Funktion der Deckungsbeiträge (1.13) ist der Deckungsbeitrag pro Zeiteinheit bei Zulassen von Fehlmengen der Sorte a durch die Funktion (1.17) beschrieben.

$$(1.17) \quad G_a = \frac{1}{D} \Big[\underbrace{\sum_{z \neq a} (p_z - k_z)\, V_z D - \sum_{z \neq a} Cr_z - \sum_{z \neq a} \frac{(V_z D)^2}{2V_z} \left(1 - \frac{V_z}{x_z}\right) \frac{Cl_z\, Cv_z}{Cl_z + Cv_z}}_{\text{Deckungsbeitrag pro Zyklus für alle Sorten } z \neq a}$$

$$\underbrace{+\, (p_a - k_a)(V_a D - F_a) - Cr_a - \frac{(V_a D - F_a)^2}{2V_a} \left(1 - \frac{V_a}{x_a}\right) \frac{Cl_a\, Cv_a}{Cl_a + Cv_a}}_{\text{Deckungsbeitrag pro Zyklus für die Fehlmengensorte } a} \Big] \rightarrow \text{max!}$$

Der Deckungsbeitrag pro Zyklus entspricht für alle Sorten $z \neq a$, d.h. mit Ausnahme der Fehlmengensorte a, dem in (1.13) abgeleiteten Deckungsbeitrag pro Zyklus. Die Losgröße der Fehlmengensorte a ist identisch

mit der Differenz der möglichen Absatzmenge $V_a D$ und der Fehlmenge F_a
pro Zyklus. Für die Fehlmengensorte a ist somit nicht die maximal
mögliche Absatzmenge $V_a D$, sondern die realisierte Verkaufsmenge
$V_a D - F_a$ zur Ermittlung des Deckungsbeitrags pro Zyklus einzusetzen.
Der gesamte Deckungsbeitrag pro Zyklus ergibt sich als Summe der
Deckungsbeiträge pro Zyklus für alle Sorten $z \neq a$ und des Deckungsbeitrags
pro Zyklus für die Fehlmengensorte a. Wird der Gesamtdeckungsbeitrag
pro Zyklus durch die Zyklusdauer D dividiert, erhält man den Deckungsbeitrag (1.17) pro Zeiteinheit, wenn allein von Sorte a Fehlmengen
auftreten dürfen. Das Problem besteht darin, simultan die Zyklusdauer
und die Fehlmengen F_a für Sorte a zu bestimmen, die zu einem maximalen
Deckungsbeitrag führen.

Der Deckungsbeitrag G_a (1.17) läßt sich zu folgendem Ausdruck (1.18)
zusammenfassen.

$$(1.18) \quad G_a = \frac{1}{D} \underline{\big/}^{-} \sum_{z=1}^{zn} (p_z - k_z)\, V_z D - \sum_{z=1}^{zn} Cr_z - \sum_{z=1}^{zn} \frac{(V_z D)^2}{2V_z} \, (1 - \frac{V_z}{x_z}) \frac{Cl_z\, Cv_z}{Cl_z + Cv_z} \underline{\big/}$$

Deckungsbeitrag pro Zeiteinheit ohne Zulassen von
Fehlmengen

$$- \frac{1}{D} \{ (p_a - k_a)F_a - \underline{\big/}^{-} \frac{(V_a D)^2}{2V_a} - \frac{(V_a D - F_a)^2}{2V_a} \underline{\big/} \, (1 - \frac{V_a}{x_a}) \frac{Cl_a\, Cv_a}{Cl_a + Cv_a} \} \rightarrow \max!$$

Entgang an Deckungsbeitrag pro Zeiteinheit durch Fehl-
mengen für Sorte a

Der erste Ausdruck in (1.18) ist mit der Deckungsbeitragsfunktion
(1.13) identisch, die den Deckungsbeitrag pro Zeiteinheit ohne Zulassen von Fehlmengen für alle Sorten allein in Abhängigkeit von der
Zyklusdauer D angibt. Der zweite Term aus (1.18) kann als Entgang an
Deckungsbeitrag pro Zeiteinheit interpretiert werden, der aus auftretenden Fehlmengen der Sorte a resultiert.

Treten Fehlmengen auf, wird der Deckungsbeitrag durch zwei gegenläufi-
ge Komponenten beeinflußt. Einerseits sinken die losgrößenunabhängigen Deckungsbeiträge entsprechend der Höhe der Fehlmengen F_a. Andererseits wird die Gewinnsituation durch sinkende Lager- und Verzugs-

kosten positiv beeinflußt. Die Höhe der Bestandskostenverminderung wird durch die Bestandkosten bei vollständiger Nachfragebefriedigung und durch die Bestandkosten bei auftretenden Fehlmengen determiniert.

Bei vollständiger Nachfragebefriedigung entspricht die Losgröße der Sorte a der möglichen Absatzmenge $V_a D$ pro Zyklus. Treten Fehlmengen in Höhe von F_a auf, sinken die Absatzmenge pro Zyklus und die Losgröße auf $V_a D - F_a$. Die Bestandskostenverminderung ergibt sich folglich als Differenz aus den Bestandkosten für die Losgröße $V_a D$ und den Bestandskosten $V_a D - F_a$.

Der entgangene Deckungsbeitrag wird als Produkt der Bruttodeckungsspanne $p_a - k_a$ und der Fehlmenge F_a bestimmt.

Die aus der Fehlmenge F_a resultierende Veränderung der Deckungsbeiträge in Funktion (1.18) wird als entgangener Deckungsbeitrag EGF_a in Abhängigkeit von der Zyklusdauer D und der Fehlmenge F_a bezeichnet. EGF_a ist mit dem zweiten Term der Gewinnfunktion (1.18) identisch.

$$(1.19) \quad EGF_a = \frac{1}{D} \left\{ (p_a - k_a) F_a - \underbrace{\left/ \frac{(V_a D)^2}{2V_a} - \frac{(V_a D - F_a)^2}{2V_a} \right/}_{} \left(1 - \frac{V_a}{x_a}\right) \frac{Cl_a \, Cv_a}{Cl_a + Cv_a} \right\}$$

<table>
<tr><td>Entgangener
Deckungs-
beitrag pro
Zyklus</td><td>Verminderung der Lager- und Verzugs-
kosten pro Zyklus bei Sorte a</td></tr>
</table>

Das Planungsproblem besteht nun darin, die Funktion (1.18) unter den Restriktionen (1.20), (1.21), (1.22) und (1.23) zu maximieren.

<u>Abstimmungsbedingungen</u>

$$(1.20) \qquad \underbrace{x_z \, PD_z}_{} \quad = \quad \underbrace{V_z D}_{} \qquad \forall \ z \neq a$$

<table>
<tr><td>Produktions-
menge pro
Zyklus</td><td>Absatzmenge
pro Zyklus</td></tr>
</table>

$$(1.21) \qquad \underbrace{x_a \, PD_a}_{} \qquad = \qquad \underbrace{V_a D}_{} \qquad - \qquad \underbrace{F_a}_{}$$

| Produktionsmenge der Fehlmengensorte a pro Zyklus | mögliche Absatzmenge der Sorte a pro Zyklus | Fehlmengen für Sorte a pro Zyklus |

Verkaufsmenge der Sorte a pro Zyklus

Kapazitätsrestriktion

$$(1.22) \qquad \sum_{z=1}^{zn} \underbrace{(tr_z}_{} + \underbrace{PD_z)}_{} = \underbrace{D}_{}$$

Rüstzeit · Produktionszeit · Zyklusdauer

Nicht-Negativitätsbedingung

$$(1.23) \qquad D \overset{\geq}{=} 0 \; , \; F_a \overset{\geq}{=} 0 \; ; \; PD_z \overset{\geq}{=} 0 \qquad \forall \; z=1,zn$$

Zur Lösung dieses Problems wird zunächst der zweite Term der Funktion (1.18) - also Funktion (1.19) - mit Hilfe der Restriktionen vereinfacht. Die Fehlmenge F_a läßt sich als Funktion der Zyklusdauer D darstellen, wenn die Produktionszeiten PD_z in der Kapazitätsrestriktion (1.22) entsprechend den Abstimmungsbedingungen (1.20) und (1.21) ersetzt werden. Für den vorliegenden Fall knapper Kapazität ergibt sich folgende Kapazitätsgleichung.

$$(1.24) \qquad \sum_{z=1}^{zn} tr_z \; + \; \sum_{z \neq a} \frac{V_z D}{x_z} \; + \; \frac{V_a D - F_a}{x_a} \; = \; D$$

Rüstzeiten · Produktionszeiten für alle Sorten z≠a · Produktionszeit für Sorte a · Zyklusdauer

Die Summe der Rüst- und Produktionszeiten für alle Sorten muß der Zyklusdauer D entsprechen. Durch Auflösen der Kapazitätsrestriktion (1.24) nach der Fehlmenge F_a ergibt sich die Fehlmenge F_a als Funktion der Zyklusdauer D.

$$(1.25) \quad F_a = x_a \left[\sum_{z=1}^{zn} tr_z - D \left(1 - \sum_{z=1}^{zn} \frac{V_z}{x_z}\right) \right]$$

$$\underbrace{\phantom{\sum_{z=1}^{zn} tr_z - D \left(1 - \sum_{z=1}^{zn} \frac{V_z}{x_z}\right)}}$$

Differenz zwischen der benötigten und vorhandenen
Maschinenbelegzeit pro Zyklus

Im Ausdruck (1.25) gibt der zweite Term innerhalb der eckigen Klammer die für Rüstzwecke verfügbare Zyklusteilzeit an, wenn die Nachfrage nach allen Sorten befriedigt wird. Ist diese Zeit geringer als die tatsächlich benötigte Rüstzeit, kann die benötigte Kapazität nur durch eine Verminderung der Produktionsmenge, d.h. durch Einplanen der Fehlmengen F_a auf die vorhandene Kapazität reduziert werden.

Durch Ersetzen von F_a in der Funktion (1.19) durch den Ausdruck (1.25) resultiert der Entgang an Deckungsbeitrag allein als Funktion der Zyklusdauer D.

$$(1.26) \quad EGF_a = \frac{1}{D} \left\{ (p_a - k_a) \, x_a \left[\sum_{z=1}^{zn} tr_z - D \left(1 - \sum_{z=1}^{zn} \frac{V_z}{x_z}\right) \right] \right.$$

Entgangener Bruttodeckungsbeitrag für
Fehlmengen der Sorte a

$$- \left[\frac{(V_a D)^2}{2V_a} - \frac{\left\{ V_a D - x_a \left[\sum_{z=1}^{zn} tr_z - D \left(1 - \sum_{z=1}^{zn} \frac{V_z}{x_z}\right) \right] \right\}^2}{2V_a} \right]$$

$$\left. \cdot \left(1 - \frac{V_a}{x_a}\right) \frac{Cl_a \, Cv_a}{Cl_a + Cv_a} \right\}$$

Verminderung der Be-
standskosten bei Ein-
planung von Fehl-
mengen der Sorte a

Der zulässige Bereich der Funktion (1.19) bzw. (1.26) ist durch $0 \leq F_a \leq V_a D$ definiert. Die Fehlmengen F_a dürfen nicht negativ werden, und sie dürfen die Nachfrage pro Zyklus nicht überschreiten. Der zulässige Bereich kann in Abhängigkeit von der Zyklusdauer D dargestellt werden. Für $F_a = 0$ entspricht die Bereichsgrenze der kritischen Zyklusdauer Dkrit. Gilt $F_a = V_a D$, fallen für Sorte a keine Produktionszeiten an. Entsprechend der Ableitung für Dkrit resultiert die zugehörige Zyklusdauer $Dmin_a$ aus Bedingung (1.27); dabei ist davon auszugehen, daß für die Sorte a noch Rüstzeiten auftreten - strenger Produktionszyklus.

$$(1.27) \quad Dmin_a = \frac{\sum\limits_{z=1}^{zn} tr_z}{1 - \sum\limits_{z \neq a} \frac{V_z}{x_z}} \qquad \text{für } F_a = V_a D$$

$Dmin_a$ stellt die kürzeste Zyklusdauer dar, die bei Zulassen von Fehlmengen der Sorte a mit Umrüstung auf Sorte a realisierbar ist. Sie tritt auf, wenn die Fehlmenge F_a der Gesamtnachfrage $V_a D$ pro Zyklus entspricht.

Aus der umgekehrten Proportionalität der Fehlmengen F_a und der Zyklusdauer D folgt, daß $Dmin_a$ die Untergrenze und Dkrit die Obergrenze des zulässigen Bereichs der Funktion (1.26) für entgangene Deckungsbeiträge darstellt.

$$(1.28) \qquad Dmin_a \lesseqgtr D \lesseqgtr Dkrit$$

Für Zyklen von der Länge D innerhalb des zulässigen Bereichs ergibt sich der Gesamtdeckungsbeitrag G_a pro Zeiteinheit als Differenz der Funktionen (1.13) und (1.26) allein in Abhängigkeit von der Zyklusdauer D. Ist es vorteilhaft Fehlmengen der Sorte a zuzulassen, dann ist die optimale Zyklusdauer D erreicht, wenn der Gesamtdeckungsbeitrag G_a (1.29) pro Zeiteinheit maximal ist.

$$(1.29)\quad G_a = \frac{1}{D}\left[\sum_{z=1}^{zn}(p_z-k_z)\,V_z D - \sum_{z=1}^{zn} Cr_z - \sum_{z=1}^{zn}\frac{(V_z D)^2}{2V_z}\left(1-\frac{V_z}{x_z}\right)\frac{Cl_z\,Cv_z}{Cl_z+Cv_z}\right.$$

Deckungsbeitrag pro Zeiteinheit ohne Berücksichtigung ent-
gangener Deckungsbeiträge aus Fehlmengen für Sorte a

$$-\frac{1}{D}\left\{(p_a-k_a)\,x_a\left[\sum_{z=1}^{zn}tr_z - D\left(1-\sum_{z=1}^{zn}\frac{V_z}{x_z}\right)\right]\right.$$

$$-\left[\frac{(V_a D)^2}{2V_a} - \frac{\left\{V_a D - x_a\left[\sum_{z=1}^{zn}tr_z - D\left(1-\sum_{z=1}^{zn}\frac{V_z}{x_z}\right)\right]\right\}^2}{2V_a}\right]\left(1-\frac{V_a}{x_a}\right)\frac{Cl_a\,Cv_a}{Cl_a+Cv_a}\;\right\}\;\rightarrow\max!$$

Entgangener Deckungsbeitrag pro Zeiteinheit für Fehl-
mengen der Sorte a

G_a wird maximiert, wenn die Ableitung der Funktion (1.29) nach D gleich Null gesetzt wird. Die Ableitung der Funktion (1.29) entspricht der Summe aus den Ableitungen der Funktionen (1.13) und (1.26). Die optimale Zyklusdauer D ist somit erreicht, wenn die Ableitung der Funktion (1.13) (Funktion (1.14)) gleich der Ableitung der Funktion (1.26) (Funktion (1.30)) ist.

$$\frac{dG}{dD} = \frac{dEGF_a}{dD}$$

Die Ableitung (1.14) der Deckungsbeitragsfunktion (1.13) wurde bereits zur Bestimmung der optimalen Zyklusdauer $Dopt_1$ für den Fall freier Kapazitäten bestimmt. Die zudem benötigte Ableitung $dEGF_a/dD$ des Deckungsbeitragsentgangs wird durch Differenzieren der Funktion EGF_a (1.26) nach der Zyklusdauer D abgeleitet.

$$(1.30)\quad \frac{dEGF_a}{dD} = -\frac{(p_a-k_a)x_a\sum_{z=1}^{zn}tr_z}{D^2} - \left(1-\frac{V_a}{x_a}\right)\frac{Cl_a\,Cv_a}{Cl_a+Cv_a}$$

$$\frac{2V_a x_a\left(\sum_{z=1}^{zn}\frac{V_z}{x_z}-1\right) - x_a^2\left(\sum_{z=1}^{zn}\frac{V_z}{x_z}-1\right)^2 + \left(\dfrac{x_a\sum_{z=1}^{zn}tr_z}{D}\right)^2}{2V_a}$$

In Abbildung 15 sind der Grenzdeckungsbeitrag dG/dD (1.14) und drei mögliche Verläufe der Funktion (1.30) gemeinsam in Abhängigkeit von der Zyklusdauer D dargestellt.

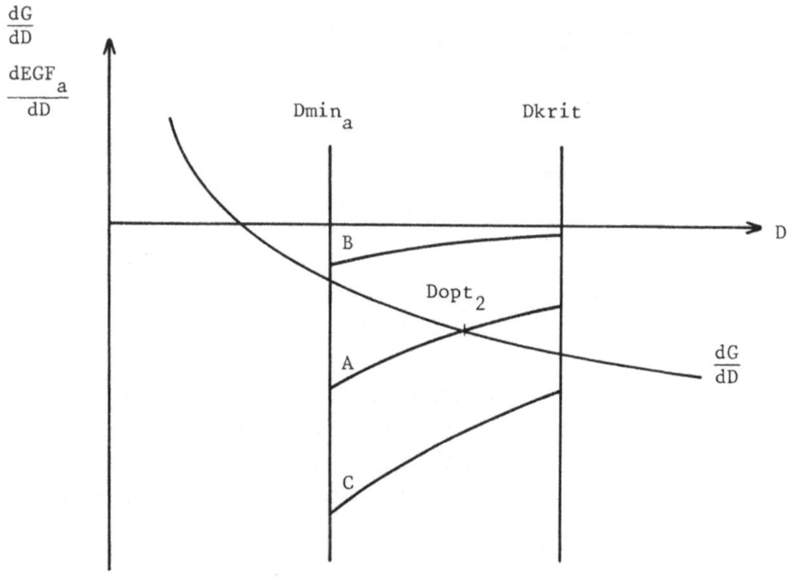

<u>Abbildung 15:</u> Grenzdeckungsbeitrag und Grenzdeckungsbeitragsentgang
pro Zykluszeiteinheit

Bei Realisation der kritischen Zyklusdauer Dkrit wird die gesamte Nachfrage ohne Fehlmengen befriedigt. Maschinenstillstandszeiten treten nicht auf, da wegen dG/dD < 0 die Situation knapper Kapazität vorliegt. Verläuft die Funktion $dEGF_a/dD$ oberhalb der Funktion dG/dD, kann die Gewinnsituation durch Einplanen von Fehlmengen für die Sorte a, d.h. durch eine Verkürzung der Zyklusdauer D verbessert werden. In diesem Fall steigt durch eine Verkürzung der Zyklusdauer der Deckungsbeitrag G (1.13) stärker als der Deckungsbeitragsentgang EGF_a (1.26). Für den in Abbildung 15 eingezeichneten Verlauf A des Grenzdeckungsbeitragentgangs ist es vorteilhaft, die Zyklusdauer D bis zu dem Schnittpunkt $Dopt_2$ zu verkürzen. Eine weitere Verkürzung der Zyklusdauer D, d.h. eine höhere Fehlmenge für die Sorte a hätte einen sinkenden Gesamtdeckungsbeitrag zur Folge.

Im Falle B kann die Zyklusdauer D nur bis an die Stelle $Dmin_a$ verkürzt werden, ansonsten würde der Zulässigkeitsbereich verlassen. Die optimale Lösung für den Fall B wird folglich durch die Zyklusdauer $Dmin_a$ determiniert. In dieser Lösung entspricht die Fehlmenge F_a der gesamten Nachfrage $V_a D$.

Im Fall C liegt der Grenzentgang $dEGF_a/dD$ an der Stelle Dkrit unterhalb des Grenzdeckungsbeitrags dG/dD. Wird an dieser Situation eine Zyklusdauer $D \leq Dkrit$ realisiert, ergibt sich aufgrund der auftretenden Fehlmengen der Sorte a ein geringerer Gesamtdeckungsbeitrag als an der Stelle Dkrit. Da wegen $dG/dD < 0$ knappe Kapazität vorliegt, ist im Fall C Dkrit optimal.

Der Schnittpunkt $Dopt_2$ kann analytisch bestimmt werden, wenn die Differenz der beiden Grenzfunktionen (1.14) und (1.30) nach der Zyklusdauer D aufgelöst wird. Die resultierende umfangreiche Wurzelformel wird im folgenden durch Hilfsvariable beschrieben, die anschließend definiert sind.

$$(1.31) \quad Dopt_2 = \sqrt{\frac{C + \frac{U}{Q} S + \frac{U^2}{Q^2} L3}{L1 + \frac{W}{Q} L2 + \frac{W^2}{Q^2} L3}} \qquad \text{für } \frac{dG}{dD}(Dkrit) < \frac{dEGF_a}{dD}(Dkrit)$$

$$\text{und } \frac{dG}{dD}(Dkrit) < 0$$

mit

$$C = \sum_z Cr_z$$

$$U = \sum_z tr_z$$

$$Q = \sum_z \frac{a_z}{x_z}$$

$$S = \sum_z a_z (p_z - k_z)$$

$$L_z = (1 - \frac{V_z}{x_z}) Cl_z \frac{Cv_z}{Cl_z + Cv_z} \qquad \forall\ z=1,zn$$

$$L1 = \frac{1}{2} \sum_z L_z V_z$$

$$L2 = \sum_z L_z \, a_z$$

$$L3 = \sum_z \frac{a_z^2 \, L_z}{2V_z}$$

$$W = \sum_z \frac{V_z}{x_z}$$

Mit Hilfe des Fehlmengensteuerparameters a_z kann jeweils die Sorte ausgewählt werden, von der Fehlmengen zugelassen werden sollen. Für diese Sorte erhält der Parameter den Wert 1. Die Parameter für alle übrigen Sorten werden auf Null gesetzt.

Unter der Wurzel sind der erste Summand im Zähler C und der erste Summand im Nenner L1 identisch mit dem Ausdruck unter der Wurzel für die optimale Zyklusdauer $Dopt_1$ (1.16) bei freier Kapazität. Alle übrigen Terme in der Wurzelformel (1.31) resultieren folglich aus dem Deckungsbeitragsentgang bei Zulassen von Fehlmengen. Wird der Fehlmengensteuerparameter für alle Sorten auf Null fixiert, nehmen die zweiten und dritten Summanden im Zähler sowie im Nenner Werte von Null an, d.h., für $a_z = 0$ für alle $z = 1, zn$ geht die Wurzelformel (1.31) über in die Wurzelformel (1.16) für $Dopt_1$ bei freier Kapazität.

Der Wurzelausdruck (1.31) liefert nur dann eine zulässige Lösung, wenn die Bereichsgrenzen $Dmin_a \overset{<}{=} Dopt_2 \overset{<}{=} Dkrit$ eingehalten werden. Liegt $Dopt_2$ außerhalb des zulässigen Bereichs, ist die jeweils benachbarte Bereichsgrenze die optimale Zyklusdauer.

Die optimale Fehlmenge F_a wird durch Einsetzen von $Dopt_2$ in (1.25) gewonnen. Mit Hilfe der optimalen Fehlmenge F_a und der Zyklusdauer $Dopt_2$ lassen sich schließlich die optimalen Losgrößen aus der Abstimmungsbedingung (1.20) bzw. (1.21) ermitteln.

Bei der Ableitung der optimalen Politik wurde davon ausgegangen, daß die Sorte, von der Fehlmengen auftreten dürfen, im voraus feststeht. Ist die Fehlmengensorte im voraus nicht bekannt, sind zur Ermittlung einer optimalen Politik für ein gegebenes qualitatives Produktionsprogramm mit zn Sorten z sukzessiv einmal von jeder Sorte Fehlmengen zuzulassen. Demnach existieren zn Lösungsmöglichkeiten. Durch Vergleich der einzelnen Gewinnwerte wird das globale Optimum gefunden.

Für viele Planungssituationen ist es nicht notwendig, von allen Sorten einmal Fehlmengen zuzulassen. Als sinnvolles Kriterium für die Auswahl der Fehlmengensorten können die relativen Bruttodeckungsspannen $(p_z-k_z)x_z$ bezogen auf eine Kapazitätseinheit und die Bestandskosten pro Zeiteinheit dienen. Zunächst werden die Sorten entsprechend der relativen Bruttodeckungsspannen sortiert und die Differenz der Bruttodeckungsspannen $(p_z-k_z)V_z$ pro Zeiteinheit zwischen je zwei aufeinanderfolgenden Sorten bestimmt. Sind die ermittelten Differenzen größer als die jeweils zugehörigen Differenzen der geschätzten Bestandskosten pro Zeiteinheit zwischen zwei benachbarten Sorten, kann je nach der Güte der Schätzung für die losgrößenabhängigen Bestandkosten davon ausgegangen werden, daß die Rangfolge, in der die Sorten in das Produktionsprogramm aufzunehmen sind, weitgehend durch die Rangfolge der relativen Bruttodeckungsspannen $(p_z-k_z)x_z$ bestimmt wird[1]. In diesem Fall wird es häufig ausreichend sein, nur von der Sorte mit der geringsten relativen Bruttodeckungsspanne Fehlmengen zuzulassen.

Bisher wurde die qualitative Programmplanung aus der Betrachtung ausgeklammert, nur die quantitative Programmplanung wurde durch Zulassen von Fehlmengen berücksichtigt. Im folgenden wird gezeigt, wie die qualitative Programmplanung nachträglich in den Planungsansatz eingebaut werden kann.

Zur Erweiterung des Ansatzes um die qualitative Programmplanung kann die Marginalanalyse nicht verwendet werden. Durch ein Enumerationsverfahren können qualitative Produktionsprogramme erzeugt werden, in denen das optimale Programm mit Sicherheit enthalten ist. Für jedes erzeugte Programm wird die beste Lösung mit Hilfe des entwickelten Marginalansatzes bestimmt. Durch Vergleich der einzelnen Gewinnwerte wird schließlich das optimale Produktionsprogramm ermittelt.

---

1 Vgl. W. Kilger (1973), S. 447.

Für kleine Probleme bis zu einem Umfang von zn=20 Sorten kann durch
Totalenumeration aller Kombinationsmöglichkeiten der Sorten die optimale Lösung gefunden werden[1]. Zur Lösung von Planungsproblemen größeren Umfangs sind geeignete Kriterien zur Begrenzung der Enumeration
erforderlich. Erwirtschaftet jede Sorte in einem Programm, in dem es
optimal ist, Maschinenstillstandszeiten einzuplanen, einen positiven
Deckungsbeitrag, führt eine weitere Elimination von Sorten aus diesem Programm zu einer Gewinnverschlechterung. Programme, deren Sorten
eine Teilmenge der Sorten bilden, die in einem bereits gefundenen Produktionsplan mit freier Kapazität enthalten sind, werden demnach nicht
enumeriert.

Ein weiteres Abbruchkriterium kann aufgrund der Maschinenkapazität
formuliert werden. Ergibt sich im Verlauf der Enumeration für die minimale Zyklusdauer $Dmin_a$ ein negativer Wert, existiert aufgrund der
Kapazitätsrestriktion keine zulässige Lösung. In diesem Fall ist es
nicht vorteilhaft, zusätzliche Sorten in das vorliegende Programm aufzunehmen. Das Abbruchkriterium kann verschärft werden, wenn nur Produktionszyklen bis zu einer bestimmen Länge Dmax zugelassen werden.
Ein Enumerationsast kann jetzt bereits abgebrochen werden, wenn $Dmin_a$
> Dmax gilt oder für das aktuelle Programm eine Zyklusdauer größer
gleich Dmax ermittelt wird.

Mit Hilfe der vorgeschlagenen Kriterien zur Begrenzung der Enumeration
ist es möglich, einen Enumerationsalgorithmus zu entwickeln, der für
die Lösung von Planungsproblemen mit mehr als 20 Sorten geeignet ist.
Die ungefähre Zahl der notwendigen Enumerationsschritte kann ermittelt werden, indem die minimale Anzahl n_1 und die maximale Anzahl n_2
der Sorten geschätzt werden, die aufgrund der Abbruchkriterien mindestens bzw. höchstens im optimalen Produktionsplan enthalten sind.
Für zn potentielle Sorten ergibt sich die Anzahl der zulässigen
qualitativen Programme als Summe der Binomialkoeffizienten $\binom{zn}{n_1}$ bis
$\binom{zn}{n_2}$. Für $n_1 = 0$ und $n_2 = zn$ ist der benötigte Enumerationsaufwand
mit dem für die Totalenumeration identisch.

---

1 Für zn Sorten existieren 2^{zn} Kombinationsmöglichkeiten.

223. Zahlenbeispiel

Die Vorgehensweise zur Bestimmung eines optimalen Produktionsplanes
mit strengem Produktionszyklus soll an einem - bereits aus der Literatur bekannten - Zahlenbeispiel erläutert werden. Das ausgewählte
Beispiel von Adam[1] wurde inzwischen von einigen anderen Autoren[2] unter verschiedenen Prämissen mit unterschiedlichen Verfahren gelöst
und bietet den Vorteil, die in dieser Arbeit vorgeschlagenen Lösungs-
ansätze mit den bereits bekannten Modellen anhand des gemeinsamen
Beispiels vergleichen zu können.

Die Produktions- und Absatzdaten sind in folgender Tabelle zusammengefaßt:

Sorte	Prod.-menge pro Tag	max.mögl Verk.-menge pro Tag	Rüst-zeit in Tagen	Lager-kosten je ME/Tag	Rüst-kosten	Prod.-kosten	Preis
z	x_z	V_z	tr_z	Cl_z	Cr_z	k_z	p_z
1	200	50	0,500	0,10	50,-	3,-	10,-
2	150	100	0,667	0,10	80,-	3,20	6,-
3	120	90	0,625	0,10	60,-	4,-	6,50

Tabelle 1: Daten des Beispiels von Adam

Der Verzugskostensatz wird zunächst für die drei Sorten auf $Cv = \infty$
gesetzt, d.h., Verzugsmengen sind nicht erlaubt.

Der Lösungsprozeß ist der folgenden Tabelle zu entnehmen. Fehlmengen
werden jeweils nur von der Sorte mit der geringsten relativen
Deckungsspanne $(p_z-k_z)x_z$ zugelassen. Der entsprechende Sortenindex
ist in der Kombinationsspalte unterstrichen. Unzulässige bzw. nicht
optimale Felder sind durch einen Stern - * - gekennzeichnet.

---

1 D. Adam (1969), S. 94.

2 Z.B. D.B. Pressmar (1974), S. 279 ff.; K. Dellmann (1975), S. 107
  ff. und S. 184 ff.; D.B. Pressmar (1977), S. 609 ff.

- 68 -

Errechnet sich eine negative kritische Zyklusdauer Dkrit, existiert
ohne Einplanung von Fehlmengen keine zulässige Lösung. Es liegt der
Fall knapper Kapazität vor. Für Dkrit < 0 ist der Grenzgewinn dG/dD
nicht definiert.

Die Zyklusdauer $Dopt_1$ ist nur zulässig und optimal, wenn der Grenzgewinn dG/dD an der Stelle Dkrit definiert ist und einen positiven Wert
annimmt. $Dopt_2$ wird als unzulässig gekennzeichnet, wenn dG/dD(Dkrit)
$\geq$ 0 oder dG/dD(Dkrit) $\geq$ $dEGF_a$/dD(Dkrit) gilt[1]. Dmin wird als unzulässig
bzw. als nicht benötigt bezeichnet, wenn der Fall freier Kapazität
vorliegt, d.h., wenn dG/dD(Dkrit) $\geq$ 0 gilt.

Trifft der Fall knapper Kapazität zu und führt aufgrund der Kapazitätsrestriktion Dkrit und $Dopt_2$ zu unzulässigen Lösungen, kann nur die
Zyklusdauer Dmin realisiert werden. In diesem Fall entsprechen die
Fehlmengen der ausgewählten Sorte der Höhe der Nachfrage pro Zyklus.
Die ermittelte Lösung mit Dmin als Zyklusdauer kann für das globale
Problem nicht optimal sein, da trotz verrechneter Rüstkosten und Rüstzeiten die Fehlmengensorte nicht produziert wird. Durch Elimination
der Fehlmengensorte aus dem Programm wird die Gewinnsituation mit Sicherheit verbessert. Steht Dmin als Zyklusdauer fest, kann auf eine
Ermittlung des Deckungsbeitrags mit den zugehörigen Lösungswerten
verzichtet werden.

Kombination	Dkrit	Vorzeichen von $\frac{dG}{dD}$(Dkrit)	$Dopt_1$	$Dopt_2$	Dmin	Deckungsbeitrag G pro Zeit-einheit
1	0,667	+	5,164	*	*	330,635
1 _2_	14,004	−	*	12,527	1,556	_571,740_
1 _3_	−∞	*	*	12,248	1,500	504,888
1 2 _3_	−2,688	*	*	14,368	21,504	*
2 _3_	−3,101	*	*	16,766	3,876	318,386
2	2,001	+	6,928	*	*	256,906
3	2,500	+	7,303	*	*	208,568

Tabelle 2: Lösung des Beispiels bei strengem Produktionszyklus

---

[1] Vgl. Abbildung 15.

Die Ermittlung qualitativer Produktionsprogramme, die für die Marginalanalyse vorzugeben sind, erfolgt mit Hilfe eines Enumerationsver-
fahrens. Kriterien zur Begrenzung des Verfahrens wurden bereits am
Ende des vorangegangenen Kapitels skizziert.

Zunächst werden alle Produktionsprogramme ermittelt, in denen Sorte 1
enthalten ist. Entsprechend der Kombinationsspalte in Tabelle 2 beginnt der Enumerationsprozeß mit einem Produktionsprogramm, in dem
nur Sorte 1 enthalten ist. Anschließend werden alle Kombinationen der
Sorte 1 mit anderen Sorten enumeriert. Zunächst werden alle Zweier-
Kombinationen gebildet, dann die Dreier-Kombinationen usw., bis eine
Folge aufgebaut ist, in der alle Sorten enthalten sind. Im vorliegenden Zahlenbeispiel ist der Folgenaufbau mit der Enumeration der Dreier-
Kombination 123 beendet.

Der sich anschließende Enumerationsprozeß ist durch den Abbau der zuletzt ermittelten Folge gekennzeichnet, aus der die Sorte 1 zuvor
eliminiert wurde. Sorte 2 soll jetzt in jeder Kombination enthalten
sein. Zunächst werden alle Kombinationen mit zn-1 Sorten, dann mit
zn-2 usw. ermittelt, bis durch den Abbau der Folge die Kombination nur
noch die Sorte 2 enthält. Nach Elimination der Sorte 2 schließ sich
wiederum ein Aufbau von Folgen an, in denen Sorte 3 stets, nicht aber
die Sorten 1 und 2 enthalten sind.

Der Enumerationsprozeß ist durch einen ständigen Folgenaufbau und
Folgenabbau gekennzeichnet. Während eines Folgenaufbaus oder -abbaus
ist in jeder Kombination eine bestimmte Sorte enthalten, die nach Abschluß des jeweiligen Auf- oder Abbaus zu eliminieren ist. Der Enumerationsprozeß ist beendet, wenn alle Sorten eliminiert sind. Durch
die vorgeschlagene Vorgehensweise soll ein möglichst schneller Ab-
bruch der Folgen durch die abgeleiteten Bounding-Kriterien erreicht
werden. In der folgenden Analyse des Zahlenbeispiels kommen die Kriterien aufgrund der geringen Sortenzahl nicht zum Zuge.

Für das Programm, das nur die Sorte 1 enthält, ergibt sich ein positiver Grenzdeckungsbeitrag dG/dD für die kritische Zyklusdauer Dkrit,
d.h., es liegt der Fall freier Maschinenkapazität vor. Die Zyklusdauer $Dopt_1$ ist für dieses Programm optimal.

Für Kombination 12 ergibt sich ein negativer Grenzdeckungsbeitrag; die Kapazität ist folglich knapp. Dürfen von Sorte 2 mit der kleinsten relativen Deckungsspanne Fehlmengen auftreten, ergibt sich aus dem Vergleich des Grenzdeckungsbeitrags dG/dD mit dem Grenzentgang dEGF/dD an der Stelle Dkrit, daß es vorteilhaft ist, Fehlmengen zuzulassen. Wegen $Dmin_2 \lesseqgtr Dopt_2 \lesseqgtr Dkrit$ stellt $Dopt_2$ die günstigste Zyklusdauer für das Programm mit den Sorten 1 und 2 dar.

Das Ergebnis für Kombination 13 liefert wegen Dkrit < 0 ohne Einplanung von Fehlmengen keine zulässige Lösung; wegen $Dopt_2$ > Dmin ist $Dopt_2$ optimal.

Aufgrund der Zulässigkeit der Lösungen bei 12 *und* 13 ist die Enumeration mit der Kombination 123 fortzusetzen. In 123 kann wegen $Dopt_2$ < Dmin und Dkrit < 0 das globale Optimum nicht enthalten sein. Umfaßte das Zahlenbeispiel mehr als drei Sorten, könnten im weiteren Verlauf der Enumeration alle Kombinationen vernachlässigt werden, die mindestens die Sorten 1, 2 und 3 beinhalten.

Durch Abbau der Folge 123 werden jetzt alle Kombinationen mit Sorte 2 enumeriert. 23 ist entsprechend 13 und 2 entsprechend 1 zu interpretieren. Für die letzte zu analysierende Kombination, die allein Sorte 3 beinhaltet, liegt entsprechend 1 der Fall freier Kapazität vor. Der Vollständigkeit halber ist noch zu erwähnen, daß der Fall der Nicht-Produktion aufgrund des ersten Abbruchkriteriums vernachlässigt werden kann. Bei den Kombinationen mit nur einer einzigen Sorte weist der resultierende Produktionsplan freie Kapazität auf; eine weitere Elimination von Sorten ist nicht vorteilhaft.

Durch Vergleich der ermittelten Deckungsbeiträge wird das optimale Programm bestimmt. Der Deckungsbeitrag ist für Kombination 12 am größten. Sorte 3 wird demnach nicht produziert. Die optimalen Losgrößen und die Fehlmenge pro Auflage der Sorte 2 werden mit Hilfe der Zyklusdauer $Dopt_2$ aus den Bedingungen (1.20) bis (1.22) ermittelt[1].

---

1 Eine Zusammenstellung unterschiedlicher Planungsergebnisse findet sich bei: <u>D.B. Pressmar</u> (1977), S. 630; auf identischen Prämissen basiert nur das von <u>D. Adam</u> (1969), S. 96 ff. ermittelte Ergebnis.

Deckungsbeitrag pro Zeiteinheit	G	$=$	$571,740$ $/\overline{}GE/ZE\_7$
Losgröße der Sorte 1:	$x_1 PD_1$	$=$	$626,348$ $/\overline{}ME\_7$
Losgröße der Sorte 2:	$x_2 PD_2$	$=$	$1.234,233$ $/\overline{}ME\_7$
Fehlmenge pro Auflage von Sorte 1:	F_1	$=$	$0,0$ $/\overline{}ME\_7$
Fehlmenge pro Auflage von Sorte 2:	F_2	$=$	$18,463$ $/\overline{}ME\_7$
Optimale Zyklusdauer:	Dopt	$=$	$12,527$ $/\overline{}ZE\_7$
Verzugskostensatz:	Cv	$=$	∞

Zur Erstellung des zugehörigen Produktionsplans ist das Ergebnis zeitablaufbezogen zu interpretieren[1]. Aufgrund des strengen Produktionszyklus existiert kein Auflagenreihenfolgeproblem. Für die Interpretation kann eine beliebige Auflagenreihenfolge gewählt werden. In der folgenden Tabelle ist ein Produktionsplan angegeben, der mit Sorte 1 beginnt und fünf aufeinanderfolgende Produktionszyklen beinhaltet. Abbildung 16 zeigt die zugehörige Bestandsentwicklung.

---

1 Vgl. D. Adam (1976/2), S. 263 ff.

Sorte	Lagerkostensatz	Verzugskostensatz	Anfangs/Endbestand
1	0,1	∞	25
2	0,1	∞	411,411

Nr. der Auflage	Sorte	Belegezeit von	bis	Produktionsmenge	Bestand Prod.-beginn	Bestand Prod.-end	Bestandskosten	Fehlmenge
1	1	0,0	3,6	626	0	470	294	0
2	2	3,6	12,5	1234	0	411	254	18
3	1	12,5	16,2	626	0	470	294	0
4	2	16,2	25,1	1234	0	411	254	18
5	1	25,1	28,7	626	0	470	294	0
6	2	28,7	37,6	1234	0	411	254	18
7	1	37,6	41,2	626	0	470	294	0
8	2	41,2	50,1	1234	0	411	254	18
9	1	50,1	53,7	626	0	470	294	0
10	2	53,7	62,6	1234	0	411	254	18

Deckungsbeitrag: 35.810,944 GE für 5 Zyklen bzw. 62,635 Tage

Tabelle 3: Optimaler Produktionsplan bei strengem
Produktionszyklus

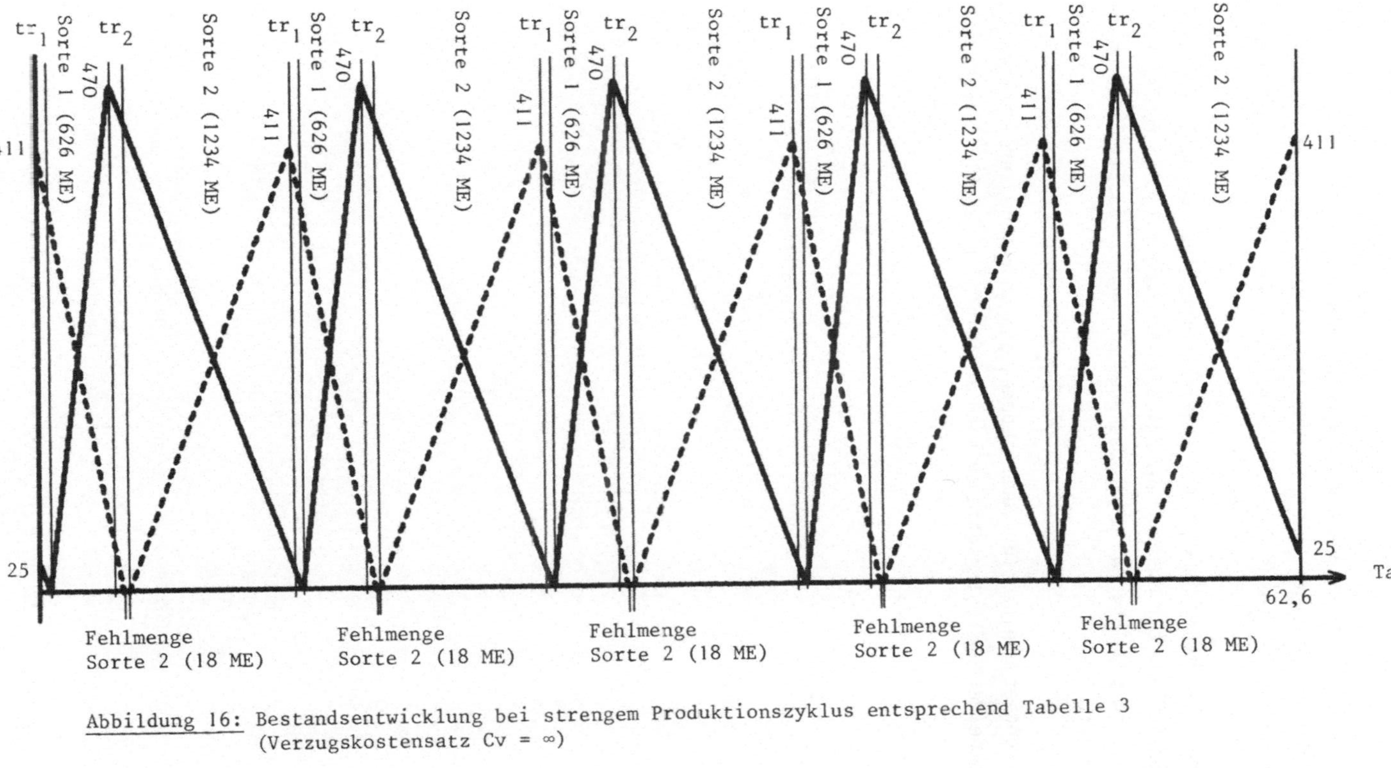

Abbildung 16: Bestandsentwicklung bei strengem Produktionszyklus entsprechend Tabelle 3 (Verzugskostensatz $Cv = \infty$)

Zu Beginn des Planungszeitraums liegen 25 bzw. 411 ME auf Lager. Bei Produktionsbeginn eines Loses ist das Lager jeweils geräumt. Bei Produktionsende eines Loses der Sorte 1 beträgt der Lagerbestand 470 ME, und von Sorte 2 liegen 411 ME auf Lager. Die errechnete Fehlmenge in Höhe von 18 ME fällt jeweils bei einem Lagerbestand von Null vor der nächsten Auflage der Sorte 2 an. Für 5 aufeinanderfolgende Zyklen von insgesamt 62,635 Tagen wird ein Deckungsbeitrag von 35.811 Geldeinheiten erzielt.

Die Planungsergebnisse für verschiedene, jedoch bei den drei Sorten identische Verzugskostensätze Cv sind in folgender Tabelle 4 zusammengefaßt.

Ergebnisgrößen	$C_v = 0$[1]	$C_v = 0,05$	$C_v = 0,1$	$C_v = 0,2$	$C_v = \infty$
Deckungsbeitrag pro Zeiteinheit	642,873	596,381	595,918	587,652	571,740
Optimale Zyklusdauer Dopt	60,000	24,813	14,004	14,004	12,527
Losgröße der Sorte 1	3.000,000	1.240,684	700,200	700,200	626,348
Maximaler Verzugsbestand der Sorte 1	2.250,000	620,342	262,575	175,050	0,0
Fehlmenge pro Auflage von Sorte 1	0,0	0,0	0,0	0,0	0,0
Losgröße der Sorte 2	6.000,000	2.481,368	1.400,400	1.400,400	1.234,233
Maximaler Verzugsbestand der Sorte 2	2.000,000	551,415	233,400	155,578	0,0
Fehlmengen pro Auflage von Sorte 2	0,0	0,0	0,0	0,0	18,463
Losgröße der Sorte 3	384,960	33,096	–	–	–
Maximaler Verzugsbestand der Sorte 3	96,240	5,516	–	–	–
Fehlmengen pro Auflage von Sorte 3	5.015,040	2.200,134	–	–	–

Tabelle 4: Planungsergebnisse bei strengen Produktionszyklus für unterschiedliche Verzugskostensätze Cv

1) Aus Cv=0 folgt Dopt = ∞; zur Ermittlung einer zulässigen Lösung wurde $D \leq 60$ gefordert.

Vgl. D. Adam (1976/2), S. 272 ff.

224. <u>Kritik des strengen Zykluskonzeptes</u>

Die Kritik an dem konzipierten Planungsansatz richtet sich insbesondere gegen die Prämissen, unter denen das marginalanalytische Modell abgeleitet wird. Die Annahme, daß im optimalen Produktionsplan höchstens
von einer Sorte Fehlmengen auftreten, kann durchaus zu falschen Planungsergebnissen führen. Enthält z.B. ein gegebenes Programm einige
Sorten mit identischen oder nahezu identischen Planungsparametern, kann
es nicht optimal sein, nur von einer dieser Sorten allein Fehlmengen
einzuplanen.

Weitaus schwerer wiegend für die Anwendbarkeit des Planungsansatzes ist
die Annahme eines strengen Produktionszyklus zu bewerten. Das Zykluskonzept kann nur bei offenem Planungszeitraum angewandt werden und ge-
stattet keine Aussage darüber, wie der Startzustand zu Beginn des Planungszeitraums in den Gleichgewichtszustand der identisch wiederkehrenden Zyklen zu überführen ist.

Die Forderung nach je einer Auflage der Sorten in einem strengen Produktionszyklus ist identisch mit der Annahme einer gleichen Auflagenhäufigkeit für alle Sorten im Zeitablauf. Diese Prämisse ist wenig
realistisch. Bereits bei einer Planungssituation mit zwei Sorten kann
es bei ausreichender Maschinenkapazität sinnvoll sein, mehrere Lose
einer Sorte mit zwischenzeitlichen Stillstandszeiten nacheinander ohne
Umrüstung auf die zweite Sorte aufzulegen.

Für Planungsprobleme mit mehr als zwei Sorten ist simultan die Auflagenzahl und die optimale Auflagenreihenfolge der Sorten zu ermitteln.
Beide Teilprobleme werden durch die Annahme des strengen Produktionszyklus vernachlässigt, wobei eine Vielzahl von Lösungsmöglichkeiten
ausgeschlossen wird. Mit dem vorgeschlagenen Planungsansatz wird nur
die beste Lösung unter den gesetzten Prämissen ermittelt.

Andererseits erlauben es die strengen Prämissen, für größere Planungsprobleme ohne hohen Rechenaufwand eine zulässige Lösung zu bestimmen.
Das Planungsergebnis kann als eine erste Näherung für die weitere Analyse konkreter Planungssituationen angesehen werden.

23. Der erweiterte Produktionszyklus mit mehr als einer Auflage einzelner Sorten pro Zyklus

Im folgenden wird das strenge Zykluskonzept aufgegeben und ein Planungsansatz für den erweiterten Produktionszyklus entwickelt, in dem mehrere Lose einzelner oder aller Sorten je Zyklus zugelassen sind. Die Belegung eines Zyklus mit Sorten und die Reihenfolge, in der diese zu produzieren sind, wird dabei vorgegeben.

Die reale Planungssituation bleibt unverändert erhalten; sie ist durch die losweise, offene Fertigung mehrerer Sorten z auf einem einzigen Aggregat beschrieben. Das Planungsproblem beinhaltet die quantitative Programmplanung, die Losgrößenplanung und die Lossequenzplanung. Das Lossequenzproblem wird durch Zulassen mehrerer Auflagen einer Sorte pro Zyklus erweitert, und der Grundsatz gleicher Losgrößen einer Sorte im Zeitablauf wird aufgegeben. Ziel der Planung ist es, für eine vorgegebene Auflagenreihenfolge der Sorten z im Rahmen des gegenüber der Realität eingeengten Planungsproblems einen optimalen Produktionsplan zu ermitteln.

231. Modellaufbau

Eine vorgegebene Auflagenreihenfolge der Sorten z soll innerhalb des erweiterten Produktionszyklus realisiert werden. Die Auflagen i=1,...,in werden in aufsteigender Reihenfolge indiziert. Jeder Auflage i ist eindeutig eine bestimmte Sorte z zugeordnet. Der Index z(i) gibt die Zuordnung der Sorte z zu Auflage i an. Mit dem Index f(i) wird schließlich die auf Auflage i folgende Auflage der Sorte z bezeichnet. Es gilt folglich z(i) = z(f(i)). Zur Verdeutlichung der Indizierung wird von folgender Auflagenreihenfolge für die Sorten A, B und C innerhalb des Produktionszyklus ausgegangen.

Die zugehörige Indizierung ergibt sich aus der folgenden Tabelle.

Nr. der Auflage: i	1	2	3	4
Zugehörige Sorte: z(i)	A	C	B	C
Auflagen-Nr. der nächsten Auflage der Sorte z: f(i)	1	4	3	2

Aufgrund des Zykluskonzeptes wiederholt sich die gegegebene Auflagen-reihenfolge ACBC in jedem Produktionszyklus, d.h., nach Abschluß der Auflage 4 mit der Sortenzuordnung C folgt der zweite identische Produktionszyklus, der wiederum mit der Sorte A beginnt. Aus der Identität der Produktionszyklen folgt die Auflagenreihenfolge ACBC ACBC usw. im Zeitablauf. Mit Hilfe der Indizes i für die Auflagen wird die Auflagenreihenfolge durch 1234 1234 usw. im Zeitablauf determiniert. Auf die Auflage i=4 folgt somit stets die Auflage i=1. Die zyklische Wiederkehr der Auflagen ist in der obigen Abbildung verdeutlicht.

Durch den Index z(i) wird jeder Auflage i eindeutig eine Sorte z, d.h. die Sorte z(i) zugeordnet. Aus der obigen Tabelle ergibt sich, daß die Sorte A der Auflage 1, die Sorte C den Auflagen 2 sowie 4 und die Sorte B der Auflage 3 zugeordnet ist.

Für die Modellformulierung ist für jede Auflage i mit der zugehörigen Sorte z(i) ein Pointer erforderlich, der auf die jeweils nächste Auflage der Sorte z(i) zeigt. Mit Hilfe der Indizes f(i) wird eine geschlossene Pointer-Kette zwischen allen Auflagen jeweils einer Sorte aufgebaut. Die Sorte C wird z.B. in der Auflage 2 und anschließend in der Auflage 4 gefertigt. Der zu Auflage 2 gehörige Pointer muß folglich auf die Auflage 4 zeigen. Es gilt f(2) = 4. Der Pointer der Auflage 4, d.h. f(4) zeigt auf die nächste Auflage der Sorte C. Da innerhalb des Produktionszyklus die Sorte C nur zweimal aufgelegt wird, folgt der Auflage 4 die Auflage 2, in der die Sorte C im Anschluß an Auflage 4 zum nächsten Mal aufgelegt wird. Der Pointer f(4) zeigt folglich auf die Auflage 2, d.h.,es gilt f(4) = 2. Die Pointer-Kette für Sorte C ist damit geschlossen.

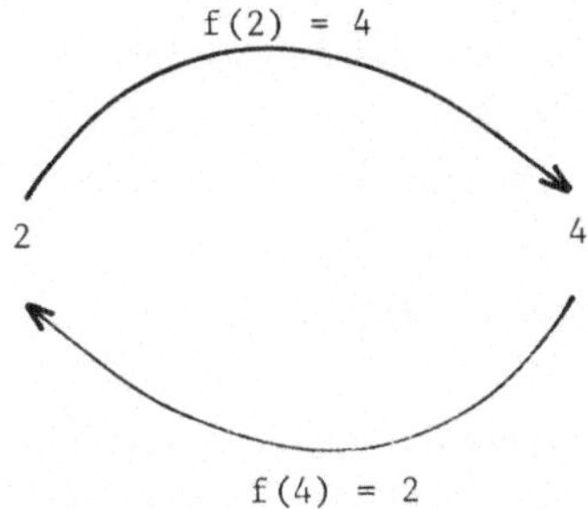

Die Sorten A und B werden jeweils nur einmal pro Zyklus aufgelegt.
Aus diesem Grunde bestehen die Pointer-Ketten für die Sorte A und die
Sorte B jeweils nur aus einem einzigen Glied. Der Pointer f(1) der
Auflage 1 mit der Sortenzuordnung A zeigt demnach zyklisch direkt zurück zu Auflage 1; es gilt f(1) = 1. Entsprechend weist der Pointer
f(3) für die einzige Auflage der Sorte B direkt zurück auf die Auflage 3, in der Sorte B gefertigt wird (f(3) = 3).

Zielfunktion

Die Zielfunktion beinhaltet die Maximierung des Deckungsbeitrags
pro Zeiteinheit. Innerhalb des Produktionszyklus werden die Auflagen
i=1 bis in gefertigt. Der Deckungsbeitrag pro Zyklus läßt sich als
Summe der einzelnen Deckungsbeiträge je Auflage i darstellen. Der
Quotient aus dieser Summe und der Zyklusdauer D ist folglich zu
maximieren.

$$(2.1) \quad G = \frac{1}{D} \left[\underbrace{\sum_{i=1}^{in} (p_{z(i)} - k_{z(i)}) \; x_{z(i)} \; PD_i}_{\text{Bruttodeckungsbeiträge}} - \underbrace{\sum_{i=1}^{in} Cr_{z(i)}}_{\text{Rüstkosten}} \right.$$

$$\left. - \underbrace{\sum_{i=1}^{in} \left(\frac{LE_i}{2} \frac{x_{z(i)}}{V_{z(i)}} \frac{LE_i}{x_{z(i)} - V_{z(i)}} \; Cl_{z(i)} + \frac{VA_i}{2} \frac{x_{z(i)}}{V_{z(i)}} \frac{VA_i}{x_{z(i)} - V_{z(i)}} \; Cv_{z(i)} \right)}_{\text{Lager- und Verzugskosten}} \right]$$

$$\rightarrow \max!$$

Die Zielfunktion (2.1) ist mit Ausnahme der Indizes mit der Formulierung der Zielfunktion (1.1) für den Planungsansatz bei strengem Produktionszyklus identisch. Die Variablen für die Produktionsdauer PD_i und den Lagerbestand LE_i sowie den Verzugsbestand VA_i beziehen sich hier jeweils auf eine bestimmte Auflage i.

Der Bruttodeckungsbeitrag, der aus Auflage i resultiert, ergibt sich als Produkt der Deckungsspanne $p_{z(i)}-k_{z(i)}$ pro Mengeneinheit der Sorte $z(i)$ und der Losgröße $x_{z(i)}PD_i$ bei der Auflage i. Rüstkosten fallen für jede Auflage i an. Sie sind abhängig von der Sorte $z(i)$, wenn die Produktionsanlage für die Auflage i umgestellt wird. Die gesamten Rüstkosten pro Zyklus resultieren folglich aus der Summe der Rüstkosten pro Umstellung $Cr_{z(i)}$ für jede Auflage i. Die Lager- und Verzugskosten, die der Auflage i zugerechnet werden, ergeben sich aus dem Verzugsbestand VA_i der Sorte $z(i)$ bei Produktionsbeginn und dem Lagerbestand LE_i der Sorte $z(i)$ bei Produktionsende der Auflage i. Die hier verwendete Formel für die Bestandskosten ist mit der bereits abgeleiteten Formel (1.2) identisch. Auf eine Wiederholung der Ableitung wird verzichtet.

Abstimmungsbedingung

Durch die Abstimmungsbedingung ist die Koordination der Produktionstermine für alle Lose im Rahmen der vorgegebenen Auflagenreihenfolge zu erzwingen. Die Forderung wird erfüllt, wenn die Zeitspanne zwischen je zwei aufeinanderfolgenden Auflagen einer Sorte für die Umrüstung und Produktion der zwischenzeitlich aufzulegenden Lose anderer Sorten ausreicht.

1. Auflage Sorte A			2. Auflage Sorte B			3. Auflage Sorte A		
S_1	tr_A	PD_1	S_2	tr_B	PD_2	S_3	tr_A	PD_3

$$t_1 \qquad\qquad\qquad t_2$$

Die dargestellte Zeitskala gibt eine mögliche Folge von Maschinenstillstandszeiten S, Rüstzeiten tr und Produktionszeiten PD für drei aufeinanderfolgende Auflagen an. Die möglicherweise auftretenden Stillstandszeiten werden der jeweils nachfolgenden Auflage zugeordnet.

Die Sorte A wird in der ersten und dritten Auflage produziert. Während der Zeitspanne zwischen den beiden aufeinanderfolgenden Auflagen der Sorte A wird die Sorte B gefertigt. Vor der Umrüstung der Produktionsanlage auf die Sorte B fallen mögliche Stillstandszeiten S_2 an. Für die Umrüstung sind tr_B Zeiteinheiten erforderlich, und die Produktion der Sorte B dauert PD_2 Zeiteinheiten.

Eine zulässige Lossequenz wird erreicht, wenn die Bestandsdifferenz der Sorte A zwischen Produktionsende der Auflage 1 zum Zeitpunkt t_1 und Produktionsbeginn der Auflage 3 zum Zeitpunkt t_2 der Verkaufsmenge der Sorte A zwischen t_1 und t_2 entspricht. Die Bestandsdifferenz der Sorte A ist als Summe aus dem Lagerbestand LE_1 bei Produktionsende der Sorte A in Auflage 1 und dem Verzugsbestand VA_3 bei Produktionsbeginn der Sorte A in Auflage 3 definiert. Die Verkaufsmenge zwischen t_1 und t_2 ergibt sich, wenn von der möglichen Absatzmenge während dieses Zeitraums die Fehlmenge F_1 der Sorte A zwischen t_1 und t_2 subtrahiert wird. Für das Beispiel resultiert demnach folgende Abstimmungsbedingung.

$$LE_1 + VA_3 = V_A(S_2 + tr_B + PD_2 + S_3 + tr_A) - F_1$$

Bestandsdifferenz der Sorte A zwischen Produktionsende der Auflage 1 und Produktionsbeginn der Auflage 3	Zeit zwischen Produktionsende der Auflage 1 und Produktionsbeginn der nachfolgenden Auflage 3 der Sorte A	Fehlmenge der Sorte A zwischen t_1 und t_2

mögliche Absatzmenge der Sorte A zwischen t_1 und t_2

Verkaufsmenge der Sorte A zwischen t_1 und t_2

Auftretende Fehlmengen einer Sorte zwischen zwei aufeinanderfolgenden Auflagen dieser Sorte werden mit dem Index der jeweils vorangegangenen Auflage indiziert.

Allgemein ist für jede Auflage i der Sorte z(i) eine entsprechende Abstimmung mit der nachfolgenden Auflage f(i) der Sorte z(i) zu erzwingen. Grundsätzlich können zwischen zwei aufeinanderfolgenden Auflagen einer Sorte mehrere Auflagen anderer Sorten produziert werden.

Für die Auflagenreihenfolge ACBC innerhalb des Produktionszyklus liegen z.B. zwischen zwei aufeinanderfolgenden Auflagen der Sorte B die Auflagen 4, 1 und 2, in denen der Reihenfolge nach die Sorten C,A,C gefertigt werden. Für die Formulierung der Abstimmungsbedingung wird die Summe der Zeiten benötigt, die den Auflagen 4, 1 und 2 zugeordnet sind. Die Laufvorschrift für den Summierungsindex j kann allgemein durch $\sum\limits_{\substack{j=i+1 \\ \mathrm{mod.in}}}^{f(i)-1}$ angegeben werden.

Für das betrachtete Beispiel der Sorte B gilt i=3, f(i)=3 und in=4. Allgemein wird der Laufindex j gleich i+1 gesetzt und bis in mit der Schrittweite 1 erhöht. Wegen in+1 (modulo in)=1 folgt auf j=in der Index j=1. Anschließend wird j bis zur Obergrenze f(i)-1 mit der Schrittweite 1 erhöht. Diese Laufvorschrift gilt für $i \geq f(i)$. Gilt i+1=f(i), d.h.,folgen zwei Auflagen einer Sorte unmittelbar aufeinander, ist die Summe nicht definiert. Gilt andererseits i+1<f(i), resultiert die übliche Summierungsvorschrift j=i+1,...,f(i)-1. Für das Beispiel trifft die Bedingung $i \geq f(i)$ zu, und es ergibt sich die erforderliche Indexfolge 4,1,2.

Nach diesen Vorüberlegungen kann die allgemeine Abstimmungsbedingung formuliert werden[1].

---

1 Eine ähnliche Bedingung ohne Verzugs- und Fehlmengen findet sich bei C.M. Delporte, L.J. Thomas (1977), S. 1072 und bei D.B. Pressmar (1974), S. 747.

$$LE_i + VA_{f(i)} = V_{z(i)} \left[\sum_{\substack{j=i+1 \\ \text{mod.in}}}^{f(i)-1} (S_j + tr_{z(j)} + PD_j) + S_{f(i)} + tr_{z(f(i))} \right] - F_i \qquad \forall\ i=1,in \tag{2.2}$$

Bestandsdifferenz der Sorte z(i) zwischen Produktionsende der Auflage i und Produktionsbeginn der Auflage f(i)	Zeitspanne zwischen Produktionsende der Auflage i und Produktionsbeginn der Auflage f(i)	Fehlmengen der Sorte z(i), die zwischen Auflage i und f(i) auftreten
	Mögliche Absatzmenge der Sorte z(i) zwischen Produktionsende der Auflage i und Produktionsbeginn der Auflage f(i)	
	Verkaufsmenge der Sorte z(i) zwischen Produktionsende der Auflage i und Produktionsbeginn der Auflage f(i)	

Kapazitätsrestriktion

Durch die Kapazitätsrestriktion wird ein Überschreiten der verfügbaren Maschinenkapazität während der Zyklusdauer D verhindert. Die Maschinenkapazität wird in Zeiteinheiten gemessen. Folglich muß die Summe aller Maschinenstillstandszeiten, Rüstzeiten und Produktionszeiten innerhalb des Produktionszyklus der Zyklusdauer D entsprechen.

$$\sum_{i=1}^{in} (S_i + tr_{z(i)} + PD_i) = D \tag{2.3}$$

verplante Maschinenzeit pro Zyklus	Zyklusdauer

Bestandsbedingung

Die Bestandsbedingung verknüpft die Bestandsvariablen VA_i und LE_i mit Hilfe der Produktionsdauer PD_i. Die Summe aus dem Verzugsbestand VA_i der Sorte z(i) bei Produktionsbeginn der Auflage i und dem Lagerbestand LE_i der Sorte z(i) bei Produktionsende der Auflage i ist mit der Bestandserhöhung $(x_{z(i)} - V_{z(i)})PD_i$ während der Produktionszeit PD_i der Auflage i identisch.

$$(2.4) \qquad \underbrace{VA_i}_{} \quad + \quad \underbrace{LE_i}_{} \quad = \quad \underbrace{(x_{z(i)}-V_{z(i)})PD_i}_{} \qquad \forall \ i=1,in$$

| Verzugsbestand der Sorte z(i) bei Produktionsbeginn der Auflage i | Lagerbestand der Sorte z(i) bei Produktionsende der Auflage i | Bestandserhöhung der Sorte z(i) während der Produktionsdauer der Auflage i |

Nicht-Negativitätsbedingung

$$(2.5) \ D \overset{>}{\underset{}{=}} 0 \ ; \ PD_i, \ S_i, \ F_i, \ VA_i, \ LE_i \overset{>}{\underset{}{=}} 0 \qquad \forall \ i=1,in$$

Der formulierte Planungsansatz kann mit Hilfe der linearen Programmierung gelöst werden, wenn zuvor die Zielfunktion linearisiert wird. Die Bestandskosten werden durch eine stückweise lineare Approximation ersetzt. Für den approximierten Planungsansatz ist anschließend eine äquivalente lineare Modellformulierung des hyperbolischen Programms zu entwickeln, in der die Zyklusdauer nicht mehr im Nenner der Zielfunktion erscheint. Zur Vorgehensweise bei der Linearisierung wird auf den Exkurs am Ende dieser Arbeit verwiesen.

Durch den allgemeinen Planungsansatz für den erweiterten Produktionszyklus wird ein Planungsproblem abgebildet, das hinsichtlich des unterstellten Typs einer Lager- und Verzugsentwicklung gegenüber dem strengen Produktionszyklus weniger stark eingeschränkt ist. Für den strengen Produktionszyklus resultiert aus der Modellformulierung eine bestimmte Losauflageregel als notwendige Bedingung für eine optimale Lösung des Planungsproblems, d.h.,die optimale Aufteilung der Bestandserhöhung $(x_{z(i)}-V_{z(i)})PD_i$ auf den Verzugsbestand VA_i bei Produktionsbeginn und den Lagerbestand LE_i bei Produktionsende ist für jede Auflage i allein durch die Produktionsdauer PD_i determiniert. Eine derartige notwendige Bedingung für eine optimale Lösung des Planungsproblems liegt beim erweiterten Produktionszyklus nicht vor. Eine bestimmte Losauflageregel läßt sich hier nicht aus der Modellformulierung ableiten, da die Bestandsvariablen VA bzw. LE in das Restriktionssystem eingehen und sich daraus nicht durch Variablensubstitution - wie beim strengen Produktionszyklus - eliminieren lassen. Eine Voroptimierung der Zielfunktion zur Ableitung einer Funktion des Verzugsbestands VA_i in Abhängigkeit von der Produktionsdauer PD_i ist somit nicht möglich.

Für den formulierten Planungsansatz bei erweitertem Produktionszyklus existiert demnach keine bestimmte Losauflageregel, die sich zwangsläufig aus der Modelloptimierung ergibt. Die Höhe des Verzugsbestands VA bei Produktionsbeginn eines Loses ist bei Optimalverhalten unabhängig von der zugehörigen Losgröße bzw. der Produktionsdauer. Der unterstellte Typ einer Bestandsentwicklung ist nur durch die Annahme von Verzugsbeständen bei Produktionsbeginn und Lagerbeständen bei Produktionsende eines Loses eingeengt, d.h., bei Produktionsbeginn eines Loses muß das Lager der zugehörigen Sorte geräumt sein. Für den erweiterten Produktionszyklus kann es im Gegensatz zum strengen Produktionszyklus z.B. durchaus optimal sein, bei positivem Lagerkostensatz und endlichem Verzugskostensatz einen Verzugsbestand VA bei Produktionsbeginn eines Loses in Höhe von Null einzuplanen. Positive Lagerbestände bei Produktionsbeginn eines Loses, die real durchaus denkbar sind, bleiben allerdings auch in diesem Planungsansatz unberücksichtigt.

Die beschriebene Erweiterung des unterstellten Bestandstyps ergibt sich nur dann, wenn der Planungsansatz mit Hilfe der linearen Programmierung gelöst wird.

Für die folgende Lösung des Planungsproblems mit Hilfe der Marginalanalyse wird die bereits abgeleitete, für den strengen Produktionszyklus optimale Losauflageregel zwangsweise der Modellformulierung bei erweitertem Produktionszyklus zugrunde gelegt.

232. Ableitung einer optimalen Politik mit Hilfe der Marginalanalyse

Der entwickelte Planungsansatz (2.1) bis (2.5) für den erweiterten Produktionszyklus kann mit Hilfe der Marginalanalyse gelöst werden, wenn die Zielfunktion (2.1) entsprechend der Lagrange-Methode um das Restriktionssystem (2.2) bis (2.5) erweitert wird und die partiellen Ableitungen nach den Variablen D, PD_i, F_i, S_i, VA_i und LE_i gleich Null gesetzt werden. Zur Ermittlung der optimalen Lösung ist das Gleichungssystem der Ableitungen nach den Variablen aufzulösen. Die beschriebene Vorgehensweise ist theoretisch durchaus denkbar, sie ist jedoch aus zwei Gründen nicht praktikabel.

- Eine allgemeine partielle Ableitung nach den Modellvariablen ist aufgrund der unüberschaubaren Anzahl möglicher Auflagenreihenfolgen bisher nicht gelungen. Für jede vorgegebene Auflagenreihenfolge ist somit eine erneute Ableitung erforderlich, die bereits für insgesamt fünf Auflagen zu einem umfangreichen Gleichssystem führt. Zudem existieren keine geeigneten Computer-Algorithmen für die notwendige Auflösung des nicht linearen Gleichungssystems der nullgesetzten Ableitungen. Eine weitgehend manuelle Auflösung des umfangreichen Gleichungssystems nach den Variablen ist erforderlich.

- Die Lösung des Planungsansatzes (2.1) bis (2.5) mit Hilfe der Lagrange-Methode führt in der Regel zu ökonomisch unzulässigen Lösungen, da die Nicht-Negativitätsbedingung der Modellvariablen nicht berücksichtigt wird. In der optimalen Lösung, die mit Hilfe der Lagrange-Methode gefunden wird, können folglich negative Lösungswerte einzelner Variabler auftreten. Diese Situation ist für alle Variablentypen denkbar, insbesondere für die Produktionsdauer PD_i, die Fehlmengen F_i und die Stillstandszeiten S_i. Der Fall des Auftretens negativer Lösungswerte wird im folgenden beispielhaft anhand der Variablen S_i demonstriert.

Liegt der Fall knapper Kapazität vor, werden sich negative Lösungswerte der Variablen S_i für die Maschinenstillstandszeiten ergeben, wenn die im Modell zusätzlich geschaffene, real nicht vorhandene Kapazität zum Abbau von Fehlmengen produktiv genutzt werden kann und aus dem Abbau von Fehlmengen eine Erhöhung des Deckungsbeitrags pro Zeiteinheit resultiert. Dieser Fall ist in der Regel bei knapper Kapazität und auftretenden Fehlmengen gegeben. Bei freier Kapazität ohne auftretende Fehlmengen können negative Stillstandszeiten ebenfalls zu einer Verbesserung des Zielfunktionswertes führen. Durch teils positive, teils negative Variable S_i wird bei mehrmaliger Auflage der Sorten pro Zyklus ein Ausgleich der Losgrößen ermöglicht. Die Abstimmungsbedingung zur Koordination der Lose wirkt nicht mehr restriktiv. Die Verbesserung des Zielfunktionswertes resultiert hier aus geringeren Lager- und Verzugskosten bei nicht koordinierten Losen.

Die auftretenden rechentechnischen Schwierigkeiten können gelöst und die möglichen Unzulässigkeiten aufgrund negativer Lösungswerte eingeschränkt werden, wenn die Zahl der Freiheitsgrade des ursprünglichen

Restriktionssystems (2.2) bis (2.5) bis auf einen einzigen reduziert
wird. Die Anzahl der Modellvariablen ist dann um Eins höher als die
Zahl der Gleichungen des Restriktionssystems. Nach dieser Reduktion
der Freiheitsgrade auf Eins können durch die Auflösung des resultierenden linearen Gleichungssystems funktionale Beziehungen zwischen
den Modellvariablen, die einer Auflage i zugeordnet sind, und der Zyklusdauer D ermittelt werden. Aufgrund dieser Beziehungen läßt sich die
Zielfunktion allein in Abhängigkeit von der Zyklusdauer D formulieren[1]. Durch Differenzieren der vereinfachten Zielfunktion nach der
Zyklusdauer D und Nullsetzen der Ableitung wird schließlich die optimale Lösung für den auf eine Variable reduzierten Planungsansatz bestimmt.

Für die Lösung des Planungsansatzes bei erweitertem Produktionszyklus
mit Hilfe der Marginalanalyse wird die abgeleitete Losauflageregel
für den strengen Produktionszyklus dem Modell zwangsweise zugrunde gelegt und zunächst der Fall knapper Kapazität unterstellt. Fehlmengen
dürfen nur von einer im voraus bestimmten Sorte a auftreten. Mit Hilfe
dieser Prämissen kann die Anzahl der Freiheitsgrade auf die Anzahl der
Auflagen für die Fehlmengensorte a reduziert werden.

Die unterstellte Losauflageregel beinhaltet eine Funktion des Verzugsbestands VA_i in Abhängigkeit von der Produktionsdauer PD_i. Diese
Funktion (1.9) aus dem Planungsansatz für den strengen Produktionszyklus wird sinngemäß für jede Auflage i übernommen. Durch diese zusätzliche Restriktion wird die Zahl der Freiheitsgrade des Restriktionssystems (2.2) bis (2.5) jeweils um Eins verringert.

$$(2.6) \quad VA_i = (x_{z(i)} - V_{z(i)})PD_i \; \frac{Cl_{z(i)}}{Cl_{z(i)} + CV_{z(i)}} \qquad \forall \; i=1,in$$

Durch die Losauflageregel wird erzwungen, daß die Produktion eines
neuen Loses einer Sorte jeweils dann beginnt, wenn der Verzugsbestand
$VA_i(PD_i)$ entsprechend (2.6) aufgelaufen ist.

---

1 Vgl. hierzu im einzelnen S. 93 ff.

Aufgrund der unterstellten Situation knapper Kapazitäten dürfen keine Maschinenstillstandszeiten innerhalb des Produktionszyklus auftreten. Die Modellvariable S_i für Maschinenstillstandszeiten kann folglich aus dem Ansatz eliminiert werden. Die Modellformulierung läßt sich weiter vereinfachen, wenn die Bestandsvariablen VA_i und LE_i mit Hilfe der Losauflageregel (2.6) und der Bestandsbedingung (2.4) ersetzt werden. Nach dem Ersatz der Variablen werden die Restriktionen (2.4) und (2.6) vernachlässigt.

Der verkürzte Planungsansatz enthält als Variable nur die Zyklusdauer D, die Produktionsdauer PD_i für alle Auflagen i und die Fehlmenge F_i für die Auflagen i, in denen die Fehlmengensorte a gefertigt wird.

Zielfunktion

Aus dem Ersatz der Variablen VA_i und LE_i resultiert eine Zielfunktion, die bis auf die differierende Indexbezeichnung formal mit der abgeleiteten Zielfunktion (1.10) für den strengen Produktionszyklus identisch ist.

$$(2.7)\quad G = \frac{1}{D}\left[\sum_{i=1}^{in}(p_{z(i)}-k_{z(i)})x_{z(i)}PD_i - \sum_{i=1}^{in} Cr_{z(i)}\right.$$

Losgrößenunabhängige   Rüstkosten
Deckungsbeiträge pro   pro Zyklus
Zyklus

$$-\sum_{i=1}^{in}\frac{(x_{z(i)}-V_{z(i)})PD_i}{2}\;\frac{x_{z(i)}PD_i}{V_{z(i)}}\;\frac{Cl_{z(i)}\;Cv_{z(i)}}{Cl_{z(i)}+Cv_{z(i)}}\left.\right] \rightarrow \max!$$

Lager- und Verzugskosten pro Zyklus

Abstimmungsbedingungen

In der Abstimmungsbedingung (2.2) werden die Variablen S_i ersatzlos
gestrichen und LE_i durch PD_i sowie $VA_{f(i)}$ durch $PD_{f(i)}$ entsprechend
der Losauflageregel (2.6) und der Bestandsbedingung (2.4) ersetzt.
Die Abstimmungsbedingung ist getrennt für die Auflagen der Sorte a,
bei der Fehlmengen zulässig sind,und die übrigen Auflagen $z(i) \neq a$ auf-
zustellen. Für die Auflagen der Sorte a gilt:

(2.8)

$$(x_{z(i)} - V_{z(i)}) \; \frac{Cv_{z(i)} PD_i + Cl_{z(i)} PD_{f(i)}}{Cv_{z(i)} + Cl_{z(i)}} = V_{z(i)} \left[\sum_{\substack{j=i+1 \\ mod.in}}^{f(i)-1} (tr_{z(j)} + PD_j) + tr_{z(f(i))} \right]$$

Bestandsdifferenz der Fehlmengensorte a zwischen Produktionsende der Auflage i und Produktionsbeginn der Auflage f(i)	mögliche Absatzmenge der Sorte a zwischen Produktionsende der Auflage i und Produktionsbeginn der Auflage f(i)

$$- \quad F_i \qquad \forall \; i \; mit \; z(i) = a$$

Fehlmenge der
Sorte a zwischen
Auflage i und
f(i)

In der Formulierung (2.8) sind Fehlmengen F_i zugelassen, d.h., diese
Abstimmungsbedingung gilt für alle Auflagen i, in denen die Fehlmengensorte a aufgelegt wird. Für alle übrigen Auflagen muß die mögliche Absatzmenge mit der tatsächlichen Verkaufsmenge übereinstimmen. Die Fehlmengenvariable F_i kann folglich für alle Auflagen i mit $z(i) \neq a$ eliminiert werden.

$$(2.9) \quad (x_{z(i)} - V_{z(i)}) \; \frac{Cv_{z(i)} PD_i + Cl_{z(i)} PD_{f(i)}}{Cv_{z(i)} + Cl_{z(i)}}$$

$$\underbrace{\phantom{(x_{z(i)} - V_{z(i)}) \; \frac{Cv_{z(i)} PD_i + Cl_{z(i)} PD_{f(i)}}{Cv_{z(i)} + Cl_{z(i)}}}}$$

Bestandsdifferenz der Sorte $z(i)$
zwischen Produktionsende der Auflage i
und Produktionsbeginn der Auflage $f(i)$

$$= V_{z(i)} \; \underbrace{\left[\sum_{\substack{j=i+1 \\ \text{mod.in}}}^{f(i)-1} (tr_{z(j)} + PD_j) + tr_{z(f(i))} \right]}_{} \qquad \forall \; i \; \text{mit} \; z(i) \neq a$$

Absatzmenge der Sorte $z(i)$ zwischen
Produktionsende der Auflage i und Produktionsbeginn der Auflage $f(i)$

Kapazitätsrestriktion

Wegen der unterstellten Situation knapper Kapazitäten bleibt das
Gleichheitszeichen in der Kapazitätsrestriktion (2.3) auch ohne Berücksichtigung der Maschinenstillstandszeiten S_i erhalten.

$$(2.10) \quad \underbrace{\sum_{i=1}^{in} (tr_{z(i)} + PD_i)}_{\text{benötigte Maschinen-}\atop\text{belegzeit}} \qquad = \qquad \underbrace{D}_{\text{Zyklus-}\atop\text{dauer}}$$

Der Planungsansatz enthält nunmehr in+1 Gleichungen und als Variable
die Zyklusdauer D, die Variablen PD_i für i=1 bis in sowie für jede
Auflage der Fehlmengensorte a die Variable F_i. Die Anzahl der Freiheitsgrade entspricht somit der Anzahl der Auflagen für die Fehlmengensorte a. Existiert innerhalb der vorgegebenen Auflagenreihenfolge nur
eine einzige Auflage der Sorte a, besitzt das Restriktionssystem nur
einen Freiheitsgrad, und die skizzierte Vorgehensweise zur Lösung des
Planungsproblems kann realisiert werden.

Für den allgemeinen Fall mit mehreren Auflagen der Fehlmengensorte a
ist allerdings eine zusätzliche Einengung des Planungsproblems zur
Reduktion der Freiheitsgrade erforderlich.

Produktionszeitbedingung für alle Auflagen der Fehlmengensorte a

Eine Möglichkeit zur Reduktion der Anzahl der Freiheitsgrade auf Eins besteht darin, die Losgrößen bzw. die Produktionszeiten PD_i für alle Auflagen i, in denen die Fehlmengensorte a aufgelegt wird, gleich hoch zu wählen. Diese Forderung wirkt für den Fall knapper Kapazität in der Regel nicht restriktiv, wenn es gleichgültig ist, an welcher Stelle innerhalb des Produktionszyklus Fehlmengen der Sorte a eingeplant werden.

Die auftretenden Fehlmengen können dann so auf die einzelnen Auflagen dieser Sorte verteilt werden, daß sich identische Losgrößen innerhalb des Produktionszyklus ergeben. Reicht allerdings die anfallende Fehlmenge der Sorte a zum Ausgleich der Losgrößen nicht aus, wirkt die Forderung nach gleichen Produktionszeiten aller Auflagen der Fehlmengensorte restriktiv.

Für die Situation freier Kapazität folgt aus der Forderung gleicher Lose der Sorte a stets eine Einengung des Lösungsraumes. Wie die Produktionszeitbeziehung im Fall freier Kapazität zu interpretieren ist und aus welchem Grunde für diesen Fall eine Einengung des Lösungsraums erfolgt, wird später, am Ende dieses Kapitels erläutert. Hier wird zunächst nur die Situation knapper Kapazitäten mit auftretenden Fehlmengen der Sorte a betrachtet.

Aus formulierungstechnischen Gründen wird für die identische Produktionszeit aller Auflagen der Sorte a eine neue Variable $\overline{PD}$ eingeführt. Gleich hohe Produktionszeiten können somit durch die Bedingung (2.11) erzwungen werden.

$$(2.11) \qquad PD_i = \overline{PD} \qquad\qquad \forall\ i \ \text{mit}\ z(i) = a$$

Mit Hilfe der Bedingung (2.11) wird der Freiheitsgrad des Restriktionssystems für den allgemeinen Fall mit beliebiger Auflagenzahl der Fehlmengensorte a auf Eins reduziert. Die Zielfunktion (2.7) kann nunmehr vereinfacht werden, indem die Produktionsdauer PD_i für alle Auflagen i durch eine Funktion der Zyklusdauer D ersetzt wird. Diese Funktionen lassen sich durch Auflösen des Restriktionssystems (2.8) bis (2.11) ermitteln.

Eine allgemeine analytische Auflösung des Gleichungssystems nach der Produktionsdauer PD_i, der Fehlmenge F_i und der Produktionsdauer $\overline{PD}$ in Abhängigkeit von der Zyklusdauer D führt bereits für in=5 Auflagen zu umfangreichen, nicht mehr zu handhabenden Formeln. Eine numerische Berechnung der Beziehungen zwischen den Variablen und der Zyklusdauer D ist jedoch aufgrund der Linearität des Gleichungssystems (2.8) bis (2.11) ohne Schwierigkeiten auch für Probleme größeren Umfangs mit Hilfe eines Verfahrens zur Lösung linearer Gleichssysteme möglich.

Zur numerischen Lösung werden die Variablen z.B. in der Reihenfolge PD_i, F_i und $\overline{PD}$ auf die linke Seite und alle konstanten Glieder sowie die Zyklusdauer D auf die rechte Seite des Gleichungssystems gebracht. Aus dieser Umordnung resultiert folgendes Restriktionssystem.

Abstimmungsbedingungen

$$(2.12) \quad (x_{z(i)} - V_{z(i)}) \frac{Cv_{z(i)}}{Cv_{z(i)} + Cl_{z(i)}} PD_i$$

$$- V_{z(i)} \sum_{\substack{j=i+1 \\ \text{mod.in}}}^{f(i)-1} PD_j + (x_{z(i)} - V_{z(i)}) \frac{Cl_{z(i)}}{Cv_{z(i)} + Cl_{z(i)}} PD_{f(i)} + F_i$$

$$= V_{z(i)} \sum_{\substack{j=i+1 \\ \text{mod.in}}}^{f(i)} tr_j \qquad \forall \ i \ \text{mit} \ z(i) = a$$

$$(2.13) \quad (x_{z(i)} - V_{z(i)}) \frac{Cv_{z(i)}}{Cv_{z(i)} + Cl_{z(i)}} PD_i$$

$$- V_{z(i)} \sum_{\substack{j=i+1 \\ \text{mod.in}}}^{f(i)-1} PD_j + (x_{z(i)} - V_{z(i)}) \frac{Cl_{z(i)}}{Cv_{z(i)} + Cl_{z(i)}} PD_{f(i)}$$

$$= V_{z(i)} \sum_{j=i+1}^{f(i)} tr_j \qquad \forall \ i \ \text{mit} \ z(i) \neq a$$

Die Abstimmungsbedingung (2.12) geht aus der Bedingung (2.8), und (2.13) geht aus (2.9) hervor.

Kapazitätsrestriktion

$$(2.14) \qquad \sum_{i=1}^{in} PD_i = - \sum_{i=1}^{in} tr_{z(i)} + D$$

Produktionszeitbedingungen

$$(2.15) \qquad PD_i - \overline{PD} = 0 \qquad \forall \ i \ mit \ z(i) = a$$

Das Gleichungssystem (2.12) bis (2.15) kann z.B. aufgelöst werden, indem für die Koeffizientenmatrix auf der linken Seite des Gleichungssystems die Inverse berechnet wird. Anschließend wird die Inverse von rechts mit den beiden Spaltenvektoren der rechten Seite für die Konstanten und die Koeffizienten der Zyklusdauer D multipliziert. Aus der Matrixmultiplikation resultieren zwei Lösungsvektoren, deren Koeffizienten mit b_k und c_k bezeichnet werden. Die skizzierte Vorgehensweise soll an einem Zahlenbeispiel von Adam[1] verdeutlicht werden.

Für die Beispielrechnung wird die Auflagenreihenfolge ACBC vorgegeben, die bereits zur Erläuterung der Indizes zu Beginn dieses Kapitels diente. Fehlmengen werden allein von der Sorte C zugelassen, und der Verzugskostensatz wird für alle Sorten auf Cv = 0,02 festgelegt. Aus diesen Angaben und den Zahlenwerten aus Tabelle 1 resultiert folgende Koeffizientenmatrix für das Gleichungssystem (2.12) bis (2.15).

---

1 Vgl. Tabelle 1 dieser Arbeit.

Bedingung	k	PD_1	PD_2	PD_3	PD_4	F_2	F_4	$\overline{PD}$	Konstante	D
		A	C	B	C	C	C			
(2.13) Auflage 1	1	150	-50	-50	-50	0	0	0	120,85	0
(2.12) Auflage 2	2	0	5	-90	25	1	0	0	116,28	0
(2.13) Auflage 3	3	-100	-100	50	-100	0	0	0	241,7	0
(2.12) Auflage 4	4	-90	25	0	5	0	1	0	101,25	0
(2.14)	5	1	1	1	1	0	0	0	-2,417	1
(2.15) Auflage 2	6	0	1	0	0	0	0	-1	0	0
(2.15) Auflage 4	7	0	0	0	1	0	0	-1	0	0

Tabelle 5: Ausgangstableau des Gleichungssystems (2.12) bis (2.15) für die Zahlen des
Beispiels aus Tabelle 1 mit Cv = 0,02 für die drei Sorten A, B und C

In der Kopfzeile des Ausgangstableaus sind die Spaltenvektoren entsprechend den erforderlichen Variablen mit der zugehörigen Sortenzuordnung A, B oder C definiert. Die Produktionszeiten PD gelten für die Auflagen 1 bis 4 mit der Sortenzuordnung ACBC. Fehlmengenvariable F sind nur für die Auflagen 2 und 4 erforderlich, in denen die Fehlmengensorte C aufgelegt wird. Die letzte Spalte auf der linken Seite des Gleichungssystems ist der Produktionsdauer $\overline{PD}$ zugeordnet. Die rechte Seite des Gleichungssystems besteht aus zwei Spaltenvektoren, der Konstantenspalte und der Spalte für die Koeffizienten der Zyklusdauer D. In der Kopfspalte werden die Gleichungen durch den Index k nummeriert. Die Abstimmungsbedingungen für die Auflagen 1 bis 4 stehen an erster Stelle. Mit der Nummer 5 wird die Kapazitätsrestriktion bezeichnet. Die Identität der Produktionszeiten PD_2 und PD_4 wird schließlich durch die Gleichungen 6 und 7 erzwungen.

Aus der Inversion der Koeffizientenmatrix auf der linken Seite des Gleichungssystems und der anschließenden Multiplikation der Inversen mit den Spaltenvektoren der rechten Seite ergeben sich zwei Lösungsvektoren mit den Elementen b_k bzw. c_k. Die gesuchte funktionale Beziehung zwischen den Variablen auf der linken Seite des Gleichungssystems und der Zyklusdauer D ist durch die Lösungsvektoren determiniert. Allgemein lauten die Beziehungen:

$$(2.16) \qquad PD_i = b_k + c_k D$$

$$(2.17) \qquad F_i = b_k + c_k D$$

$$(2.18) \qquad \overline{PD} = b_k + c_k D$$

Für das Zahlenbeispiel sind die Lösungsvektoren und die funktionalen Beziehungen in der folgenden Tabelle angegeben.

k			b_k		c_k	
1	PD_1	$=$	0	$+$	0,2500	D
2	PD_2	$=$	$-$ 1,2085	$+$	$0,041\overline{6}$	D
3	PD_3	$=$	0	$+$	$0,666\overline{6}$	D
4	PD_4	$=$	$-$ 1,2085	$+$	$0,041\overline{6}$	D
5	F_2	$=$	152,5250	$+$	58,7500	D
6	F_4	$=$	137,5050	$+$	21,2500	D
7	$\overline{PD}$	$=$	$-$ 1,2085	$+$	$0,041\overline{6}$	D

Tabelle 6: Lösungsvektoren und funktionale Beziehung zwischen den
Variablen und der Zyklusdauer D für das Beispiel
der Tabelle 5

In der Zielfunktion (2.7) können die Variablen PD_i durch die allgemeine Beziehung $PD_i = b_i + c_i D$ ersetzt werden. Aus der Substitution ergibt sich folgende Zielfunktion allein in Abhängigkeit von der Zyklusdauer D.

$$(2.19) \quad G = \frac{1}{D} \left[\underbrace{\sum_{i=1}^{in} (p_{z(i)} - k_{z(i)}) x_{z(i)} (b_i + c_i D)}_{\substack{\text{Lösungsunabhängige Deckungsbei-} \\ \text{träge pro Zyklus}}} - \underbrace{\sum_{i=1}^{in} Cr_{z(i)}}_{\substack{\text{Rüstkosten} \\ \text{pro Zyklus}}} \right.$$

$$\left. - \underbrace{\sum_{i=1}^{in} \frac{x_{z(i)} - V_{z(i)}}{2} \frac{x_{z(i)}}{V_{z(i)}} (b_i + c_i D)^2 \frac{Cl_{z(i)} \, Cv_{z(i)}}{Cl_{z(i)} + Cv_{z(i)}}}_{\text{Lager- und Verzugskosten pro Zyklus}} \right] \rightarrow \max!$$

Durch Differenzieren der Funktion (2.19), Nullsetzen der Ableitung und Auflösen nach der Zyklusdauer D ergibt sich die optimale Zyklusdauer Dopt.

(2.20)

$$Dopt=\sqrt{\dfrac{-\sum_{i=1}^{in}(p_{z(i)}-k_{z(i)})x_{z(i)}b_i+\sum_{i=1}^{in}Cr_{z(i)}+\sum_{i=1}^{in}\dfrac{x_{z(i)}^{-V_{z(i)}}}{2}\dfrac{x_{z(i)}}{V_{z(i)}}b_i^2\dfrac{Cl_{z(i)}Cv_{z(i)}}{Cl_{z(i)}+Cv_{z(i)}}}{\sum_{i=1}^{in}\dfrac{x_{z(i)}^{-V_{z(i)}}}{2}\dfrac{x_{z(i)}}{V_{z(i)}}c_i^2\dfrac{Cl_{z(i)}Cv_{z(i)}}{Cl_{z(i)}+Cv_{z(i)}}}}$$

Für das Beispiel ergibt sich durch Einsetzen der ermittelten Lösungswerte b_i und c_i mit i=1 bis 4 in die Wurzelfunktion (2.20) die optimale
Zyklusdauer Dopt = 40,6245. Die optimalen Produktionszeiten bzw. Losgrößen und die Fehlmengen sind durch Dopt und die Beziehungen 1 bis 6
in der Tabelle 6 determiniert. Es ergeben sich folgende Lösungswerte:

Produktionsdauer   Losgrößen

PD_1 = 10,1561 $x_A PD_1$ = 2031

PD_2 = 0,4842 $x_C PD_2$ = 58

                        bzw.

PD_3 27,0230 $x_B PD_3$ = 4062

PD_4 = 0,4842 $x_C PD_4$ = 58

Fehlmenge der Sorte C für Auflage 2: F_2 = 2539

Fehlmenge der Sorte C für Auflage 4: F_4 = 1001

Für die nicht aufgeführte Produktionsdauer $\overline{PD}$ gilt $\overline{PD}$ = PD_2 = PD_4.
Der Deckungsbeitrag pro Zeiteinheit beläuft sich auf 607,01 Geldein-
heiten.

Allgemein gilt die Zyklusdauer Dopt aus der Wurzelformel (2.20) für
den Fall knapper Kapazität, wenn es vorteilhaft ist, von der Sorte a
Fehlmengen einzuplanen. Resultieren aus der Berechnung negative Losgrößen für die Fehlmengensorte a oder negative Fehlmengen für die
Sorte a, stellt Dopt eine unzulässige Lösung des Planungsproblems dar.
In beiden Fällen kann bei knapper Kapazität nur eine Randlösung optimal
sein. Tritt eine negative Losgröße $x_a\overline{PD}$ auf, die für alle Auflagen der
Fehlmengensorte a gilt, kann die optimale Randlösung erzwungen werden,
wenn die Produktionszeitbedingung (2.15) durch die Gleichung (2.21)
ersetzt wird.

$$(2.21) \qquad PD_i = 0 \qquad\qquad \forall \ i \ \text{mit} \ z(i) = a$$

In diesem Fall ist die Lösung des Planungsproblems allein durch das Restriktionssystem determiniert, da die Anzahl der Gleichungen unverändert bleibt und die Variable $\overline{PD}$ nicht mehr benötigt wird.

Ergeben sich andererseits negative Fehlmengen für einige Auflagen der Fehlmengensorte a, kann eine zulässige Lösung erzielt werden, wenn zunächst für die negativen Fehlmengenvariablen F_i durch eine Veränderung des Restriktionssystems ein Wert von Null erzwungen und anschließend das veränderte Gleichungssystem erneut gelöst wird. In den entsprechenden Abstimmungsbedingungen (2.12) werden die Fehlmengenvariable F_i eliminiert und die Produktionszeitbedingungen (2.15) für die zugehörigen Produktionszeiten der Sorte a ersatzlos gestrichen. Letztere sind zur Reduktion des Freiheitsgrades nicht mehr erforderlich. Werden die Fehlmengenvariable F_i und die entsprechenden Produktionszeitbedingungen aus dem Restriktionssystem entfernt, existiert weiterhin ein einziger Freiheitsgrad für das Gleichungssystem. Durch eine erneute Lösung des Gleichungssystems und Einsetzen der Koeffizienten b und c der Lösungsvektoren in die Wurzelformel (2.20) kann die zweite, gegenüberliegende Randlösung ermittelt werden.

Werden bei der ersten Berechnung negative Fehlmengen für alle Auflagen der Fehlmengensorte a ermittelt, ist die entsprechende Randlösung wiederum allein durch das Gleichungssystem determiniert. In diesem Fall können alle Fehlmengenvariable F_i und alle Produktionszeitbedingungen (2.15) mit der Variablen $\overline{PD}$ aus dem Ansatz entfernt werden. Das Gleichungssystem wird auf die Abstimmungsbedingung (2.13) - ohne die Fehlmengenvariable F_i - und die Kapazitätsrestriktion (2.14) verkürzt. Zur Ermittlung der optimalen Lösung bei knapper Kapazität ohne Fehlmengen ist die Zielfunktion (2.7) nicht erforderlich, da die Anzahl der Gleichungen und Variablen identisch ist und die Losgrößen $x_{z(i)}PD_i$ sowie die Zyklusdauer D bereits durch das Gleichungssystem eindeutig bestimmt sind.

Die bisherigen Ausführungen gelten ausschließlich für den Fall knapper Kapazität ohne Maschinenstillstandszeiten. Trifft die zuletzt diskutierte Situation ohne Fehlmengen zu und ergeben sich aus der

Berechnung kleinere Losgrößen als die isoliert nach der klassischen Losgrößenformel bestimmten kostenminimalen Lose, wird es in der Regel vorteilhaft sein, Maschinenstillstandszeiten einzuplanen. Eine Möglichkeit, Stillstandszeiten im Planungsansatz zu berücksichtigen, besteht darin, die Produktion einer fiktiven Sorte nach jeder Auflage i zu erlauben. Die Produktionszeiten PD_i der fiktiven Sorte sind dann als Maschinenstillstandszeiten zu interpretieren.

Die Gesamtzahl der Auflagen beläuft sich somit auf 2in des ursprünglichen Problems. In der Zielfunktion werden der Absatzpreis p, die variablen Produktionskosten k, die Rüstkosten Cr und der Lager- und Verzugskostensatz Cl sowie Cv für jede Auflage der fiktiven Sorte auf Null festgelegt. Die Rüstzeit tr in der Abstimmungsbedingung und der Kapazitätsrestriktion wird für die fiktive Sorte gleichfalls auf Null fixiert. Durch geeignete Wahl der Produktionsgeschwindkeit x und der Absatzgeschwindigkeit V für die fiktive Sorte ist schließlich noch sicherzustellen, daß die erforderliche Produktionszeit der fiktiven Sorte zur Befriedigung der fiktiven Nachfrage mindestens der erwarteten Stillstandszeit entspricht. Werden die Produktionsgeschwindigkeit x und die Absatzgeschwindigkeit V für die fiktive Sorte in gleicher Höhe angesetzt, entspricht die maximal erforderliche Produktionszeit für die fiktive Sorte der Zyklusdauer D. Da die Summe der auftretenden Stillstandszeiten pro Zyklus die Zyklusdauer nicht überschreiten kann, wird die obige Forderung für x=V stets erfüllt. Der Einfachheit halber werden beide Parameter auf Eins gesetzt.

Die tatsächlichen Produktionszeiten PD_i für die fiktive Sorte, d.h. die Stillstandszeiten pro Zyklus, sind in der Regel geringer als die Zyklusdauer D. Durch Zulassen von Fehlmengen für die fiktive Sorte a können die erforderlichen Produktionszeiten PD_i entsprechend der Höhe der einzuplanenden Stillstandszeiten variiert werden. Das ursprüngliche Planungsproblem mit freier Kapazität kann nunmehr mit Hilfe des zuvor abgeleiteten Verfahrens für den Fall knapper Kapazität bei auftretenden Fehlmengen für die fiktive Sorte a gelöst werden.

Aufgrund der Produktionszeitbedingung für die Fehlmengensorte a werden identische Produktionszeiten $\overline{PD}$ für die fiktive Sorte erzwungen. Folglich treten zwischen allen Auflagen der realen Sorten Stillstandszeiten gleicher Länge auf. Dieser Forderung nach identischen Stillstandszeiten bedeutet in der Regel eine weitgehende Einengung des realen Planungsproblems bei freier Kapazität.

Bisher wurde das Planungsproblem unter der Annahme einer gegebenen Auflagenreihenfolge analysiert. Durch eine vorgegebene Auflagenreihenfolge wird die Auflagenzahl der Sorten und die Reihenfolge der Auflagen innerhalb des Produktionszyklus determiniert. Eine Erweiterung des Planungsansatzes um das Auflagenreihenfolgeproblem kann durch Kombination der Marginalanalyse mit einem Enumerationsalgorithmus in gleicher Weise wie für den strengen Produktionszyklus erfolgen. Das Planungsproblem mit integrierter Auflagenreihenfolgeplanung kann ohne Berücksichtigung der Losgrößenplanung als Rundreiseproblem mit variabler Anzahl der zu besuchenden Orte interpretiert werden. Für dieses Problem stehen bislang keine effizienten Lösungsalgorithmen zur Verfügung[1].

Zur ersten Analyse einer konkreten Planungssituation kann das optimale Produktionsprogramm ohne Berücksichtigung der Abstimmungsbedingung für die Maschinenbelegung bestimmt werden[2]. Mit Hilfe des Optimalitätskriteriums - Gleichheit der Grenzgewinne pro Zeiteinheit - können die nicht koordinierten Losgrößen und die Auflagenhäufigkeiten für die Sorten z ermittelt werden. Diese Auflagenhäufigkeiten lassen sich zur Begrenzung des Planungsproblems auf die Bestimmung einer günstigen Sortenreihenfolge bei gegebener Auflagenhäufigkeit der Sorten verwenden.

Soll die Sorte $\bar{z}$ mit der geringsten Auflagenhäufigkeit $h_{\bar{z}}$ genau einmal pro Zyklus aufgelegt werden, ist die Anzahl der Lose pro Zyklus für die übrigen Sorten z durch $h_z/h_{\bar{z}}$ determiniert. Durch Runden der Auflagenhäufigkeiten $h_z/h_{\bar{z}}$ auf ganzzahlige Werte kann der Suchprozeß auf die Ermittlung einer günstigen Losreihenfolge bei gegebener Anzahl der Lose begrenzt werden.

---

1 Vgl. z.B. A. Argyris (1977), S. 42 ff.; Th. Ellinger (1959), S. 79 ff.; K. Hoss (1965), S. 15 ff.; G. Jaeschke (1964), S. 133 ff.; K.T. Krycha (1972); D.G. Liesegang (1974), S. 62 ff.; J.D.C. Little (1963), S. 972 ff.; Z.A. Lomniki (1965), S. 89 ff.; H. Müller-Merbach (1970), S. 65 ff. und S. 172 ff.; J. Piehler (1960), S. 138 ff.; Th. Siegel (1974), S. 18 ff.; H.A. Taha (1975), Section 7-4; D.A. Wiesmer (1972), S. 689 ff.

2 Vgl. D. Adam (1969), S. 70 ff.; W. Kilger (1973), S. 420 ff.

In der Literatur[1] werden für das Auffinden günstiger Auflagenreihenfolgen Probierverfahren vorgeschlagen oder Heuristiken eingesetzt,
die z.T. auf Verfahren zur Lösung des allgemeinen Rundreiseproblems
basieren.

233. Zahlenbeispiel

Für das Zahlenbeispiel[2] von Adam wurde eine günstige Auflagenreihenfolge mit Hilfe von Trial and Error ermittelt. Die gefundene Auflagenreihenfolge für einen Verzugskostensatz von Cv = 0,05 für die drei
Sorten lautet 12 12 12 12 123. In der berechneten Lösung treten Fehlmengen der dritten Sorte in Höhe von 7.547 Mengeneinheiten auf. Die
optimale Zyklusdauer beträgt 84,65 Tage, und der Deckungsbeitrag pro
Zeiteinheit beläuft sich auf 602,666 Geldeinheiten. Der Produktionsplan
ist in der folgenden Tabelle für die Dauer eines Zyklus zusammenge-
stellt. Die zugehörige Lager- und Verzugsbestandentwicklung ist der
Abbildung 17 zu entnehmen.

Der Deckungsbeitrag pro Zeiteinheit ist gegenüber dem ermittelten
Deckungsbeitrag bei strengem Produktionszyklus[3] um 6,285 Geldeinheiten
höher. Der weniger stark eingeengte Lösungsraum des Planungsansatzes
für den erweiterten Produktionszyklus wird deutlich.

---

1 Vgl. K.R. Backer (1970), S. 636 ff.; E.E. Bomberger (1966), S. 778
ff.; C.M. Delporte, L.J. Thomas (1977), S. 1070 ff., C.L. Doll,
D.C. Whybark (1973), S. 50 ff.; S. Eilon (1962), S. 367 ff.; S.E.
Elmaghraby, A.K. Mallik (1973); J.G. Madigan (1968), S. 713 ff.;
W.L. Maxwell (1964), S. 89 ff.; H. Müller-Merbach (1962), S. 54 ff.;
J. Rogers (1958), S. 264 ff.; W. Strobel (1964), S. 241 ff.

2 Siehe Kapitel 223. dieser Arbeit.

3 Vgl. Tabelle 4 dieser Arbeit.

Sorte	Lagerkostensatz	Verzugskostensatz	Anfangs-/Endbestand
1	0,1	0,05	- 372,247
2	0,1	0,05	23,934
3	0,1	0,05	5,943

Auf-lage	Sorte	Belegzeit von	bis	Produk-tions-menge	Bestand Prod.-beginn	Bestands-kosten	Lager-Verzugs-kosten	Fehl-menge
1	1	0,0	4,5	794	- 397	199	158	0
2	2	4,5	19,8	2205	- 490	245	270	0
3	1	19,8	26,3	1189	- 595	297	354	0
4	2	26,3	40,9	2099	- 466	233	245	0
5	1	40,9	46,0	921	- 461	230	212	0
6	2	46,0	57,0	1548	- 344	172	133	0
7	1	57,0	61,0	688	- 344	172	118	0
8	2	61,0	70,3	1300	- 289	144	94	0
9	1	70,3	74,0	639	- 320	160	102	0
10	2	74,0	83,4	1313	- 292	146	96	0
11	3	83,4	84,6	71	- 12	6	0	7547

Deckungsbeitrag pro Zyklus: 51.015,703 $\underline{/\ \mathrm{GE}\ \underline{/}}$

Deckungsbeitrag pro Zeiteinheit: 602,666 $\underline{/\ \mathrm{GE/ZE}\ \underline{/}}$

Zyklusdauer: 84,650 $\underline{/\ \mathrm{ZE}\ \underline{/}}$

<u>Tabelle 7:</u> Produktionsplan bei erweitertem Produktionszyklus

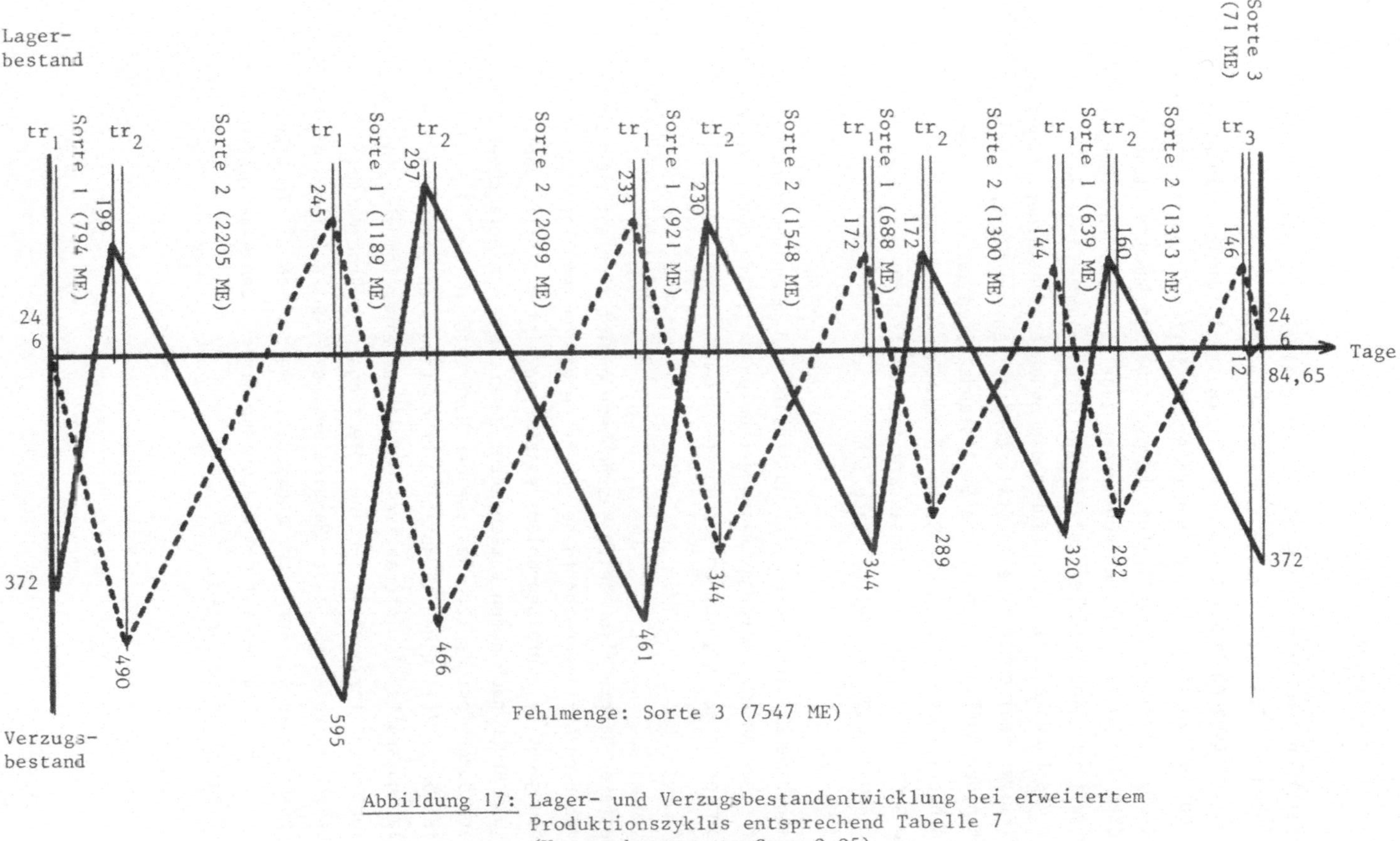

Abbildung 17: Lager- und Verzugsbestandentwicklung bei erweitertem Produktionszyklus entsprechend Tabelle 7 (Verzugskostensatz $C_v = 0{,}05$)

234. <u>Kritik des erweiterten Zykluskonzeptes</u>

Die Kritik an dem vorgeschlagenen marginalanalytischen Ansatz richtet
sich gegen die Prämissen, unter denen er abgeleitet wurde. Wie bereits beim strengen Produktionszyklus festgestellt wurde, braucht es
nicht optimal zu sein, daß nur von einer der Sorten im optimalen Produktionsplan Fehlmengen auftreten. Die verschärfte Annahme gleicher
Losgrößen der Sorten, von der Fehlmengen zugelassen werden, führt zu
einer weiteren Einengung des zulässigen Lösungsraums. Liegt der Fall
freier Maschinenkapazität vor, führt die Annahme identischer Losgrößen
der fiktiven Fehlmengensorte zu Stillstandszeiten von gleicher Länge
zwischen den Auflagen. Identische Stillstandszeiten zwischen allen
aufeinanderfolgenden Losen der Sorten erscheinen wenig realistisch.
Der marginalanalytische Planungsansatz ist folglich für die Situation
freier Kapazitäten nur bedingt tauglich.

Die bisherige Kritik richtet sich ausschließlich gegen den marginalanalytischen Ansatz. Wird das Planungsproblem mit Hilfe der linearen
Programmierung gelöst, können die aufgeführten Nachteile vermieden
werden.

Ein weiterer Nachteil für beide Lösungswege ergibt sich aufgrund der
vorzugebenden Auflagenreihenfolge. Da keine geeigneten Algorithmen
zur Lösung des Reihenfolgeproblems existieren, ist mit Hilfe von
Trial und Error nach guten Lossequenzen zu suchen. Ein erfahrener Pla-
ner kann durch fortgesetzte Analyse der Resultate aus dem Planungsansatz in kurzer Zeit einen akzeptablen Produktionsplan ermitteln, wenn
der Planungsansatz als interaktives Modell auf einem Computer in-
stalliert wird. Inwieweit allerdings die eingeengte Problemstellung
- insbesondere bei Einsatz der Marginalanalyse - das Auffinden einer
guten Lösung zuläßt, kann nicht abgeschätzt werden, da zur Zeit keine
praktischen Erfahrungen mit dem Planungsansatz für den erweiterten
Produktionszyklus vorliegen.

3. Ein dynamisches Entscheidungsmodell zur Produktionsplanung bei losweiser Fertigung

Im folgenden Teil der Arbeit wird das Zykluskonzept aufgegeben und ein dynamisches Modell zur Produktionsplanung bei losweiser Fertigung entwickelt. Das generelle Modellkonzept basiert auf dem Planungsansatz für den erweiterten Produktionszyklus. Aufgrund der statischen Modellformulierung war eine Einengung des generellen Planungsproblems auf identische, im Zeitablauf wiederkehrende Produktionszyklen, auf einen bestimmten Typ einer Bestandsentwicklung und auf eine zwangsweise vorgeschriebene Abstimmungsregel zur Maschinenbelegung erforderlich. Die Auflösung dieser Prämissen ist Aufgabe der folgenden Modellentwicklung.

In einem dynamischen Modell wird die Zeitstruktur des realen Produktionssystems innerhalb des konstant vorgegebenen Planungszeitraums exakt erfaßt. Die Abbildung des Systemzustands im Zeitablauf erfolgt mit Hilfe von Entscheidungsvariablen, die angeben, zu welchen Zeitpunkten sich der Systemzustand im Planungszeitraum ändert. Das zu konzipierende dynamische Modell sieht vor, daß Zustandsänderungen zu jedem beliebigen Zeitpunkt innerhalb des Planungszeitraums erfolgen können. Das Planungsmodell arbeitet somit nicht mit einer vorgegebenen Anzahl von Teilperioden, wobei Zustandsänderungen des Systems jeweils nur beim Übergang von einer zu einer anderen Teilperiode möglich sind. Das Modell bestimmt vielmehr die optimalen Zeitpunkte von Zustandsänderungen[1].

Ein dynamisches Modell erlaubt die Analyse beliebiger Bestandsentwicklungen im Zeitablauf. Die im Rahmen der statischen Analyse eingeführte Einengung auf bestimmte Typen von Bestandsentwicklungen[2] wird im folgenden aufgegeben. Das zu analysierende Problem wird damit der realen Planungssituation angenähert, wie sie im Kapitel 1 dieser Arbeit beschrieben wurde.

---

1 Vgl. A.S. Manne (1963), S. 187 ff.; D.B. Pressmar (1977), S. 610.
2 Vgl. Kapitel 21 dieser Arbeit.

Die betrachtete Planungssituation bleibt zunächst auf die einstufige, losweise Produktion mehrerer Sorten auf einem gemeinsam genutzten Aggregat beschränkt. Für die Entwicklung des "Grundmodells der einstufigen Fertigung" wird das Planungsproblem auf die qualitative und quantitative Programmplanung, die Losgrößenplanung und die Lossequenzplanung eingeengt. Später wird das einstufige Modell unter anderem um die Emanzipationsplanung, die Sortenreihenfolgeplanung bei sortenschaltungsabhängigen Umrüstungen und um intensitätsmäßige Anpassungsprozesse als Teilproblem der Produktionsaufteilungsplanung erweitert. Die Aufteilung der Produktionsaufgabe auf funktionsgleiche, kostenverschiedene Aggregate wird erst im Rahmen der Modellentwicklungen für die mehrstufige Fertigung berücksichtigt.

Den Schwerpunkt der Modellerweiterungen auf die mehrstufige Fertigung bildet die zeitliche Ablaufplanung zur Koordination der Produktionstermine in allen aufeinanderfolgenden Produktionsstufen, in denen die Erzeugnisse zu bearbeiten sind. Zunächst werden die grundlegenden Probleme bei der Ableitung der Zwischenlagerkosten und der Abstimmung der Produktionstermine anhand linearer Erzeugnisstrukturen analysiert und für die Modellformulierung aufbereitet. Die Modellformulierung für lineare Erzeugnisstrukturen dient schließlich als Basis für die Erweiterung des Modells auf vernetzte Produktionsprozesse.

Für die simultane Planung können alle Teilproblem zu einer Gesamtaufgabe zusammengefaßt werden. Das gemeinsame Problem besteht darin, für alle Sorten und Aggregate die Produktionstermine und die einzusetzenden Intensitätsstufen zu bestimmen, die zu einem maximalen Gewinn im Planungszeitraum führen.

31. Das Grundmodell bei einstufiger Fertigung

311. Das generelle Modellkonzept

3111. Typen möglicher Bestandsentwicklungen

Das Einbeziehen der zeitlichen Struktur des Planungsproblems in die Modellformulierung wird möglich, wenn die Annahme einer vorgegebenen Losauflageregel aufgegeben wird und alle Typen möglicher Bestandsentwicklungen im Modell erfaßt werden.

Für die folgende Herleitung der Bestandstypen wird eine offene Produktion unterstellt; eine Berücksichtigung der geschlossenen Produktion erfolgt erst im Rahmen der Modellerweiterungen.

Die Bestandstypen können mit Hilfe des Lageranfangsbestands LA bzw. des Verzugsbestands VA bei Produktionsbeginn eines Loses und mit Hilfe des Lagerendbestands LE bzw. des Verzugsbestands VE bei Produktionsende eines Loses beschrieben werden. Ohne Berücksichtigung von Fehlmengen lassen sich theoretisch vier Typen von Entwicklungen unterscheiden, von denen nur die ersten drei praxisrelevant sind.

1. Bei Produktionsbeginn und -ende eines Loses existiert ein positiver Lagerbestand.

   $LA \geq 0$, $LE \geq 0$, $VA = 0$ und $VE = 0$

2. Bei Produktionsbeginn liegen Verzugsmengen, bei Produktionsende Lagermengen vor.

   $VA \geq 0$, $LE \geq 0$, $LA = 0$, $VE = 0$

3. Bei Produktionsbeginn und -ende treten Verzugsmengen auf.

   $VA \geq 0$, $VE \geq 0$, $LA = 0$, $LE = 0$

4. Der Fall von Lagerbeständen bei Produktionsbeginn und Verzugsmengen bei Produktionsende kann ausgeschlossen werden, da in der Regel die Produktionsgeschwindigkeit x größer als die Absatzgeschwindigkeit V ist.

1. Fall: Positiver Lagerbestand bei Produktionsbeginn und -ende

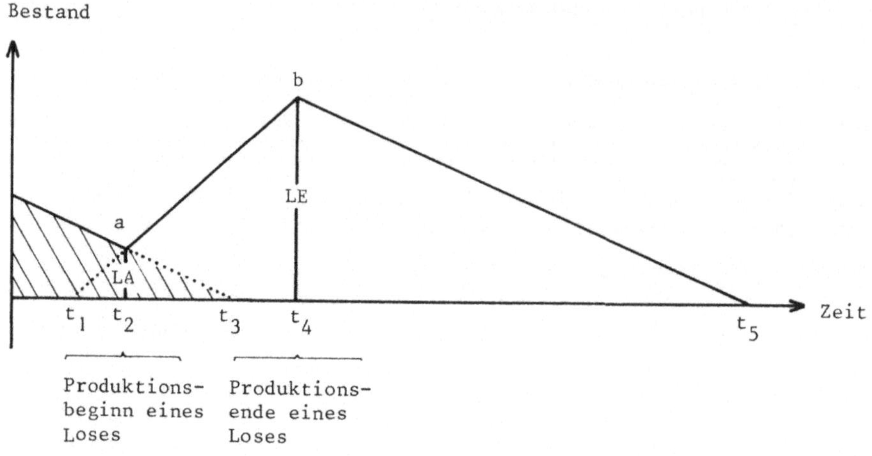

<u>Abbildung 18</u>: Positiver Lagerbestand bei Produktionsbeginn (t_2)
und Produktionsende (t_4) eines Loses

Abbildung 18 verdeutlicht die zeitliche Entwicklung des Lagerbestands
einer Sorte. Die Zeitpunkte t_2 und t_4 bezeichnen Produktionsbeginn bzw.
-ende des betrachteten Loses. Bis zum Zeitpunkt t_3 seien die Lagerkosten für das vorhergehende Los bereits verrechnet. Die Entwicklung
des Lagerbestands des zu betrachtenden Loses läßt sich durch den
Kurvenzug t_3 a b t_5 beschreiben. Zunächst werden die dem Kurvenzug
t_1 b t_5 entsprechenden Lagerkosten bestimmt. Davon sind anschließend
die dem Kurvenzug t_1 a t_3 entsprechenden Kosten zu subtrahieren. Mit
Cl als Lagerkostensatz pro Mengeneinheit und Zeiteinheit, x als Pro-
duktions- und V als Verkaufsgeschwindigkeit ermitteln sich die Lagerkosten KL des aufzulegenden Loses nach der folgenden Formel.

$$
KL = \underbrace{\frac{LE}{2}}_{\substack{\text{durch-}\\ \text{schnitt-}\\ \text{licher}\\ \text{Lager-}\\ \text{bestand}}} \quad \underbrace{\frac{x}{V} \frac{LE}{x-V}}_{\substack{\text{Lager-}\\ \text{dauer}}} \quad \underbrace{Cl}_{\substack{\text{Lager-}\\ \text{kosten-}\\ \text{satz}}} - \underbrace{\frac{LA}{2}}_{\substack{\text{durch-}\\ \text{schnitt-}\\ \text{licher}\\ \text{Lager-}\\ \text{bestand}}} \quad \underbrace{\frac{x}{V} \frac{LA}{x-V}}_{\substack{\text{Lager-}\\ \text{dauer}}} \quad \underbrace{Cl}_{\substack{\text{Lager-}\\ \text{kosten-}\\ \text{satz}}}
$$

$$
\underbrace{\phantom{\frac{LE}{2} \frac{x}{V}\frac{LE}{x-V} Cl}}_{\substack{\text{Lagerkosten entsprechend}\\ \text{Kurvenzug } t_1 \text{ b } t_5}} \qquad \underbrace{\phantom{\frac{LA}{2} \frac{x}{V}\frac{LA}{x-V} Cl}}_{\substack{\text{Lagerkosten entsprechend}\\ \text{Kurvenzug } t_1 \text{ a } t_3}}
$$

2. Fall: Verzugsmengen bei Produktionsbeginn und Lagerbestand bei Produktionsende

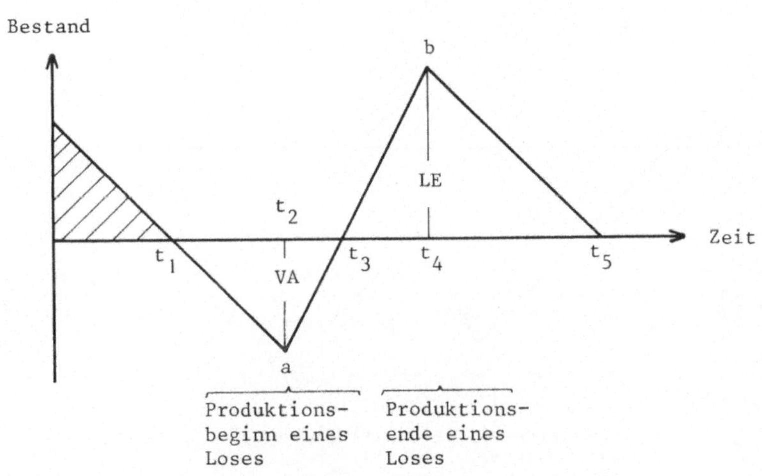

Abbildung 19: Verzugsmengen bei Produktionsbeginn (t_2) und Lagerbestand bei Produktionsende (t_4) eines Loses

Die Zeitpunkte t_2 und t_4 bezeichnen Produktionsbeginn und Produktionsende des betrachteten Loses. Bis zum Zeitpunkt t_1 wurden Lagerkosten für das zuvor aufgelegte Los verrechnet. In diesem zweiten Fall sind Verzugsmengen, die durch den Kurvenzug t_1 a t_3 abgebildet sind, und Lagermengen gemäß dem Kurvenzug t_3 b t_5 zu berücksichtigen. Mit Cv als Verzugskostensatz pro Mengeneinheit und Zeiteinheit ermitteln sich folgende Verzugskosten KV für das betrachtete Los:

Verzugskosten $KV = \underbrace{\dfrac{VA}{2}}_{\substack{\varnothing\ \text{Verzugs-}\\ \text{bestand}}} \quad \underbrace{\dfrac{x}{V}\dfrac{VA}{x-V}}_{\substack{\text{Verzugs-}\\ \text{dauer}}} \quad \underbrace{Cv}_{\substack{\text{Verzugs-}\\ \text{kostensatz}}}$

Die Lagerkosten KL betragen:

Lagerkosten $KL = \underbrace{\dfrac{LE}{2}}_{\substack{\varnothing\ \text{Lager-}\\ \text{bestand}}} \quad \underbrace{\dfrac{x}{V}\dfrac{LE}{x-V}}_{\substack{\text{Lager-}\\ \text{dauer}}} \quad \underbrace{Cl}_{\substack{\text{Lager-}\\ \text{kostensatz}}}$

3. Fall: Verzugsmengen treten bei Produktionsbeginn und -ende auf.

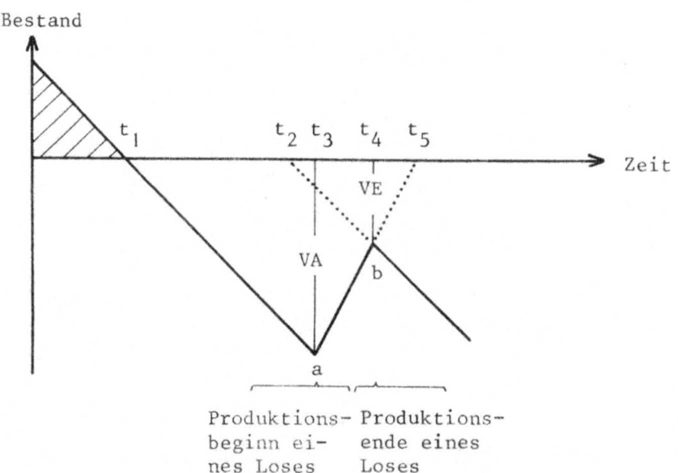

Abbildung 20: Verzugsmengen bei Produktionsbeginn (t_3) und Produktionsende (t_4) eines Loses

Die Produktion des betrachteten Loses beginnt zum Zeitpunkt t_3 bei einem Verzugsbestand von VA Mengeneinheiten und endet bei t_4 mit einem Verzugsbestand von VE. Für das zeitlich vorhergehende Los sind Kosten bi. .m Zeitpunkt t_1 verrechnet. Dem betrachteten Los werden die dem Kurvenzug t_1 a b t_2 ent. .senden Verzugsmengen zugeordnet. Die den Kurvenzug t. b t. en.. .eden Verzugsmengen werden dem nachfolgenden Los zug... .. . . . .se bei der Bestimmung der Verzugskosten wird in gleicher Weise wie b. . Fall für die Lagerkosten vorgenommen. Von den Verzugskosten, die sich aus dem Kurvenzug t_1 a t_5 ergeben, sind die dem Kurvenzug t_2 b t_5 entsprechenden Verzugskosten zu subtrahieren.

$$\text{Verzugskosten} \quad KV = \underbrace{\frac{VA}{2}}_{\substack{\varnothing \text{ Ver-}\\ \text{zugs-}\\ \text{bestand}}} \; \underbrace{\frac{x}{V}\frac{VA}{x-V}}_{\substack{\text{Ver-}\\ \text{zugs-}\\ \text{dauer}}} \; \underbrace{Cv}_{\substack{\text{Ver-}\\ \text{zugs-}\\ \text{kosten-}\\ \text{satz}}} \; - \; \underbrace{\frac{VE}{2}}_{\substack{\varnothing \text{ Ver-}\\ \text{zugs-}\\ \text{bestand}}} \; \underbrace{\frac{x}{V}\frac{VE}{x-V}}_{\substack{\text{Ver-}\\ \text{zugs-}\\ \text{dauer}}} \; \underbrace{Cv}_{\substack{\text{Verzugs-}\\ \text{kosten-}\\ \text{satz}}}$$

Bisher wurden Fehlmengen bei der Herleitung der Lager- und Verzugskosten nicht berücksichtigt. Anhand der Abbildung 21 und 22 wird erläutert, daß eine Einplanung von Fehlmengen bei Optimalverhalten keinen Einfluß auf die Höhe der Lager- und Verzugskosten ausübt, wenn zu Beginn und Ende des Planungszeitraums Bestände in Höhe von Null vorgegeben sind. Der Fall positiver oder negativer Vorgabebestände bleibt zunächst unberücksichtigt.

Abbildung 21 zeigt die zeitliche Entwicklung des Verzugsbestandes für eine zweimalige Auflage einer Sorte unter Berücksichtigung von Fehlmengen. Diese werden im Anschluß an die Produktion des ersten Loses eingeplant. Während des Zeitraums, für den Fehlmengen eingeplant werden, bleibt die Höhe des Verzugsbestands konstant. Da im Fall der Abbildung 21 ein positiver Verzugsbestand existiert, müssen für diesen Zeitraum entsprechende Verzugskosten verrechnet werden. Gelingt es, ohne Veränderung der zeitlichen Lage und Höhe der Produktion der Lose die Fehlmengen durch eine zeitliche Verschiebung so anzuordnen, daß während der Zeit des Auftretens der Fehlmengen kein Verzugsbestand existiert, werden die aus der Einplanung der Fehlmengen resultierenden Verzugskosten vollständig abgebaut.

Wird ein Teil der anfallenden Fehlmengen zu Beginn des Planungszeitraums und ein Teil nach Fertigstellung des ersten Loses eingeplant, existieren während keiner der beiden Zeiträume, denen die Fehlmengen zugeordnet sind, Verzugsmengen. Abbildung 22 zeigt diese zeitliche Einordnung der Fehlmengen, die durch ein zeitliches Verschieben und Splitten der Fehlmengen in zwei Blöcke entstanden ist. Durch eine

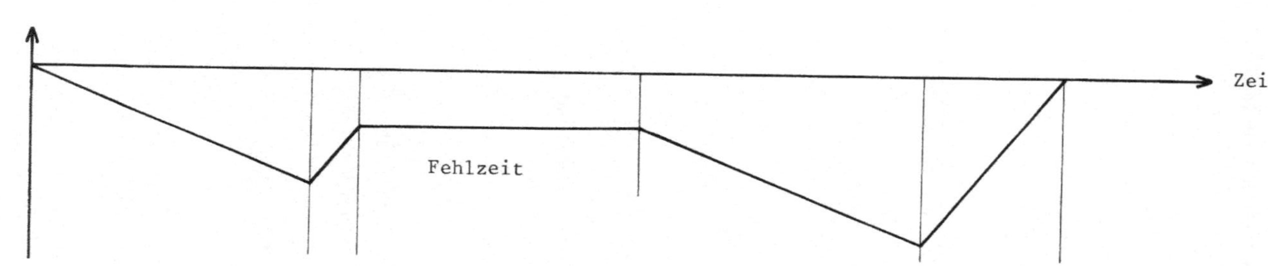

Abbildung 21: Einplanung von Fehlmengen bei Verzugsbestand

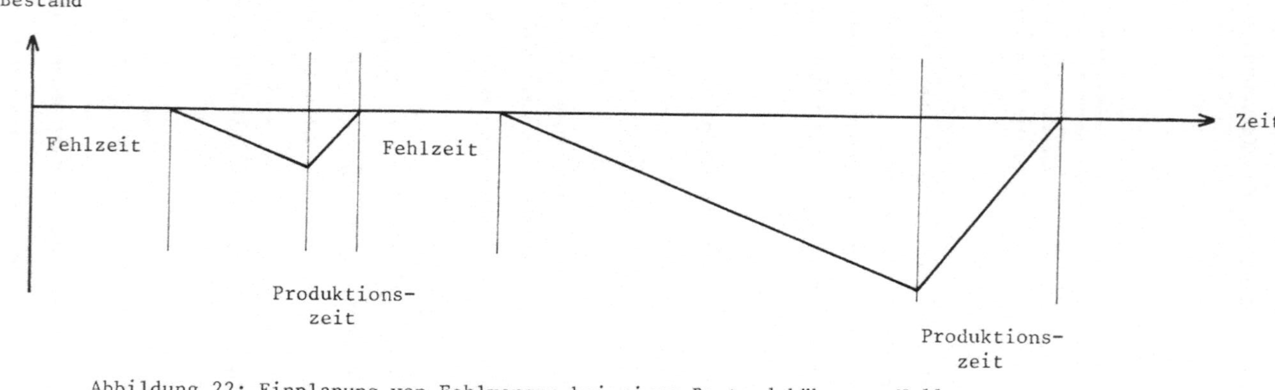

Abbildung 22: Einplanung von Fehlmengen bei einer Bestandshöhe von Null

derartige Verschiebung der Fehlmengen werden die Produktionstermine und die Produktionshöhe der Lose nicht beeinflußt,und der gesamte Produktions- und Absatzplan bleibt unverändert.

Der Fall einer Einordnung von Fehlmengen bei vorliegendem positiven Lagerbestand ist wenig realistisch. Durch eine zeitliche Verschiebung der Fehlmengen kann jedoch in gleicher Weise erreicht werden, daß während des Auftretens der Fehlmengen keine Lagerbestände vorliegen und somit keine von der Einordnung der Fehlmengen abhängige Lagerkosten auftreten.

3112. <u>Die Definition von Belegintervallen</u>

Für den Planungsansatz bei erweitertem Produktionszyklus wurde von einer vorgegebenen Auflagenreihenfolge ausgegangen, die innerhalb des Produktionszyklus zu realisieren war. Die Auflagenhäufigkeit der Sorten und die Sortenreihenfolge wurde somit im voraus für den Produktionszyklus von variabler Länge determiniert.

Zur Integration des Auflagenreihenfolgeproblems in das dynamische Modell wird eine Folge von Auflagen definiert, die während des konstanten Planungszeitraums realisiert werden können. Durch die Optimierungsrechnung ist jedoch noch zu entscheiden, ob eine in dieser Folge definierte Auflage durchgeführt werden soll. Für das dynamische Modell wird somit von einer Folge potentieller Auflagen ausgegangen, die im folgenden als Belegintervalle bezeichnet werden.

Die Belegintervalle werden in aufsteigender zeitlicher Reihenfolge geordnet. Belegintervall i darf also erst nach Beendigung des Belegintervalls i-1 beginnen. Der Index $z(i)$ gibt an, daß während des Belegintervalls i die Sorte z gefertigt werden kann. Die zeitliche Anordnung der Belegintervalle und die Zuordnung der Sorten zu den Belegintervallen soll an einem Beispiel mit drei Sorten erläutert werden.

i: Nr. des Belegintervalls	1 2 3 4 5 6 7 8 9 10 11 12 13...
z(i): zugeordnete Sorte	A B C A B C A B C A B C A...

Belegintervall 2 darf erst nach Abschluß von Belegintervall 1 begonnen werden; 3 muß nach 2, 4 nach 3 usw. liegen. Jedem Belegintervall ist genau eine Sorte zugeordnet. Erst wenn die zeitliche Ausdehnung des Belegintervalls 1 größer Null ist, steht eindeutig fest, daß Sorte A in diesem Intervall an erster Stelle im Planungszeitraum produziert wird. Ist die Dauer des Belegintervalls 2 gleich Null und die des 3. Belegintervalls größer Null, wird an zweiter Stelle die Sorte C aufgelegt. Soll an dritter Stelle Sorte B gefertigt werden, muß Belegintervall 4 eine Zeitdauer von Null und Belegintervall 5 eine Zeitdauer von größer Null zugeordnet werden.

Ist die zeitliche Ausdehnung eines Belegintervalls größer Null, setzt sich der Zeitraum, den das Belegintervall umfaßt, aus der Rüstzeit zur Umstellung der Produktionsanlage auf die zugehörige Sorte und der reinen Fertigungszeit zur Produktion des Loses zusammen. Wird Belegintervall i zur Produktion der Sorte z(i) herangezogen, ist seine Zeitdauer durch die Summe der Rüstzeit $tr_{z(i)}$ auf Sorte z(i) und der Produktionszeit PD_i der Sorte z(i) in diesem Belegintervall determiniert. Wird andererseits Belegintervall i nicht zur Fertigung der Sorte z(i) benötigt, fallen weder Rüstzeit noch Fertigungszeit an, und die zeitliche Ausdehnung des Belegintervalls i ist Null.

Die zeitliche Lage des Belegintervalls i ist auf den Zeitraum zwischen Belegintervall i-1 und i+1 festgelegt. Fallen zwischen Belegintervall i-1 und Belegintervall i keine Maschinenstillstandszeiten an, ist der Endzeitpunkt von Intervall i-1 mit dem Startzeitpunkt des Belegintervalls i identisch. Treten andererseits Stillstandszeiten auf, folgen die Belegintervalle i-1 und i nicht unmittelbar aufeinander. Die zeitliche Lage des Belegintervalls i wird durch eine neue Variable PB_i beschrieben, die den Zeitpunkt des Produktionsbeginns in Belegintervall i angibt. Wird Belegintervall i nicht für die Produktion benötigt, d.h., besitzt es eine zeitliche Ausdehnung von Null, gibt die Variable PB_i einen beliebigen Zeitpunkt zwischen Abschluß des Belegintervalls i-1 und Beginn des Belegintervalls i+1 an. Treten in diesem Fall zwischen Belegintervall i-1 und i+1 keine Stillstandszeiten auf, sind der Endtermin des Belegintervalls i-1, der Zeitpunkt, den die Variable PB_i angibt, und der Startzeitpunkt des Belegintervalls i+1 iden-

tisch. Mit Hilfe der folgenden Zeitskala wird die zeitliche Einordnung der Belegintervalle verdeutlicht.

Sorte	A		C	B
Beleg-intervall	1	2	3	4 5
	tr_A PD_1	S S	tr_C PD_3	tr_B PD_5
	PB_1	PB_2	PB_3	PB_4 PB_5

<u>Abbildung 23:</u> Die zeitliche Einordnung von Belegintervallen

Die hier unterstellte Belegintervallfolge ist mit der in dem vorangegangenen Beispiel identisch. Für die Belegintervalle 1 bis 5 ist eine
zulässige zeitliche Folge durch die Rüstzeiten tr, die Produktionszeiten PD, die Stillstandszeiten S und die Zeitpunkt PB determiniert. Zu
Beginn des Planungszeitraums wird Sorte A in Belegintervall 1 aufgelegt. Nach Ende der Rüstzeit beginnt die Produktion der Sorte A zum
Zeitpunkt PB_1 und wird nach PD_1 Zeiteinheiten am Ende des Belegintervalls 1 abgeschlossen. Belegintervall 2 wird nicht zur Produktion der
Sorte B eingesetzt, seine zeitliche Ausdehnung ist folglich Null. Zwischen Belegintervall 1 und 3 treten Maschinenstillstandszeiten S auf.
Die zeitliche Lage des Belegintervalls 2 von der Länge Null wird durch
den Zeitpunkt PB_2 determiniert, der beliebig zwischen den Intervallen
1 und 3 eingeplant werden kann. An zweiter Stelle wird die Sorte C in
Belegintervall 3 gefertigt. Die Rüstzeit tr_C und die Produktionszeit
PD_3 bestimmen die Länge des Belegintervalls 3; die Produktion der Sorte C beginnt zum Zeitpunkt PB_3. Das folgende Belegintervall 4 wird
nicht zur Produktion eingesetzt. Der Zeitpunkt PB_4 ist mit dem Produktionsende in Belegintervall 3 und dem Beginn der Umrüstung in Belegintervall 5 identisch, da zwischen Belegintervall 3 und 5 keine Stillstandszeiten anfallen. Belegintervall 5 beginnt folglich zum Zeitpunkt PB_4, die Umrüstung auf Sorte B ist zum Zeitpunkt PB_5 und die
Produktion des Loses der Sorte B nach weiteren PD_5 Zeiteinheiten am
Ende des Belegintervalls 5 abgeschlossen.

Die Anzahl der benötigten, zur Produktion der Sorten eingesetzten Belegintervalle ist von der Auflagenhäufigkeit der Sorten im Planungszeitraum abhängig. Die Anzahl der zu definierenden Belegintervalle

wird in der Regel größer sein, da sie durch die Anzahl der Auflagen
im Planungszeitraum und die realisierte Sortenreihenfolge bestimmt
wird. Anhand der folgenden Auflagenreihenfolge wird verdeutlicht, inwieweit die Anzahl der zu definierenden Belegintervalle von der realisierten Sortenreihenfolge bei bereits feststehender Auflagenhäufigkeit der Sorten abhängt.

i	1	2	3*	4	5*	6	7*	8	9*	10	11*	12	13*	14	15*	16	17*	18	19*	20	21
z(i)	A	B	C	A	B	C	A	B	C	A	B	C	A	B	C	A	B	C	A	B	C

Werden die Sorten A, B und C dreimal in der Reihenfolge ABC im Planungszeitraum aufgelegt, kann die Produktion mit Hilfe der Belegintervalle
1 bis 9 beschrieben werden. Ist jedoch bei dreimaliger Auflage die
Reihenfolge CBA zu verwirklichen, sind für die erste Folge CBA sieben
Belegintervalle und für die beiden folgenden jeweils sechs Belegintervalle erforderlich. Die Belegintervalle, in denen eine Sorte aufgelegt
wird, sind in der Abbildung mit einem Stern versehen. Insgesamt sind
für die 9 Auflagen 19 Belegintervalle zu definieren.

Ist im voraus bekannt, daß in der optimalen Lösung die Sortenreihenfolge CBA dreimal realisiert wird, kann durch eine veränderte Sortenzuordnung z(i) zu den Belegintervallen i die Anzahl der zu definierenden Belegintervalle reduziert werden. Entspricht die Sortenzuordnung z(i) der
in der optimalen Lösung realisierten Auflagenreihenfolge, ergibt sich
die geringste Intervallzahl, bei der jedes Belegintervall zur Produktion der Sorten benötigt wird.

i	1 2 3	4 5 6	7 8 9
z(i)	C B A	C B A	C B A

Um die Zahl der zu definierenden Belegintervalle und die Sortenzuordnung bestimmen zu können, müßte die optimale Auflagenhäufigkeit der
Sorten und die optimale Auflagenreihenfolge im voraus bekannt sein.
Beide Größen gehen jedoch erst aus der optimalen Lösung des Modells
hervor. Da für die Modellformulierung eine bestimmte Belegintervall-

folge vorzugeben ist, muß die Anzahl der Belegintervalle und die zugehörige Sortenzuordnung geschätzt werden.

Durch die Anzahl der definierten Belegintervalle werden die Auflagenhäufigkeit und die Kombinationsmöglichkeiten für die Sortenreihenfolge begrenzt. Deshalb nimmt die Abbildungsgenauigkeit des Modells mit steigender Intervallzahl zu. Andererseits wächst der Modellumfang und damit der Lösungsaufwand zugleich mit der Intervallzahl.

Deshalb ist durch eine möglichst realistische Schätzung der Auflagenzahl und Sortenreihenfolge ein Kompromiß zwischen Abbildungsgenauigkeit und Modellumfang zu schließen.

Für die Modelloptimierung wird vorgeschlagen, zunächst eine geringe Belegintervallzahl mit identischen Teilfolgen - z.B. ABC für den Drei-Sortenfall - zu wählen. Ergibt sich aus der zugehörigen optimalen Lösung des Drei-Sortenfalls, daß mindestens drei aufeinanderfolgende Intervalle nicht zur Produktion erforderlich sind, kann durch eine Erhöhung der Intervallzahl in der Regel keine bessere Lösung erzielt werden. Tritt diese Situation nicht ein, wird die Belegintervallzahl erhöht und die Modelloptimierung wiederholt, bis mindestens drei aufeinanderfolgende Belegintervalle eine zeitliche Ausdehnung von Null aufweisen.

Das Planungsproblem besteht nunmehr darin, für eine vorgegebene Belegintervallfolge über die zeitliche Lage und Dauer der einzelnen Belegintervalle so zu entscheiden, daß der Gewinn im Planungszeitraum maximiert wird.

312. <u>Modellaufbau</u>

<u>Symbolverzeichnis:</u>

Indizes:

z	=	Sortenindex z = 1,zn
i	=	Belegintervallindex i=1,in
in	=	vorzugebende Anzahl der Belegintervalle
z(i)	=	vorzugebende Sortenzuordnung für jedes Belegintervall i
f(i)	=	Index des auf Belegintervall i folgenden Belegintervalls mit der Sortenzuordnung z(i)
i1(z)	=	Index des zeitlich ersten Belegintervalls für Sorte z
in(z)	=	Index des zeitlich letzten Belegintervalls für Sorte z
If	=	Indexmenge der Belegintervalle i mit definiertem f(i), d.h. die Belegintervalle in(z) der Sorten z sind nicht in If enthalten, da hier - im Gegensatz zu dem vorangegangenen Zyklusmodell - für die Belegintervalle in(z) kein Nachfolge-Belegintervall mit identischer Sortenzuordnung existiert.

Variable:

PB_i = Produktionsbeginn in Belegintervall i $/^-$Zeitpunkt$_7$

PD_i = Produktionsdauer in Belegintervall i $/^-$ZE$_7$

BA_i = Bestand der Sorte z(i) bei Produktionsbeginn zum Zeitpunkt PB_i $/^-$ME$_7$ (vorzeichenunbeschränkte Variable)

BE_i = Bestand der Sorte z(i) bei Produktionsende zum Zeitpunkt PB_i+PD_i $/^-$ME$_7$ (vorzeichenunbeschränkte Variable)

F_i = Fehlmenge der Sorte z(i), die zwischen Belegintervall i und f(i) anfällt $/^-$ME$_7$

Fo_z = Fehlmenge der Sorte z, die vor Belegintervall i1(z) anfällt $/^-$ME$_7$

u_i = $\begin{cases} 1, & \text{falls in Belegintervall i auf Sorte z(i) umgerüstet wird} \\ 0, & \text{sonst} \end{cases}$

Die Stillstandszeit S geht nicht explizit als Variable in die Modellformulierung ein.

Vorzugebende Konstante:

x_z = Produktionsgeschwindigkeit der Sorte z $\lfloor$ ME/ZE $\rfloor$

V_z = Absatzgeschwindigkeit der Sorte z $\lfloor$ ME/ZE $\rfloor$

T = Planungszeitraum in ZE

Cl_z = Lagerkostensatz für Sorte z $\lfloor$ GE/(ME·ZE) $\rfloor$

Cv_z = Verzugskostensatz für Sorte z $\lfloor$ GE/(ME·ZE) $\rfloor$

Cr_z = Rüstkosten pro Umrüstung auf Sorte z $\lfloor$ GE $\rfloor$

tr_z = Rüstzeit pro Umrüstung auf Sorte z $\lfloor$ ZE $\rfloor$

Bo_z = Bestand der Sorte z zu Beginn des Planungszeitraums T $\lfloor$ ME $\rfloor$

Bn_z = Bestand der Sorte z am Ende des Planungszeitraums T $\lfloor$ ME $\rfloor$

p_z = Verkaufserlös pro ME der Sorte z $\lfloor$ GE/ME $\rfloor$

k_z = Variable Produktionskosten pro ME der Sorte z $\lfloor$ GE/ME $\rfloor$

f_z = Fehlmengenkosten pro ME der Sorte z $\lfloor$ GE/ME $\rfloor$

Die Symbole VA, VE und LA, LE werden für die Modellformulierung nicht mehr verwendet. Sie werden durch die nicht vorzeichenbeschränkten Bestandsvariablen BA und BE ersetzt.

VA = Verzugsbestand bei Produktionbeginn eines Loses

VE = Verzugsbestand bei Produktionsende eines Loses

LA = Lagerbestand bei Produktionsbeginn eines Loses

LE = Lagerbestand bei Produktionsende eines Loses

Es gelten folgende Beziehungen:

Bestand bei Produktionsbeginn eines Loses   BA = LA - VA

Bestand bei Produktionsende eines Loses   BE = LE - VE

Verzugsbestand bei Produktionsbeginn eines Loses VA = - min {BA;0}

Verzugsbestand bei Produktionsende eines Loses   VE = - min {BE;0}

Lagerbestand bei Produktionsbeginn eines Loses LA =   max {0;BA}

Lagerbestand bei Produktionsende eines Loses   LE =   max {0;BE}

3121. <u>Die Zielfunktion</u>

In die Zielfunktion werden die Erlöse aus dem Verkauf der produzierten Sorten, die variablen Produktionskosten, Umrüstkosten, Fehlmengenkosten sowie Lager- und Verzugskosten einbezogen.

Die *Verkaufserlöse* für die Sorte z werden durch den Verkaufspreis p_z pro Mengeneinheit und die Produktionsmenge der Sorte z - korrigiert um die Bestandsdifferenz zwischen dem Anfangsbestand Bo_z der Sorte z zu Beginn und dem Endbestand Bn_z der Sorte z am Ende des Planungszeitraums T - beschrieben. Die Erlöse ergeben sich für alle Sorten z als Summe der Produktionszeiten PD_i in allen Belegintervallen i multipliziert mit der jeweils zugehörigen Produktionsgeschwindigkeit $x_{z(i)}$ und dem Verkaufspreis $p_{z(i)}$. Eine Korrektur der Erlöse ist erforderlich, wenn unterschiedliche Bestände Bo_z und Bn_z für den Beginn bzw. das Ende des Planungszeitraums vorgegeben werden. Das Korrekturglied p_z (Bo_z-Bn_z) wird für jede Sorte z zu den unkorrigierten Erlösen addiert.

(3.1) <u>Verkaufserlöse</u>

$$\underbrace{\sum_i p_{z(i)} x_{z(i)} PD_i}_{\substack{\text{Erlöse aus produzier-}\\ \text{ten Mengen im Pla-}\\ \text{nungszeitraum T}}} + \underbrace{\sum_z p_z (Bo_z-Bn_z)}_{\substack{\text{Erlöse aus Bestands-}\\ \text{differenzen zu Be-}\\ \text{ginn und am Ende des}\\ \text{Planungszeitraums T}}} \qquad {}^{1)}$$

Die Erlöse aus Bestandsdifferenzen zu Beginn und Ende des Planungszeitraums stellen einen konstanten Faktor der Zielfunktion dar. Das Korrekturglied hat somit keinen Einfluß auf die optimale Lösung des Planungsproblems.

Die variablen, losgrößenunabhängigen *Produktionskosten* ermitteln sich als Produkt aus den variablen Kosten $k_{z(i)}$ pro Mengeneinheit, der Produktionsmenge $x_{z(i)}$ pro Zeiteinheit und der Produktionsdauer PD_i der Sorte z(i) im Belegintervall i.

---

1 Im folgenden Teil der Arbeit wird von der verkürzten Summenschreibweise Gebrauch gemacht. Ist keine weitere Vorschrift angegeben, gilt z=1,...,zn und i=1,...,in.

(3.2) <u>Variable Produktionskosten</u> $\sum\limits_{i} k_{z(i)}\, x_{z(i)}\, PD_i$

$$\underbrace{\hphantom{k_{z(i)}\, x_{z(i)}\, PD_i}}$$

Losgröße der
Sorte z(i) im
Belegintervall i

Fehlmengenkosten, die als Goodwillverlust interpretiert werden können, ergeben sich als Produkt der auftretenden Fehlmengen mit dem Fehlmengenkostensatz f_z pro Fehlmengeneinheit der Sorte z. Die zu Beginn des Planungszeitraums, vor der ersten Auflagemöglichkeit der Sorte z anfallenden Fehlmengen werden mit Fo_z und später auftretende Fehlmengen mit F_i bezeichnet. Jedem Belegintervall i wird die Fehlmenge F_i der Sorte z(i) zugeordnet, die zwischen Produktionsende im Belegintervall i und Produktionsbeginn im nachfolgenden Belegintervall f(i) der Sorte z(i) anfällt. Für das jeweils letzte Belegintervall in(z) der Sorte z im Planungszeitraum existiert kein Nachfolgebelegintervall der Sorte z, d.h., Fehlmengen, die dem Belegintervall in(z) zugeordnet sind, treten zwischen dem Ende des Belegintervalls in(z) und dem Ende des Planungszeitraums auf.

(3.3) <u>Fehlmengenkosten</u> $\sum\limits_{z} f_z\, Fo_z$ $\qquad +\qquad$ $\sum\limits_{i} f_{z(i)}\, F_i$

$$\underbrace{\hphantom{\sum_z f_z Fo_z}}\qquad\qquad\underbrace{\hphantom{\sum_i f_{z(i)} F_i}}$$

Fehlmengenkosten   Fehlmengenkosten nach
vor der ersten Auf-   der ersten Auflagemög-
lagemöglichkeit der   lichkeit der Sorten z
Sorten z   bis zum Ende des Pla-
                          nungszeitraums

Rüstkosten sind für jedes zur Produktion eingesetzte Belegintervall i zu verrechnen, wenn auf die Sorte z(i) zuvor umzurüsten ist. Die Schaltvariable u_i definiert den Status des Belegintervalls i.

$$u_i = \begin{cases} 1, & \text{falls in Belegintervall i auf Sorte z(i) umgerüstet wird} \\ 0, & \text{sonst} \end{cases}$$

Die gesamten Rüstkosten ergeben sich als Summe der Rüstkosten Cr pro Umrüstung - multipliziert mit der Schaltvariablen - über alle Belegintervalle.

(3.4) <u>Rüstkosten</u> $\sum\limits_{i} Cr_{z(i)} \cdot u_i$

Zur Ableitung der *Lager- und Verzugskosten* im Planungszeitraum wird beispielhaft von folgender Bestandsentwicklung für eine Sorte ausgegangen, die in den Belegintervallen 1, 4, 7 und 9 aufgelegt wird.

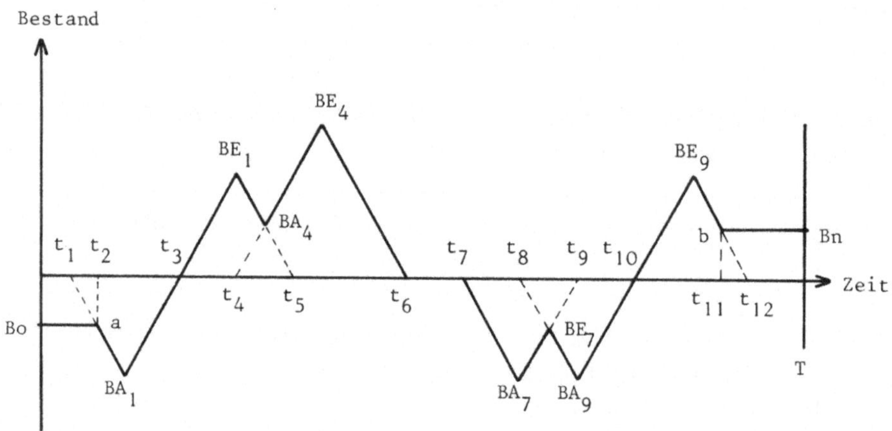

<u>Abbildung 24:</u> Bestandsentwicklung für eine Sorte im Planungszeitraum

Zu Beginn des Planungszeitraums ist ein negativer Bestand Bo, d.h. ein Verzugsbestand vorgegeben. Bis zum Zeitpunkt t_2 fallen Fehlmengen an. Aufgrund des vorgegebenen negativen Bestands Bo ist es nicht möglich, die vor der ersten Auflage auftretenden Fehlmengen Fo ohne eine Veränderung der Produktionstermine oder Losgrößen nachfolgender Auflagen bei einer Bestandshöhe von Null einzuplanen. In diesem Fall sind in der Zielfunktion zusätzliche Verzugskosten zu verrechnen, die durch die bereits abgeleiteten möglichen Bestandstypen nicht erfaßt werden. Der Verzugsbestand -Bo liegt während des Zeitraums $\frac{Fo}{V}$ zwischen Beginn des Planungszeitraums und t_2 vor, d.h., es sind zusätzliche Verzugskosten in Höhe von $- \frac{Fo}{V}$ Bo Cv zu verrechnen.

Zwischen t_2 und Produktionsbeginn des ersten Loses im Belegintervall 1 sinkt der Bestand auf BA_1 und erreicht bei Produktionsende des ersten Loses die Höhe BE_1. Entsprechend dem bereits abgeleiteten Typ 2 der

Bestandsentwicklung werden Verzugskosten für das Dreieck t_1 BA_1 t_3 und Lagerkosten für das Dreieck t_3 t_5 BE_1 verrechnet. Die dem Dreieck t_1 a t_2 entsprechenden Verzugskosten werden folglich zuviel verrechnet. Die Verzugskosten sind um den Term $\frac{Bo^2 Cv}{2V}$ zu korrigieren.

Für die zweite Auflage in Belegintervall 4 werden Lagerkosten entsprechend dem ersten Bestandstyp, d.h. entsprechend der Differenz der Dreiecke t_4 t_6 BE_4 und t_4 t_5 BA_4 verrechnet. Die Lager- und Verzugskosten sind nunmehr bis zum Zeitpunkt t_6 erfaßt.

Zwischen t_6 und t_7 fallen Fehlmengen F_4 bei einer Bestandshöhe von Null an. Bestandkosten sind folglich für diesen Zeitraum nicht zu berücksichtigen. Für das Belegintervall 7 werden Verzugskosten entsprechend dem dritten Bestandstyp verrechnet. Die Differenz der Dreiecke t_7 BA_7 t_9 und t_8 BE_7 t_9 wird erfaßt. In Belegintervall 9 werden Verzugskosten für das Dreieck t_8 BA_9 t_{10} und Lagerkosten für das Dreieck t_{10} t_{12} BE_9 entsprechend Bestandstyp 2 berücksichtigt.

Vom Zeitpunkt t_{11} bis zum Ende des Planungszeitraums fallen Fehlmengen F_9 bei positivem Lagerbestand an. Aufgrund des vorgegebenen Lagerendbestands Bn ist es nicht möglich, die Fehlmengen F_9 ohne Verschiebung der Produktionstermine bei einer Bestandshöhe von Null einzuplanen. Für den Zeitraum F_9/V zwischen t_{11} und dem Ende des Planungszeitraums T sind somit Lagerkosten in Höhe von $\frac{F_9}{V}$ Bn Cl zu verrechnen. Das Dreieck t_{11} t_{12} b wurde bereits bei Belegintervall 9 berücksichtigt, d.h., die Lagerkosten sind um den Term $\frac{Bn^2 Cl}{2V}$ zu korrigieren. Für die betrachtete Sorte sind somit die gesamten Bestandskosten im Planungszeitraum erfaßt.

In dem Beispiel ist der Fall eines positiven Vorgabebestands Bo und eines negativen Endbestands Bn nicht berücksichtigt.

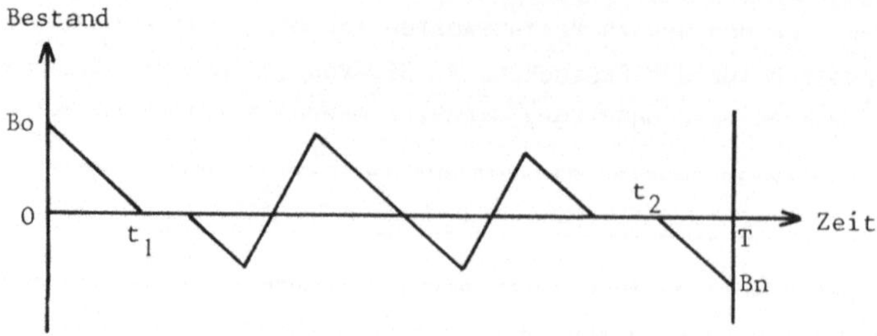

Abbildung 25: Bestandskostenkorrektur bei positivem Vorgabebestand
Bo und negativem Vorgabebestand Bn

Bei positivem Vorgabebestand Bo zu Beginn des Planungszeitraums sind
zusätzliche Lagerkosten $\frac{Bo^2\ Cl}{2V}$ zu verrechnen, die dem Dreieck 0 t_1 Bo
in der obigen Abbildung entsprechen. Bestandkosten für auftretende
Fehlmengen sind nicht zu berücksichtigen, da durch Bo > 0 eine Einplanung von Fehlmengen bei vorliegendem Lager- oder Verzugsbestand niemals erzwungen wird. Treten Fehlmengen Fo auf, können sie stets ohne
Verschiebung von Produktionsterminen bei einem Bestand in Höhe von
Null eingeplant werden.

Bei vorgegebenem Verzugsbestand (Bn) zu Ende des Planungszeitraums T
gilt diese Aussage entsprechend. In diesem Fall werden nur die zusätzlichen Verzugskosten $\frac{Bn^2\ Cv}{2V}$ erfaßt, die dem Dreieck t_2 Bn T entsprechen.

Als allgemeine Formulierung der Lager- und Verzugskosten ergibt sich
der folgende Ausdruck.

Lager- und Verzugskosten

$$(3.5) \quad \sum_i \frac{x_{z(i)}}{2V_{z(i)}(x_{z(i)} - V_{z(i)})} \left[\left\{ \begin{array}{l} Cl_{z(i)} BE_i^2 \text{ für } BE_i \gtreqqless 0 \\[2mm] (-Cv_{z(i)} BE_i^2) \text{ für } BE_i < 0 \end{array} \right\} + \left\{ \begin{array}{l} (-Cl_{z(i)} BA_i^2) \text{ für } BA_i \gtreqqless 0 \\[2mm] Cv_{z(i)} BA_i^2 \text{ für } BA_i < 0 \end{array} \right\} \right]$$

Bestandskosten im Planungszeitraum entsprechend den Bestandstypen
1 bis 3

$$+ \sum_z \frac{1}{2V_z} \left\{ \begin{array}{l} Bo_z^2 \, Cl_z \text{ für } Bo_z \gtreqqless 0 \\[2mm] (-Bo_z \, Cv_z) \text{ für } Bo_z < 0 \end{array} \right\} + \sum_z \frac{1}{2V_z} \left\{ \begin{array}{l} (-Bn_z^2 \, Cl_z) \text{ für } Bn_z \gtreqqless 0 \\[2mm] Bn_z^2 \, Cv_z \text{ für } Bn_z < 0 \end{array} \right\}$$

<table>
<tr><td>

Konstante Bestandskosten-
korrektur für einen Anfangs-
bestand $Bo_z \neq 0$ bei Planungs-
beginn

</td><td>

Konstante Bestandskosten-
korrektur für einen Endbe-
stand $Bn_z \neq 0$ bei Planungs-
ende

</td></tr>
</table>

$$+ \sum_z \frac{Fo_z}{V_z} \max \{-Bo_z; 0\} \, Cv_z + \sum_z \frac{F_{in(z)}}{V_z} \max \{Bn_z; 0\} \, Cl_z$$

<table>
<tr><td>Fehl-
zeit</td><td>Verzugsbe-
stand bei
Planungs-
beginn</td><td>Fehl-
zeit</td><td>Lagerbestand
bei Pla-
nungsende</td></tr>
</table>

<table>
<tr><td>

Verzugskosten für $Bo_z < 0$
bei Auftreten von
Fehlmengen Fo_z

</td><td>

Lagerkosten für $Bn_z > 0$
bei Auftreten von
Fehlmengen $F_{in(z)}$

</td></tr>
</table>

Der erste Summenausdruck der Bestandskosten resultiert aus der Zusammenfassung der Lager- und Verzugskosten, die für die Bestandstypen 1 bis 3 abgeleitet wurden. Für Typ 1 gilt $BE_i \gtreqqless 0$ und $BA_i \gtreqqless 0$, für Typ 2 gilt $BE_i \gtreqqless 0$ und $BA_i < 0$ und für Typ 3 gilt $BE_i < 0$ und $BA_i < 0$. Die bereits abgeleiteten Formeln für die Lager- und Verzugskosten bei den Bestandstypen 1 bis 3 sind in dem obigen Summenausdruck implizit enthalten. Wird in einem Belegintervall i nicht produziert, gilt $BA_i = BE_i$, d.h., für Belegintervall i werden - wie erforderlich - keine Bestandskosten verrechnet.

Die Bestandskorrekturen, die aufgrund positiver oder negativer Vor-
gabebestände Bo_z zu Beginn des Planungszeitraums und Bn_z am Ende des
Planungszeitraums berücksichtigt werden, sind konstante Terme der
Zielfunktion und haben keinen Einfluß auf die optimale Lösung.

Als letzter Term werden Verzugs- und Lagerkosten verrechnet, die während des Auftretens von Fehlmengen zu Beginn und am Ende des Planungszeitraums anfallen können. Diese Bestandskosten sind von der Höhe der
Fehlmengen Fo_z bzw. $F_{in(z)}$ abhängig; sie sind folglich nicht konstant
und müssen in der Zielfunktion berücksichtigt werden, wenn $Bo_z < 0$
und/oder $Bn_z > 0$ gilt.

Die Linearisierung der Bestandskosten wird in einem Exkurs am Ende
dieser Arbeit beschrieben.

3122. <u>Das Restriktionssystem</u>

Das Restriktionssystem beinhaltet Bedingungen für die zeitliche Folge
der Belegintervalle, für die Berechnung und Fortschreibung der Bestände sowie zwei alternative Rüstbedingungen zur Steuerung der Schaltvariablen u_i.

Auflagenreihenfolgebedingung

Über die Auflagenreihenfolgebedingung wird sichergestellt, daß Belegintervall i erst nach Abschluß des Belegintervalls i-1 beginnt. Die
Dauer eines Belegintervalls i setzt sich aus reiner Fertigungszeit
PD_i und Rüstzeit $tr_{z(i)}$ für die Umstellung der Produktionsanlage auf
die Sorte z(i) zusammen. Der Zeitpunkt des Beginns des Belegintervalls
i bestimmt sich, indem vom Zeitpunkt des Produktionsbeginns PB_i im Belegintervall i die Rüstzeit $tr_{z(i)}$ subtrahiert wird.

Die Rüstzeit $tr_{z(i)}$ darf jedoch nur dann abgezogen werden, wenn Belegintervall i für Produktionszwecke eingesetzt wird und zuvor auf Sorte
z(i) umgerüstet werden muß. Dies wird sichergestellt, indem die Rüstzeit $tr_{z(i)}$ mit der Schaltvariablen u_i multipliziert wird.

$$
u_i = \begin{cases} 1, \text{ falls in Belegintervall } i \text{ auf die Sorte} \\ \quad z(i) \text{ umgerüstet wird} \\ \\ 0, \text{ sonst} \end{cases}
$$

Der Endzeitpunkt des Belegintervalls i ermittelt sich aus dem Zeitpunkt des Produktionsbeginns PB_i zuzüglich der Produktionsdauer PD_i für das in Belegintervall i aufgelegte Los der Sorte z(i).

Der Zeitpunkt des Beginns des ersten Belegintervalls soll einen Wert von größer gleich Null annehmen. Dafür ist folgende Startbedingung zu formulieren:

$$
(3.6) \qquad \underbrace{PB_1 - tr_{z(1)} \cdot u_1}_{\substack{\text{Anfangszeitpunkt} \\ \text{des ersten Beleg-} \\ \text{intervalls}}} \geq 0
$$

Für alle weiteren Belegintervalle muß gelten, daß der Anfangszeitpunkt des Belegintervalls i größer gleich dem Endzeitpunkt des Belegintervalls i-1 ist. Aufgrund des Größer-Gleich-Zeichens werden Maschinenstillstandszeiten zugelassen.

$$
(3.7) \qquad \underbrace{PB_i - tr_{z(i)} \cdot u_i}_{\substack{\text{Anfangszeitpunkt} \\ \text{des Beleginter-} \\ \text{valls } i}} \geq \underbrace{PB_{i-1} + PD_{i-1}}_{\substack{\text{Endzeitpunkt} \\ \text{des Beleginter-} \\ \text{valls } i-1}} \quad \forall\ i=2,\ldots,in
$$

Das letzte Belegintervall in darf den Planungszeitraum T nicht überschreiten.

$$
(3.8) \qquad \underbrace{PB_{in} + PD_{in}}_{\substack{\text{Endzeitpunkt} \\ \text{des letzten Be-} \\ \text{legintervalls}}} \leq T
$$

Rüstbedingungen

Im folgenden werden zwei alternative Rüstbedingungen formuliert. Die
erste Bedingung gilt nur für den Fall knapper Kapazitäten, die zweite
ist allgemein gültig. Eine der beiden Bedingungen ist wahlweise in
die Modellformulierung aufzunehmen.

Rüstbedingung für knappe Kapazität

Mit Hilfe der Rüstbedingung wird die Schaltvariable $u_i \in \{0,1\}$ und damit die Verrechnung von Rüstkosten und Rüstzeiten für die Umrüstung
auf Sorte $z(i)$ gesteuert. u_i muß den Wert 1 annehmen, wenn im Belegintervall i vor Produktionsbeginn der Sorte $z(i)$ umgerüstet werden muß.
Aufgrund der intermittierenden Fertigung fallen in der Regel für jede
Auflage einer Sorte Umrüstarbeiten an, und die Schaltvariable nimmt den
Wert 1 an, wenn im Belegintervall i produziert wird. Als Obergrenze für
die Produktionsdauer PD_i der Sorte $z(i)$ in Belegintervall i wird in
der folgenden Rüstbedingung der Quotient aus der maximal möglichen Absatzmenge der Sorte $z(i)$ im Planungszeitraum T und der Produktionsgeschwindigkeit $x_{z(i)}$ der Sorte $z(i)$ eingesetzt.

$$(3.9) \qquad PD_i \leq \underbrace{\frac{T\,V_{z(i)} - Bo_{z(i)} + Bn_{z(i)}}{x_{z(i)}}}_{\substack{\text{Obergrenze für die Produk-} \\ \text{tionsdauer } PD_i \text{ der Sorte} \\ z(i)}}\, u_i \qquad \forall\, i$$

Besitzt die Schaltvariable u_i einen Wert von Null, muß auch die Produktionsdauer PD_i im Belegintervall i gleich Null sein. Nimmt u_i den
Wert 1 an, kann die Produktionsdauer PD_i bis zur zulässigen Obergrenze
der Produktionsdauer der Sorte $z(i)$ anwachsen. Über die Zielfunktion
und die Auflagenreihenfolgebedingung wird gewährleistet, daß die Variable u_i nur dann einen Wert von 1 annimmt, wenn dies durch eine positive Produktionsdauer PD_i erzwungen wird. Ist PD_i gleich Null, nimmt
bei Optimalverhalten u_i auch den Wert Null an. Andernfalls würden sich
Nachteile bezüglich der Gewinn- und Kapazitätssituation ergeben.

Durch diese Rüstbedingung wird der Fall einer mehrmaligen Auflage
derselben Sorte ohne zwischenzeitliche Umrüstung auf eine andere Sorte
nicht erfaßt. Für jede Auflage einer Sorte werden Rüstkosten und -zei-
ten verrechnet.

Allgemeine Rüstbedingung

Ist die Kapazität der Produktionsanlage nicht knapp, kann es wegen
der Einsparung von Lager- und Verzugskosten vorteilhaft sein, mit
zwischenzeitlichem Stillstand der Anlage mehrmals dieselbe Sorte ohne
Umrüstung auf eine andere Sorte zu fertigen. Dieser Fall soll an einem Beispiel erläutert werden.

i: Nr. des Belegintervalls	* * * * * * 1 2 3 4 5 6 7 8 9 10 11 12
z(i): zugeordnete Sorte	A B C A B C A B C A B C

Die Auflagenreihenfolge sei ABBBCB. Die Belegintervalle, in denen eine
Sorte aufgelegt wird, sind mit einem Stern versehen. Im ersten Belegintervall ist auf Sorte A, im zweiten auf Sorte B umzurüsten. Die Belegintervalle 3 und 4, 6 und 7 sowie 10 und 12 werden nicht für Produktionszwecke eingesetzt, und eine Umrüstung ist nicht vorzunehmen. Wird
in Belegintervall 5 die Sorte B zum zweiten und in Belegintervall 8 zum
dritten Mal aufgelegt, dürfen keine Rüstkosten und Rüstzeiten verrechnet werden, da die Produktionsanlage bereits auf Sorte B umgerüstet ist.
In Belegintervall 9 ist schließlich auf Sorte C und in 11 auf B umzurüsten.

Dementsprechend müssen die Schaltvariablen u_1, u_2, u_9 und u_{11} den Wert
1 und u_3 bis u_8 sowie u_{10} und u_{12} den Wert Null erhalten. Durch die
Zielfunktion und die Auflagenreihenfolgebedingung wird gewährleistet,
daß die Schaltvariablen ohne Formulierung einer Rüstbedingung bei Optimalverhalten den Wert Null annehmen; andernfalls würden sich Nachteile bezüglich der Gewinn- und Kapazitätssituation ergeben. Mit Hilfe der Rüstbedingungen ist nur das Einschalten der Variablen u_1, u_2,
u_9 und u_{11} zu erzwingen, das Nullsetzen der übrigen Schaltvariablen
braucht nicht durch die Rüstbedingungen sichergestellt werden.

In den Belegintervallen 1, 2 und 3, in denen die Sorten A, B und C
zum ersten Mal aufgelegt werden können, ist im Produktionsfall stets
umzurüsten. Ist die Produktionsdauer PD größer als Null, muß das Einschalten der entsprechenden Variablen u erzwungen werden. Mit Hilfe
folgender Formulierung einer Obergrenze OG_z für die Produktionsdauer

der Sorte z, in der Bo_z und Bn_z die Vorgabebestände zu Beginn und
am Ende des Planungszeitraums bezeichnen,

$$OG_z = \frac{T \ V_z - Bo_z + Bn_z}{x_z}$$

erhält man für das Belegintervall il(z), in dem Sorte z zum ersten
Mal aufgelegt werden kann, folgende Bedingung.

$$u_{il(z)} \geq \frac{PD_{il(z)}}{OG_z} \qquad \forall \ z \qquad {}^{1}$$

Der Quotient auf der rechten Seite der Ungleichung kann ausschließlich Werte zwischen Null und Eins annehmen. Wird in Belegintervall
il(z) produziert, ist die Produktionsdauer $PD_{il(z)}$ und damit der Quotient größer als Null, und die Schaltvariable $u_{il(z)}$ muß wegen der
Ganzzahligkeitsbedingung den Wert 1 annehmen. Nur im Fall einer Produktionsdauer $PD_{il(z)}$ von Null darf und wird $u_{il(z)}$ ausgeschaltet sein.
Bezogen auf das Beispiel werden durch diese Bedingung die Variablen
u_1 sowie u_2 eingeschaltet und u_3 nicht betroffen.

Die Variablen u_4 bis u_{12} müssen eingeschaltet werden, wenn

(1) im zugehörigen Belegintervall produziert wird *und* mindestens eine
der folgenden Bedingungen erfüllt wird.

(2) Im zeitlich direkt vorangehenden Belegintervall der betrachteten
Sorte wird nicht *produziert*.

(3) Zwischen dem zeitlich direkt vorangehenden Belegintervall der betrachteten Sorte und dem aktuellen Belegintervall wird auf eine
andere Sorte *umgerüstet*.

In Belegintervall 5 wird Sorte B aufgelegt. Das zeitlich direkt vorangehende Belegintervall mit der Auflagemöglichkeit für Sorte B ist Intervall 2. In Belegintervall 2 wird produziert, und zwischen Intervall
2 und 5, d.h., in den Belegintervallen 3 und 4 wird nicht umgerüstet.
Daraus folgt: In Belegintervall 5 ist nicht umzurüsten, und die Variable u_5 darf nicht eingeschaltet werden.

---

1 Diese Bedingung entspricht der Rüstbedingung (3.9) bei knapper
  Kapazität.

Für Belegintervall 8 gilt eine entsprechende Argumentation. In Belegintervall 9 muß umgerüstet werden, da in Belegintervall 6 nicht produziert wird und u_{11} muß wegen $u_9 = 1$ eingeschaltet werden.

Aus Bedingung (1) und (2) ergibt sich für die Belegintervalle 4 bis 12 folgende mathematische Formulierung.

$$u_i + \frac{PD_{i-3}}{UG_{z(i)}} \geq \frac{PD_i}{OG_{z(i)}} \qquad \forall\ i \geq 4$$

Mit UG_z wird eine geschätzte Untergrenze für die Produktionsdauer in einem Belegintervall der Sorte z bezeichnet. Die Auswahl dieser Größe ist nicht kritisch. Denn durch UG_z muß nur sichergestellt werden, daß der Quotient auf der linken Seite der Ungleichung für $PD_{i-3} > 0$ einen Wert größer gleich $PD_i/OG_{z(i)}$ annimmt. Dies wird gewährleistet, wenn UG_z hinreichend klein gewählt wird.

Wird im Intervall i produziert und im Intervall i-3 nicht gefertigt, besitzt der Quotient links des Ungleichheitszeichens einen Wert von Null und der rechte Quotient einen Wert größer als Null. Wegen der Ganzzahligkeit der Schaltvariablen gewährleistet die obige Formulierung in diesem Fall ein Einschalten der Variablen u_i. Mit $PD_{i-3} > 0$ und/oder $PD_i = 0$ wird u_i nicht auf 1 fixiert. Bezogen auf das Beispiel werden durch diese Restriktion die Variable u_9 eingeschaltet, die Variablen u_5, u_8 und u_{11} jedoch nicht betroffen.

Aus der Zusammenfassung der Bedingungen (1) und (3) resultiert die Formulierung:

$$u_i + (1 - u_{i-2}) \geq \frac{PD_i}{OG_{z(i)}} \qquad \forall\ i \geq 4$$

und

$$u_i + (1 - u_{i-1}) \geq \frac{PD_i}{OG_{z(i)}} \qquad \forall\ i \geq 4$$

Wird in den Belegintervallen i-2 *und* i-1 nicht umgerüstet, hat der Klammerausdruck in beiden Ungleichungen den Wert 1, und die Variable u_i wird nicht eingeschaltet. Ist u_{i-2} und/oder u_{i-1} auf den Wert 1 fixiert, muß bei Produktion im Belegintervall i umgerüstet und die Variable u_i eingeschaltet werden.

Diese Formulierung erzwingt das Einschalten der Variablen u_{11}. Die Variablen u_5, u_8 und u_9 werden hier nicht betroffen.

Aus der Gesamtheit der Rüstbedingungen folgt das Einschalten der Variablen u_1, u_2, u_9 und u_{11}.

Für die allgemeine Formulierung der Restriktionen wird die Schaltvariable $u_{f(i)}$ im Belegintervall $f(i)$ mit der Sortenzuordnung $z(i)$ betrachtet. Das dem Belegintervall $f(i)$ zeitlich direkt vorangehende Intervall, in dem die Sorte $z(i)$ aufgelegt werden kann, ist Belegintervall i, bzw. Belegintervall i hat als direkten Nachfolger mit der Sortenzuordnung $z(i)$ das Belegintervall $f(i)$.

Als Zusammenfassung der *Rüstbedingungen* ergibt sich die folgende allgemeine Formulierung:

$$(3.10) \qquad u_{i1(z)} \geq \frac{PD_{i1(z)}}{OG_z} \qquad\qquad \forall\, z$$

$$(3.11) \qquad u_{f(i)} + \frac{PD_i}{UG_{z(i)}} \geq \frac{PD_{f(i)}}{OG_{z(i)}} \qquad\qquad \forall\, i \in If$$

$$(3.12) \qquad u_{f(i)} + (1-u_j) \geq \frac{PD_{f(i)}}{OG_{z(i)}} \qquad\qquad \forall\, i,j \text{ mit } i+1 \leq j \leq f(i)-1$$

Bedingung zur Fortschreibung der Anfangsbestände

Der Bestand $BA_{f(i)}$ bei Produktionsbeginn im Belegintervall $f(i)$ läßt sich aus dem Bestand BA_i des Belegintervalls i ermitteln. Wird zu dem Bestand BA_i die Produktionsmenge $x_{z(i)}\, PD_i$ des Belegintervalls i addiert und davon die mögliche Absatzmenge der Sorte $z(i)$ zwischen Produktionsbeginn $PB_{f(i)}$ im Intervall $f(i)$ und Produktionsbeginn PB_i im Intervall i subtrahiert, erhält man den Bestand $BA_{f(i)}$ bei Produktionsbeginn im Belegintervall $f(i)$. Treten Fehlmengen F_i während der Verkaufszeit des Loses der Sorte $z(i)$ aus Belegintervall i auf, muß die mögliche Absatzmenge $V_{z(i)}\, (PB_{f(i)}-PB_i)$ um die Fehlmenge F_i reduziert werden.

Als *Fortschreibungsbedingung* für den Bestand BA ergibt sich folgende Bedingung für alle Belegintervalle i mit definiertem $f(i)$.

$$(3.13) \qquad BA_{f(i)} \quad = \quad BA_i \quad + \quad x_{z(i)} PD_i$$

$$\underbrace{\hphantom{BA_{f(i)}}}_{\substack{\text{Bestand bei Pro-}\\\text{duktionsbeginn}\\\text{in Beleginter-}\\\text{vall } f(i)}} \qquad \underbrace{\hphantom{BA_i}}_{\substack{\text{Bestand bei}\\\text{Produktions-}\\\text{beginn in}\\\text{Beleginter-}\\\text{vall } i}} \qquad \underbrace{\hphantom{x_{z(i)} PD_i}}_{\substack{\text{Produktions-}\\\text{menge in Beleg-}\\\text{intervall } i}}$$

$$- V_{z(i)} (PB_{f(i)} - PB_i) \quad + \quad F_i \qquad\qquad \forall\ i\varepsilon If$$

$$\underbrace{\hphantom{- V_{z(i)} (PB_{f(i)} - PB_i)}}_{\substack{\text{mögliche Absatzmenge zwi-}\\\text{schen Produktionsbeginn}\\\text{in Belegintervall } i \text{ und}\\f(i)}} \qquad \underbrace{\hphantom{F_i}}_{\substack{\text{Fehlmenge zwischen}\\\text{Produktionsende in}\\\text{Belegintervall } i\\\text{und Produktionsbe-}\\\text{ginn in Beleginter-}\\\text{vall } f(i)}}$$

Für den Einbezug von Vorgabebeständen Bo_z zu Beginn und Endbeständen Bn_z am Ende des Planungszeitraums T sind für jede Sorte z Start- und Abschlußbedingungen zu formulieren. Der Index des Belegintervalls, in dem Sorte z zum ersten Mal aufgelegt werden kann, wird mit $i1(z)$ bezeichnet. Das in der vorgegebenen Reihenfolge letzte Belegintervall, dem Sorte z zugeordnet ist, wird mit dem Index $in(z)$ versehen. Mit Fo_z werden Fehlmengen der Sorte z bezeichnet, die zwischen Planungsbeginn und Produktionsbeginn $PB_{i1(z)}$ in Belegintervall $i1(z)$ auftreten.

Startbedingung

$$(3.14) \qquad BA_{i1(z)} \quad = \quad Bo_z \quad - V_z (PB_{i1(z)} - 0) + Fo_z \qquad \forall\ z$$

$$\underbrace{\hphantom{BA_{i1(z)}}}_{\substack{\text{Bestand bei Pro-}\\\text{duktionsbeginn}\\\text{im ersten Beleg-}\\\text{intervall der}\\\text{Sorte z}}} \qquad \underbrace{\hphantom{Bo_z}}_{\substack{\text{Vorgabebestand}\\\text{der Sorte z zu}\\\text{Beginn des}\\\text{Planungszeit-}\\\text{raums T}}} \qquad \underbrace{\hphantom{- V_z (PB_{i1(z)} - 0) + Fo_z}}_{\substack{\text{Verkaufsmenge der}\\\text{Sorte z bis Produk-}\\\text{tionsbeginn im er-}\\\text{sten Belegintervall}\\\text{der Sorte z}}}$$

<u>Abschlußbedingung</u>

$$(3.15) \qquad Bn_z \quad = \quad BA_{in(z)} \quad + \quad x_z \, PD_{in(z)}$$

| Vorgabebestand der Sorte z für das Ende des Planungszeitraums T | Bestand bei Produktionsbeginn im letzten Belegintervall der Sorte z | Produktionsmenge im letzten Belegintervall der Sorte z |

$$- V_z(T-PB_{in(z)}) + F_{in(z)} \qquad\qquad \forall \, z$$

Verkaufsmenge der Sorte z zwischen Produktionsbeginn im letzten Belegintervall der Sorte z und dem Ende des Planungszeitraums T

<u>Bedingung zur Bestimmung der Bestände bei Produktionsende</u>

Der Bestand BE_i bei Produktionsende im Belegintervall i ermittelt sich aus dem Anfangsbestand BA_i durch Addition der Produktionsmenge $x_{z(i)}PD_i$ und Subtraktion der Verkaufsmenge $V_{z(i)} \, PD_i$ während der Produktionszeit PD_i.

$$(3.16) \qquad BE_i \quad = \quad BA_i \quad + \quad x_{z(i)}PD_i \quad - \quad V_{z(i)}PD_i \qquad \forall \, i$$

| Bestand bei Produktionsende in Belegintervall i | Bestand bei Produktionsbeginn in Belegintervall i | Produktionsmenge der Sorte z(i) in Belegintervall i | Verkaufsmenge der Sorte z(i) während der Produktionszeit PD_i |

<u>Formalbedingungen:</u>

$$(3.17) \qquad PB_i, \; PD_i, \; F_i \; \geq \; 0 \qquad\qquad \forall \, i$$

$$u_i \; \varepsilon \; \{0,1\} \qquad\qquad \forall \, i$$

$$BA_i, \; BE_i : \text{frei Variable ohne Vorzeichenbeschränkung} \; \forall \, i$$

$$Fo_z \; \geq \; 0 \qquad\qquad \forall \, z$$

313. Numerische Resultate

Zur Berechnung eines Zahlenbeispiels[1] wurde die ganzzahlige lineare-
separable Programmierung[2] eingesetzt. Zunächst wurde das Beispiel für
einen Verzugskostensatz von Cv = ∞ gelöst. Der Planungszeitraum T
wurde auf 60 Tage festgelegt.

Werden die Bestände Bo_z zu Beginn des Planungszeitraums in Höhe von
Null vorgegeben, treten wegen Cv = ∞ zwangsweise Fehlmengen bis zum
Zeitpunkt des Produktionsbeginns PB_i mit $PD_i > 0$ von jeder Sorte z(i)
auf. Zur Vermeidung dieser Fehlmengen wurden die Vorgabebestände Bo_z
und Bn_z mit der zusätzlichen Bedingung $Bo_z = Bn_z$ für alle z als zusätzliche Variable in das Modell aufgenommen.

Das ermittelte Planungsergebnis sieht bei 18 definierten Belegintervallen die Produktion von jeweils 5 Auflagen der Sorten 1 und 2 während
des Planungszeitraums T vor. Von Sorte 2 fallen zwischen den einzelnen
Auflagen Fehlmengen an. Sorte 3 wird nicht produziert. Die Produktion
beginnt mit Sorte 1, von der zu den Zeitpunkten 0 und T 25 Mengeneinheiten auf Lager liegen. Für Sorte 2 beträgt $Bo_2 = Bn_2$ 386 Mengeneinheiten.

---

1 Vgl. Tabelle 1 dieser Arbeit.
2 Siehe den Exkurs am Ende dieser Arbeit.

Sorte	Lagerkostensatz	Verzugskostensatz	Anfangs-/Endbestand
1	0,1	∞	25
2	0,1	∞	386
3	0,1	∞	0

Inter-vall	Sorte	Belegzeit von	bis	Produk-tions-menge	Bestand-Prod.-beginn	Bestand-Prod.-end	Be-stands-kosten	Fehl-menge
1	1	0,0	3,5	604	0	453	274	0
2	2	3,5	12,1	1185	0	395	234	32
3	3	12,1	12,1	0	0	0	0	1088
4	1	12,1	15,6	604	0	453	274	0
5	2	15,6	24,2	1185	0	395	234	23
6	3	24,2	24,2	0	0	0	0	1088
7	1	24,2	27,7	604	0	453	274	0
8	2	27,7	36,3	1185	0	395	234	23
9	3	36,3	36,3	0	0	0	0	1088
10	1	36,3	39,7	594	0	445	264	0
11	2	39,7	48,1	1161	0	387	225	18
12	3	48,1	48,1	0	0	0	0	1069
13	1	48,1	51,6	593	0	445	264	0
14	2	51,6	60,0	1159	0	386	224	26
15	3	60,0	60,0	0	0	0	0	1067
16	1	60,0	60,0	0	25	25	0	0
17	2	60,0	60,0	0	386	386	0	0
18	3	60,0	60,0	0	0	0	0	0

Gewinn: 34298,627 GE für 60 Tage

<u>Tabelle 8</u>: Optimaler Produktionsplan mit $Bo_z = Bn_z$ als Modellvariable

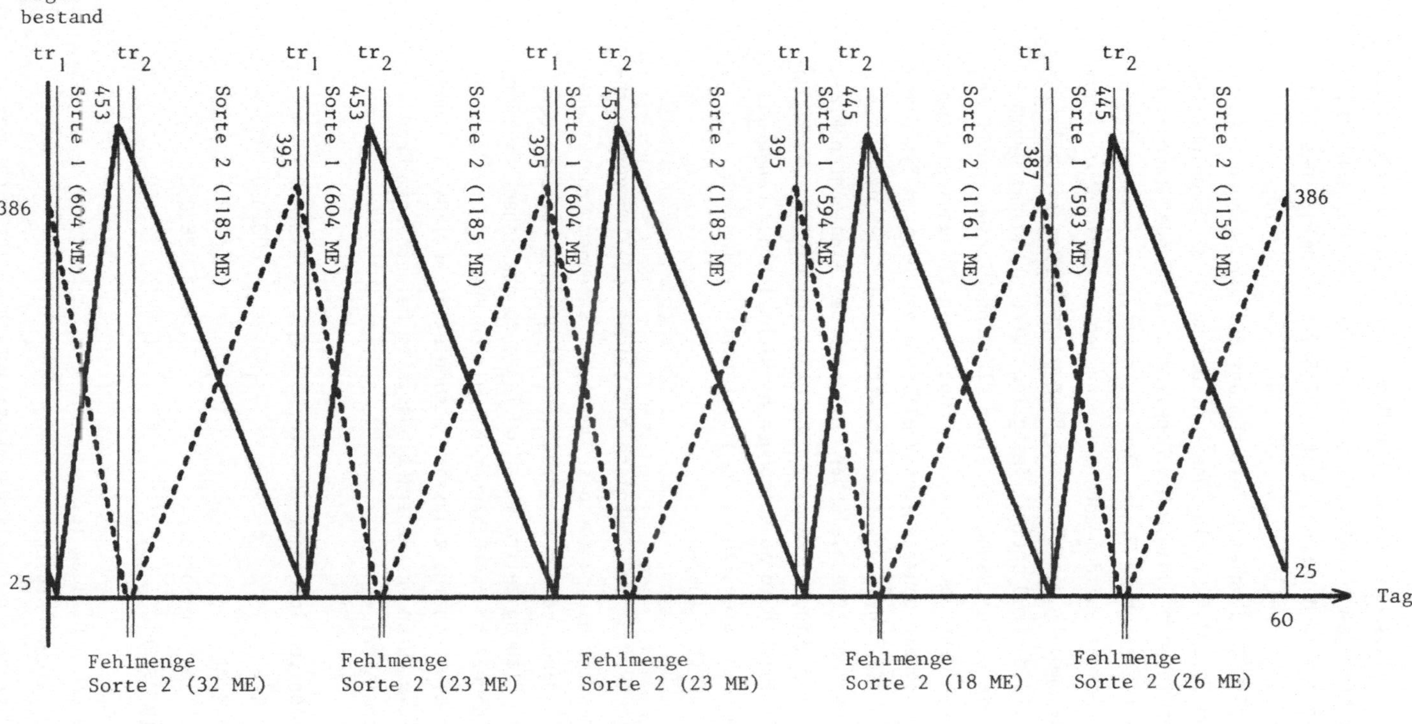

Abbildung 26: Bestandsentwicklung im Planungszeitraum von 60 Tagen entsprechend Tabelle 8 (Verzugskostensatz Cv = ∞)

Das Planungsergebnis aus dem dynamischen Modell ist dem optimalen Produktionsplan bei strengem Produktionszyklus für Cv = ∞ sehr ähnlich, wenn 5 Produktionszyklen der Länge Dopt = 12,527 innerhalb eines Zeitraums von 62,635 Tagen realisiert werden[1]. Wird der dort angegebene Gewinn (35.810,944 GE) für diesen Zeitraum auf 60 Tage bezogen, ergibt sich ein Wert von 34.304,409 Geldeinheiten, der um 5,782 Geldeinheiten höher ist als der aus dem dynamischen Modell resultierende Gewinn für einen Planungszeitraum von 60 Tagen. Der schlechtere Gewinn aus dem dynamischen Modell beruht auf dem konstant vorgegebenen Planungszeitraum. Während beim Zyklusmodell die Länge des Planungszeitraums für 5 Auflagen durch die Zyklusdauer D optimal festgelegt wird, kann das dynamische Modell nur die beste Lösung für einen Planungszeitraum von 60 Tagen ermitteln. Erst wenn dem dynamischen Modell ein Planungszeitraum vorgegeben wird, der ein ganzzahliges Vielfaches von Dopt im Zyklusmodell ist (z.B. 62,635 Tage), werden die Ergebnisse aus dem dynamischen und dem statischen Modell vergleichbar. Aufgrund des eingeengten Planungsproblems[2] bei statischer Modellformulierung muß das dynamische Modell bei nunmehr gleichen Voraussetzungen hinsichtlich der Länge des Planungszeitraums mindestens zu einem gleich hohen Gewinn von 35.810,944 Geldeinheiten führen[3].

Eine zweite Möglichkeit, die Ergebnisse aus beiden Modellen vergleichbar zu machen, besteht darin, für das Modell bei strengem Produktionszyklus eine Zyklusdauer von D=12 vorzugeben, um genau 5 Auflagen der Sorten 1 und 2 im Planungszeitraum von 60 Tagen zu erzwingen. Bei vorgegebener Zyklusdauer ist das Planungsergebnis unabhängig von der Zielfunktion, da nur eine einzige zulässige Lösung existiert. Das folgende Ergebnis ist allein durch das Restriktionssystem bei strengem Produktionszyklus determiniert.

Gewinn für 5 Zyklen von insgesamt 60 Tagen: $\quad G = 34.298,877$
Losgröße der Sorte 1: $\quad x_1PD_1 = 600,000$
Losgröße der Sorte 2: $\quad x_1PD_1 = 1.174,950$
Fehlmenge pro Auflage der Sorte 2: $\quad F_2 = 25,050$
Vorgegebene Zyklusdauer: $\quad D = 12,000$

---

1 Vgl. Tabelle 3 und Abbildung 16.

2 Vgl. Kapitel 21 dieser Arbeit.

3 Bei dieser Forderung sind mögliche Approximationsfehler nicht berücksichtigt; vgl. S. 139.

Erstaunlich ist der um 0,25 Geldeinheiten höhere Gewinnwert gegenüber
dem dynamischen Modell. Für das zugrunde liegende Zahlenbeispiel ist
es offensichtlich optimal, innerhalb des Planungszeitraums von 60 Tagen jeweils 5 Lose gleichen Umfangs von beiden Sorten aufzulegen.
Denn das dynamische Modell liefert ein fast identisches Planungsergebnis bei minimal geringerem Zielfunktionswert. Der Grund dafür, daß mit
dem dynamischen Modell nicht das gleiche Ergebnis erzielt wird, ist
auf die Approximation der Lager- und Verzugskosten im dynamischen Modell zurückzuführen. Aus den Approximationsfehlern resultieren die
teils von Los zu Los schwankenden Produktionsmengen. Der angegebene Gewinnwert für das dynamische Modell wurde nicht aus der optimalen Lösung des approximierten Problems übernommen; er wurde im Anschluß an
die Modelloptimierung aus den ermittelten Losgrößen exakt bestimmt.
Der geringfügig geringere Gewinnwert folgt demnach allein aus den
schwankenden Produktionsmengen, die allerdings auf Approximationsunge-
nauigkeiten basieren.

Die folgenden Planungsergebnisse aus dem dynamischen Modell für Verzugskostensätze von $Cv = 0$ und $Cv = 0,2$ wurden mit vorgegebenen An-
fangsbeständen $Bo_z = 0$ und Endbeständen $Bn_z = 0$ zu Beginn und am Ende
des Planungszeitraums T von 60 Tagen erzielt. Aufgrund der veränderten
Planungssituation bei vorgegebenen Beständen in Höhe von Null führt das
dynamische Modell gegenüber den statischen Modellen in beiden Fällen
zu wesentlich schlechtern Gewinnwerten.

Zur Ermittlung des Produktionsplans für Verzugskostensätze der Sorten
von $Cv = 0$ wurden 9 Belegintervalle i mit folgender Sortenzurodnung
$z(i)$ definiert.

i	1 2 3	4 5 6	7 8 9
z(i)	3 2 1	3 2 1	3 2 1

Für diese Belegintervalldefinition führt das dynamische Modell bei
vorgegebenen Anfangs- und Endbeständen, Bo_z und Bn_z, in Höhe von Null
zu einem optimalen Produktionsplan, der in Tabelle 9 und Abbildung 27
dargestellt ist.

Sorte	Lagerkostensatz	Verzugskostensatz	Anfangs- und Endbestand
1	0,1	0	0
2	0,1	0	0
3	0,1	0	0

Inter-vall	Sorte	Belegzeit von	bis	Produk-tions-menge	Bestand-Prod.-beginn	Bestand-Prod.-ende	Bestands-kosten	Fehl-menge
1	3	0,0	6,1	662	-56	109	27	0
2	2	6,1	22,7	2376	-681	111	19	0
3	1	22,7	31,8	1726	-1158	137	25	0
4	3	31,8	31,8	0	0	0	0	2198
5	2	31,8	53,1	3102	-868	166	41	0
6	1	53,1	60,0	1274	-956	0	0	0
7	3	60,0	60,0	0	0	0	0	2539
8	2	60,0	60,0	0	0	0	0	521
9	1	60,0	60,0	0	0	0	0	0

Gewinn: 37.564 GE für 60 Tage

Tabelle 9: Optimaler Produktionsplan für Cv = 0 und Bo, Bn = 0

Von Sorte 1 wird die maximal im Planungszeitraum absetzbare Menge produziert. Bei den Sorten 2 und 3 treten Fehlmengen auf. Aufgrund des
Verzugskostensatzes von Cv = 0 und des positiven Lagerkostensatzes
müßte es optimal sein, keine Lagerbestände aufzubauen. Lagerbestände
treten dann nicht auf, wenn bei Produktionsbeginn eines Loses eine hinreichende Verzugsmenge vorliegt. Der Verzugsbestand zu Beginn des Planungszeitraums ist mit Null vorgegeben. Die Produktion der Sorten könnte demnach erst beginnen, wenn genügend Verzugsmengen aufgelaufen sind,
damit bei Produktionsende keine Lagerbestände auftreten. Während dieser
Zeit müßte die eingesetzte Maschine stillstehen. Ist die Maschinenkapazität knapp, kann es vorteilhaft sein, Lagerkosten in Kauf zu nehmen,
um Stillstandszeiten abzubauen. Dieser Fall liegt bei der berechneten
Lösung vor.

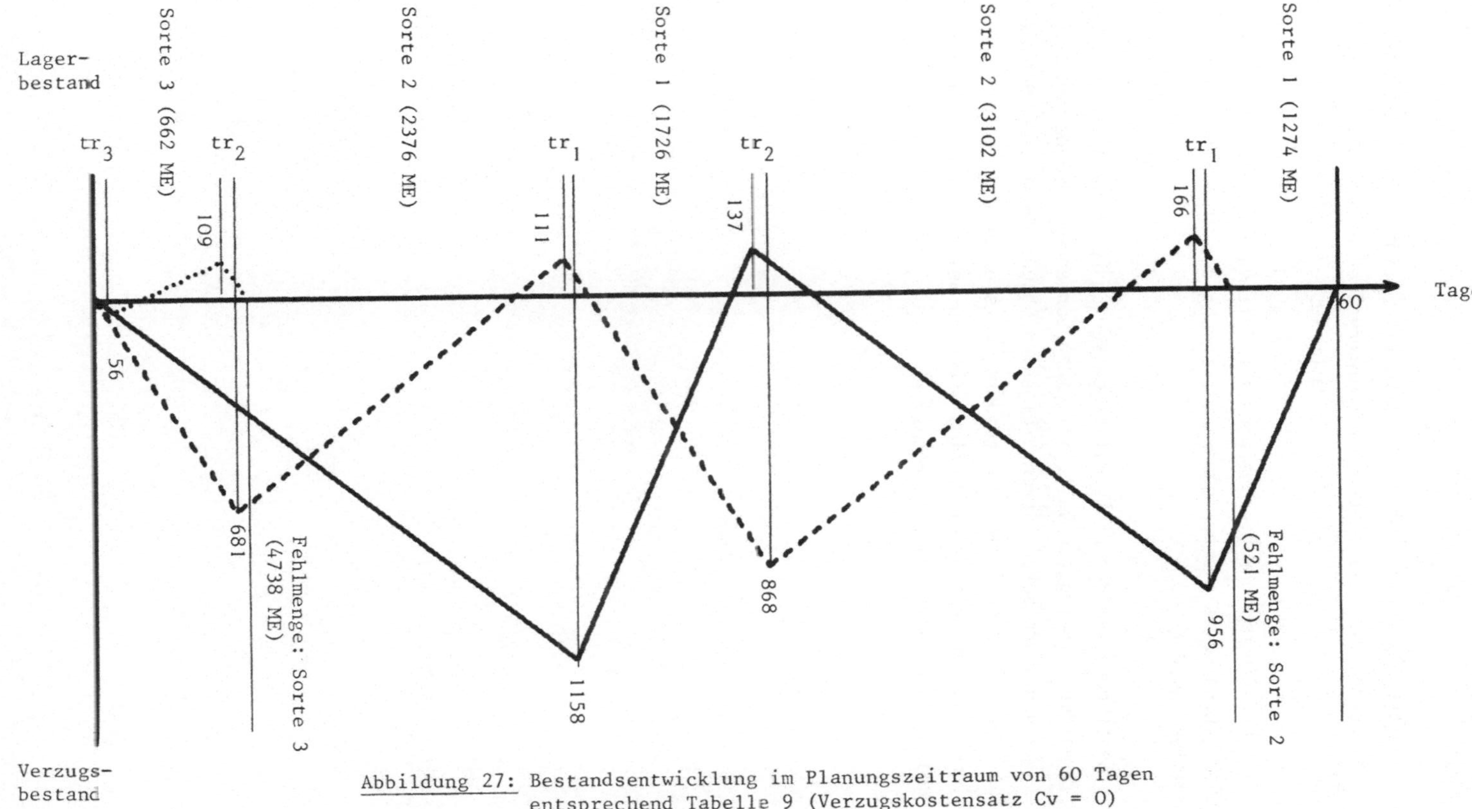

Abbildung 27: Bestandsentwicklung im Planungszeitraum von 60 Tagen entsprechend Tabelle 9 (Verzugskostensatz Cv = 0)

Wie aus der tabellarischen Zusammenfassung der optimalen Lösung zu er-
sehen ist, werden die letzten drei Belegintervalle für Produktionszwecke nicht benötigt. Es kann demnach davon ausgegangen werden, daß
sich durch Erhöhung der Intervallzahl keine Lösung mit einem höheren
Gewinn ergibt. Die mit der hier verwendeten Intervalldefinition gefundene Lösung kann somit als gewinnmaximale Lösung des Planungsproblems
interpretiert werden.

Für die Berechnung des Beispiels mit einem Verzugskostensatz von
$C_v = 0,2$ wurden 21 Belegintervalle mit einer Sortenreihenfolge von
1,2,3/1,2,3 usw. vorgesehen. In der folgenden Lösungstabelle werden die
Belegintervalle 19 bis 21 nicht aufgeführt, da sie für die optimale Lösung nicht benötigt werden. Die optimale Lösung beinhaltet nur die Sorten 1 und 2, Sorte 3 wird nicht produziert.

Sorte	Lagerkostensatz	Verzugskostensatz	Anfangs- und Endbestand
1	0,1	0,2	0
2	0,1	0,2	0
3	0,1	0,2	0

Inter-vall	Sorte	Belegzeit von	bis	Produk-tions-menge	Bestand Prod.-beginn	Bestand Prod.-Ende	Bestands-kosten	Fehl-menge
1	1	0,0	2,5	407	-25	280	106	0
2	2	2,5	11,2	1205	-134	268	161	186
3	3	11,2	11,2	0	0	0	0	1011
4	1	11,2	14,9	640	-180	300	206	0
5	2	14,9	24,0	1265	-155	266	179	13
6	3	24,0	24,0	0	0	0	0	1152
7	1	24,0	27,7	640	-180	300	206	0
8	2	27,7	36,8	1265	-170	251	182	0
9	3	36,8	36,8	0	0	0	0	1152
10	1	36,8	40,2	569	-180	247	168	0
11	2	40,2	48,2	1105	-150	219	139	0
12	3	48,2	48,2	0	0	0	0	1024
13	1	48,2	51,2	504	-180	198	139	0
14	2	51,2	58,3	960	-150	170	111	0
15	3	58,3	58,3	0	0	0	0	908
16	1	58,3	60,0	240	-180	0	86	0
17	2	60,0	60,0	0	0	0	0	0
18	3	60,0	60,0	0	0	0	0	153

Gewinn: 34.856 GE für 60 Tage

Tabelle 10: Optimaler Produktionsplan für $C_v = 0,2$

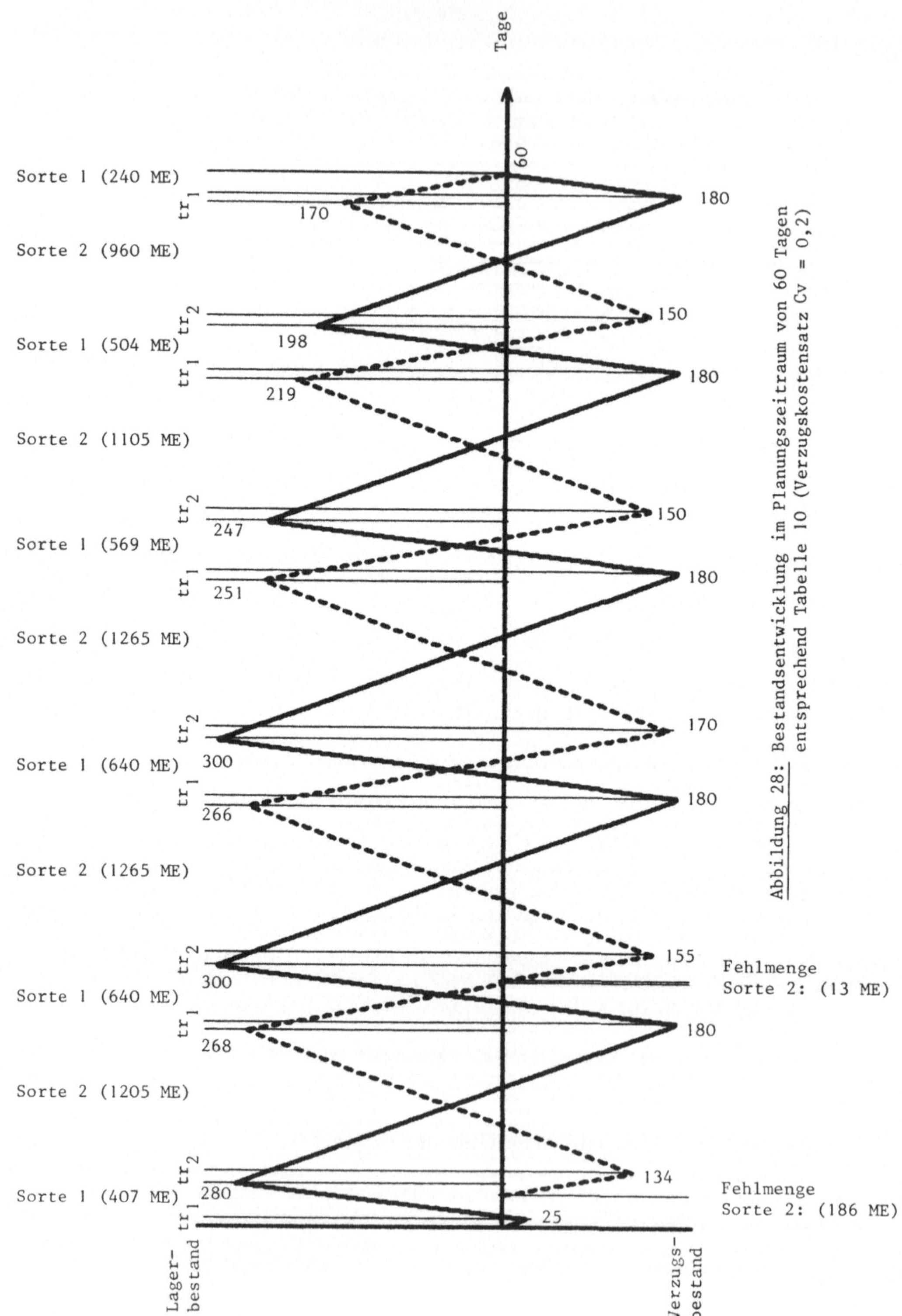

Abbildung 28: Bestandsentwicklung im Planungszeitraum von 60 Tagen entsprechend Tabelle 10 (Verzugskostensatz Cv = 0,2)

32. Modellerweiterungen für die einstufige Fertigung

Ziel der Modellerweiterungen ist es, die zu Beginn gesetzten Prämissen des Grundmodells ohne Einbuße der Rechenbarkeit des Modells teilweise aufzuheben. Die Erweiterungen werden zunächst getrennt voneinander am Grundmodell vorgenommen. Eine Integration der Erweiterungen des Grundmodells kann jeweils entsprechend der anstehenden Planungssituation erfolgen.

321. Modellerweiterungen für den Lagerbereich

3211. Mengenabhängige Lagerkosten

Unter "rein mengenabhängigen Lagerkosten" sind z.B. Aufwendungen für die Einlagerung und Ausgabe der Erzeugnisse zu verstehen[1]. Müssen alle gefertigten Erzeugnismengen vor der Weiterverarbeitung oder dem Verkauf zunächst eingelagert werden, sind die mengenabhängigen Lagerkosten ausschließlich von der Produktionsmenge abhängig. In diesem Fall kann der Produktionskostensatz k um die Lagerkosten je Erzeugniseinheit erhöht werden. Eine besondere Berücksichtigung der mengenabhängigen Lagerkosten kann somit im Modell entfallen.

Kann gleichzeitig mit Produktionsbeginn eines Loses ohne vorherige Einlagerung mit dem Verkauf von Erzeugnissen dieses Loses begonnen werden, entspricht die mindestens einzulagernde Erzeugnismenge der Produktionsmenge abzüglich der Verkaufsmenge während der Produktionszeit des Loses. Bei Auftreten eines Verzugsbestandes ist die einzulagernde Erzeugnismenge zusätzlich um die bei Produktionsbeginn des Loses vorhandene Verzugsmenge zu vermindern und zur Vermeidung eines "negativen Lagerzuganges" um den möglichen Verzugsbestand bei Produktionsende zu erhöhen.

Es ergibt sich somit folgende mathematische Formulierung für die in Belegintervall i mindestens einzulagernde Erzeugnismenge:

---

1 Vgl. L. Pack (1963), S. 475 ff. sowie L. Pack (1964), S. 20 ff.

$$\underbrace{x_{z(i)}\,PD_i}_{} \quad - \quad \underbrace{V_{z(i)}\,PD_i}_{} \quad - \quad \underbrace{VA_i}_{} \quad + \quad \underbrace{VE_i}_{}$$

| Produktions-
menge | Verkaufsmenge
während der Pro-
duktionsdauer | Verzugsbe-
stand bei
Produktions-
beginn | Verzugsbe-
stand bei
Produktions-
ende |

Die Variablen VA und VE gehen nicht explizit in die Modellformulierung ein; sie werden wie folgt durch die Bestandsvariablen BA und BE ersetzt:

$$VA_i = - \min \{BA_i; 0\}$$

$$VE_i = - \min \{BE_i; 0\}$$

Die rein mengenabhängigen Lagerkosten KLm ergeben sich als Produkt der mindestens einzulagernden Erzeugnismenge und dem Lagerkostensatz Clm pro einzulagernder Mengeneinheit.

$$(4.1) \quad KLm = \sum_i (x_{z(i)}PD_i - V_{z(i)}PD_i + \min \{BA_i; 0\} - \min \{BE_i; 0\}) \, Clm_{z(i)}$$

3212. <u>Belegzeitabhängige Lagerkosten</u>

Unter belegzeitabhängigen Lagerkosten sind Kosten zu verstehen, die ausschließlich von der Benutzungszeit eines Lagers abhängen[1]. Wird ständige Lieferbereitschaft gefordert, ist die Benutzungszeit mit dem Planungszeitraum T identisch. In diesem Fall sind die zeitabhängigen Lagerkosten durch den vorgegebenen Planungszeitraum T determiniert; sie stellen eine konstante Größe dar und müssen nicht in den Kalkül einbezogen werden.

Werden Fehlmengen oder Verzugsmengen zugelassen, wird das Lager während der Zeit ihres Auftretens nicht benutzt. Können die zeitabhängigen Lagerkosten für die Zeit der Nicht-Benutzung des Lagers abgebaut werden, wird die Höhe der zeitabhängigen Lagerkosten durch den Planungszeitraum T abzüglich der Fehl- und Verzugszeiten determiniert. Für diesen Fall sind die zeitabhängigen Lagerkosten entscheidungsrelevant und müssen in der Zielfunktion berücksichtigt werden.

---

1 Vgl. <u>L. Pack</u> (1963), S. 475 ff. sowie <u>L. Pack</u> (1964), S. 20 ff.

Betragen die Lagerkosten Clz_l Geldeinheiten pro Zeiteinheit für Lager l und gibt I_l die Indexmenge der Belegintervalle i an, denen ein auf Lager l gehendes Erzeugnis zugeordnet ist, ergeben sich folgende belegzeitabhängige Lagerkosten KLz.

$$(4.2) \quad KLz = \sum_l Clz_l \underline{/}^- T - \sum_{i \varepsilon I_l} \left(\underbrace{\frac{x_{z(i)}}{V_{z(i)}} \frac{VA_i - VE_i}{x_{z(i)} - V_{z(i)}}}_{\text{Verzugszeit}} + \underbrace{\frac{F_i}{V_{z(i)}}}_{\text{Fehlzeit}} \right) \underline{}^- 7$$

Die Variablen VA und VE werden in der Modellformulierung nicht benutzt. Sie werden wie bei der Formulierung der Zielfunktionserweiterung für mengenabhängige Lagerkosten durch die Bestandsvariablen BA und BE ersetzt.

3213. Begrenzte Lagerfähigkeit der Erzeugnisse

Werden Erzeugnisse gefertigt, die zeitlich nur begrenzt haltbar sind und nach Ablauf einer bestimmten Lagerzeit wertlos werden, kann durch Vorgabe einer maximalen Lagerdauer der Verderb dieser Erzeugnisse verhindert werden[1].

Bei einem Lagerabgang entsprechend der Annahme des Fifo-Prinzips ergibt sich für das jeweils zuletzt gefertigte Erzeugnis eines Loses die längste Lagerdauer. Diese Lagerdauer entspricht jeweils der Verkaufszeit für alle am Ende eines Belegintervalls auf Lager liegenden Erzeugnisse. Wird die maximale Lagerdauer für Erzeugnis z mit LD_z bezeichnet, darf die Verkaufszeit $BE_i / V_{z(i)}$ für den Bestand BE_i des Erzeugnisses $z(i)$ bei Produktionsende im Belegintervall i die maximale Lagerdauer LD_z nicht überschreiten.

$$(4.3) \quad \frac{BE_i}{V_{z(i)}} \overset{<}{=} LD_{z(i)} \qquad \forall\, i$$

Für den Fall eines negativen Bestandes BE_i bei Produktionsende eines Loses wird der Quotient negativ, und die Bedingung (4.3) verliert - wie erforderlich - ihre Restriktivität.

---

1 Vgl. D. Adam (1969), S. 58 ff.

3214. <u>Knappe Lagerkapazität</u>[1]

Existiert für jedes Erzeugnis z ein separates Lager mit einer Kapazität von LK_z Mengeneinheiten, können die Lagerkapazitäten nicht überschritten werden, wenn der Bestand bei Produktionsende BE_i in jedem Belegintervall i kleiner oder höchstens gleich der Kapazität $LK_{z(i)}$ ist.

$$(4.4) \qquad BE_i \overset{<}{=} LK_{z(i)} \qquad \forall \; i$$

Diese Restriktion kann nicht verwendet werden, wenn mehrere Erzeugnisse gemeinsam ein Lager beanspruchen. Für diesen Fall darf der Gesamtlagerbestand zum Zeitpunkt der Fertigstellung eines jeden Loses dieser Erzeugnisse die Lagerkapazität nicht überschreiten.

Zunächst wird der Lagerbestand jeder Sorte z für die Produktionsendtermine aller Belegintervall i bestimmt. Der Endbestand BE_i der Sorte z(i) bei Produktionsende in Belegintervall i kann zur Ermittlung der Lagerbestände bei Produktionsende in den nachfolgenden Belegintervallen herangezogen werden. Wird der Endbestand BE_i um die mögliche Absatzmenge der Sorte z(i) zwischen Produktionsende in Belegintervall i und Produktionsende in Belegintervall i+1 verringert, ergibt sich folgende Bedingung für den Lagerbestand $L_{z(i),i+1}$ der Sorte z(i) bei Produktionsende im Belegintervall i+1.

$$L_{z(i),i+1} \; \geq \; BE_i \; - \; V_{z(i)} \; \lfloor \; (PB_{i+1}+PD_{i+1}) \; - \; (PB_i+PD_i) \; \rfloor$$

Lagerbestand der Sorte z(i) bei Produktionsende im Belegintervall i+1	Bestand der Sorte z(i) bei Produktionsende in Belegintervall i	Produktionsende in Belegintervall i+1	Produktionsende in Belegintervall i

mögliche Absatzmenge der Sorte z(i) zwischen Produktionsende in Belegintervall i und i+1

Ergibt sich auf der rechten Seite der obigen Bedingung ein positiver Bestand für das Produktionsende in Belegintervall i+1, wird aufgrund des Größer-Gleich-Zeichens ein Lagerbestand $L_{z(i),i+1}$ von

---

1 Vgl. <u>D. Adam</u> (1969), S. 60 ff.; <u>A. Angermann</u> (1963), S. 105 ff.; <u>C.W. Churchmann, R.L. Ackoff, E.L. Arnoff</u> (1966), S. 235 ff.; <u>G. Hadley, T.M. Whitin</u> (1963), S. 54; <u>F. Hansmann</u> (1962), S. 161.

gleicher Höhe erzwungen. Liegt bei Produktionsende im Belegintervall i+1 ein negativer Bestand vor, kann der Lagerbestand $L_{z(i),i+1}$ - wie erforderlich - den Wert Null annehmen.

Die obige Bedingung mit dem Bestand BE_i läßt sich für alle Belegintervalle formulieren, die zwischen Belegintervall i und dem nachfolgenden Belegintervall f(i) der Sorte z(i) angeordnet sind, d.h. für alle Belegintervalle j mit $i \leq j < f(i)$. Ist Belegintervall i das letzte Belegintervall der Sorte z(i) im Planungszeitraum ($i \notin If$) gilt die Bedingung für alle Belegintervall j mit $i \leq j \leq in$, wobei - in - das insgesamt letzte Belegintervall im Planungszeitraum bezeichnet. Für den Lagerbestand $L_{z(i),j}$ der Sorte z(i) bei Produktionsende in Belegintervall j gilt somit folgende allgemeine Bedingung.

$$(4.5) \qquad L_{z(i),j} \quad \geq \quad BE_i$$

$$\underbrace{L_{z(i),j}}_{\substack{\text{Lagerbestand der Sor-}\\\text{te z(i) bei Produk-}\\\text{tionsende im Belegin-}\\\text{tervall j}}} \qquad \underbrace{BE_i}_{\substack{\text{Bestand bei Produktions-}\\\text{ende der Sorte z(i) im}\\\text{Belegintervall i}}}$$

$$- V_{z(i)} \underbrace{\lfloor (PB_j + PD_j) - (PB_i + PD_i) \rfloor}_{\substack{\text{mögliche Absatzmenge der Sorte z(i)}\\\text{zwischen Produktionsende in Beleg-}\\\text{intervall i und j}}} \quad \forall \begin{cases} i \in If, \ i \leq j < f(i) \\ i \notin If, \ i \leq j \leq in \end{cases}$$

Für die Formulierung der Kapazitätsrestriktion sind die Lagerbestände der Erzeugnisse z gleichnamig zu machen, d.h., sie sind mit einem erzeugnisspezifischen Lagerkoeffizienten g_{zl} zu multiplizieren, der die pro Erzeugniseinheit der Sorte z benötigte Kapazität des Lagers l angibt. Bezeichnet LK_l die Kapazität des Lagers l, ergibt sich folgende Lagerkapazitätsrestriktion.

$$(4.6) \qquad \underbrace{\sum_z g_{zl} L_{z,i}}_{\substack{\text{Kapazitätsbeanspruchung}\\\text{des Lagers l bei Produk-}\\\text{tionsende im Beleginter-}\\\text{vall i}}} \quad \leq \quad \underbrace{LK l}_{\substack{\text{Kapazität}\\\text{des Lagers l}}} \qquad \forall \ i,l$$

322. Modellerweiterungen für den Absatzbereich

3221. Verzugszeitrestriktion

Die Limitierung der Verzugszeit für ein Erzeugnis auf einen maximalen
Wert läßt sich mit der Bedingung zur Begrenzung der Lagerdauer für
zeitlich begrenzt haltbare Erzeugnisse vergleichen. Die maximale Lagerdauer wird hauptsächlich durch die Erzeugnisse selbst, d.h. durch
deren Haltbarkeit determiniert. Die maximal akzeptierte Verzugsdauer
wird hingegen durch das Käuferverhalten bestimmt. Sind die Käufer nicht
bereit, eine Lieferverzögerung um mehr als VD_z Zeiteinheiten für Erzeugnis z hinzunehmen, geht der Unternehmung nach dieser Zeitspanne
die Nachfrage verloren, d.h., der Verzugsbestand wird zur Fehlmenge.

Für die Ableitung der Verzugszeitrestriktion wird eine Nachlieferung
entsprechend dem Fifo-Prinzip unterstellt, so daß die Erzeugnisse mit
der längsten Lieferverzögerung zuerst nachgeliefert werden. Die größte
Lieferverzögerung ergibt sich jeweils für das erste gefertigte Erzeugnis eines Loses. Sie entspricht der Zeitdauer, die für das Auflaufen
eines Verzugsbestandes erforderlich ist, der bei Produktionsbeginn
eines Loses vorliegt. Diese Zeitspanne ergibt sich für Belegintervall
i als Quotient aus dem Verzugsbestand bei Produktionsbeginn und der
Verkaufsgeschwindigkeit des Erzeugnisses z(i).

$$(4.7) \qquad \frac{-BA_i}{V_{z(i)}} \leq VD_{z(i)} \qquad \forall\ i$$

Für den Fall eines positiven Lagerbestandes bei Produktionsbeginn
wird der Quotient negativ, und die Bedingung verliert - wie erforderlich - ihre Restriktivität.

3222. Gewährleistung eines Mindestabsatzes

Der Grund für die Einhaltung eines Mindestabsatzes bestimmter Erzeugnisse kann z.B. aus der Sortimentspolitik der planenden Unternehmung
und dem Verhalten der Käufer resultieren, die nur dann bereit sind,
auch andere, für die Unternehmung gewinnbringendere Erzeugnisse nach-
zufragen, wenn ein bestimmtes, für den Käufer wichtiges Erzeugnis von
der Unternehmung geliefert wird.

Wird die Mindestabsatzgeschwindigkeit für Erzeugnis z mit U_z bezeichnet und ein Mindestabsatz von $U_z T$ während des Planungszeitraums T gefordert, gibt die Differenz zwischen der maximalen Absatzmenge $V_z T$ und der Mindestabsatzmenge $U_z T$ eine Obergrenze für die während des gesamten Planungszeitraums zulässige Fehlmenge des Erzeugnisses z an. Diese Begrenzung der Fehlmenge ist vergleichbar mit der Forderung nach einer Mindestabsatzmenge $U_z T$.

Mit I_z als Indexmenge der Belegintervalle i, denen das Erzeugnis z zugeordnet ist, ergibt sich folgende Fehlmengenrestriktion:

$$(4.8) \quad Fo_z + \sum_{i \in I_z} F_i \overset{<}{=} V_z T - U_z T \qquad \forall \, z$$

Der Unterschied zwischen der Fehlmengenrestriktion und einer Mindestabsatzbedingung beruht auf unterschiedlichen Annahmen über die Verkaufsgeschwindigkeit[1]. Während bei Berücksichtigung einer Fehlmengenrestriktion die Verkaufsgeschwindigkeit V unbeeinflußt bleibt, könnte zur Gewährleistung eines Mindestabsatzes daran gedacht werden, die Verkaufsgeschwindigkeit als Variable mit den Grenzen U bzw. V in die Modellformulierung aufzunehmen und gleichzeitig ein Auftreten von Fehlmengen F zu unterbinden. Letztlich resultiert der Unterschied zwischen einer Fehlmengenrestriktion und einer Mindestabsatzbedingung mit variabler Verkaufsgeschwindigkeit und Verbot von Fehlmengen aus der Höhe der anfallenden Lager- und Verzugskosten. Fallen bei konstanter Verkaufsgeschwindigkeit V Fehlmengen an, ergeben sich stets geringere Lager- und Verzugskosten als im Fall einer variablen Verkaufsgeschwindigkeit ohne Fehlmengen, da während der Zeit, in der Fehlmengen anfallen dürfen, weder Lager- noch Verzugskosten entstehen. Damit verbunden sind in der Regel unterschiedliche Optimallösungen für beide Varianten.

Die Berücksichtigung der Verkaufsgeschwindigkeit als Modellvariable ist wegen der zahlreich vorhandenen multiplikativen Verknüpfungen zwischen der Verkaufsgeschwindigkeit und anderen Modellvariablen aus Gründen der Operationalität nicht angebracht. Eine grobe Annäherung an den Fall einer variablen Verkaufsgeschwindigkeit kann jedoch erzielt werden,

---

1 Vgl. W. Kilger (1973), S. 418 ff.

wenn die Fehlmenge je Belegintervall entsprechend der Zeitdauer zwischen dem betrachteten Belegintervall und dem nachfolgenden Belegintervall mit gleicher Sortenzuordnung begrenzt wird.

$$(4.9) \qquad F_i \leq (V_{z(i)} - U_{z(i)})\,(PB_{f(i)} - PB_i) \qquad \forall\, i$$

Durch diese Restriktion wird eine Verkaufsmenge in Höhe des Mindestabsatzes für die Zeitdauer zwischen den einzelnen Belegintervallen derselben Sortenzuordnung erzwungen. Dies entspricht einer breiteren Verteilung des Absatzes über den Planungszeitraum, als es durch die erste Fehlmengenrestriktion garantiert wird; eine Annäherung an die Variante einer variablen, d.h. verminderten Absatzgeschwindigkeit ohne Fehlmengen wird erreicht.

3223. Deterministisch schwankende Nachfrage im Zeitablauf

Zur Berücksichtigung schwankender Nachfrage im Zeitablauf[1] wird eine diskrete, im voraus bekannte Absatzentwicklung unterstellt. Die Zeitpunkte H einer Änderung der Absatzgeschwindigkeit gehen für jede Sorte als Daten in das Modell ein. Für jeden Zeitpunkt H einer Änderung der Absatzgeschwindigkeit der Sorte z wird das jeweils letzte Belegintervall der Sorte z vor dem Zeitpunkt H und das jeweils nächste Belegintervall der Sorte z nach dem Zeitpunkt H angegeben. Im Modell werden die Zeitpunkte H bestimmten Belegintervallen i zugeordnet. Der Zeitpunkt H_i für Belegintervall i gibt an, daß eine Änderung der Absatzgeschwindigkeit der Sorte z(i) zwischen Produktionsende im Belegintervall i und Produktionsbeginn im nachfolgenden Belegintervall f(i) der Sorte z(i) zum Zeitpunkt H_i erfolgt. Ist für ein Belegintervall i kein Zeitpunkt H_i definiert, erfolgt zwischen Belegintervall i und f(i) keine Änderung der Absatzgeschwindigkeit der Sorte z(i). Die Indexmenge IH bezeichnet alle Belegintervalle i, für die ein Zeitpunkt H_i definiert ist.

Das Gesamtproblem für die Modellformulierung kann in drei einzelne Probleme zerlegt werden. Erstens ist die zeitliche Lage der Belegin-

---

1 Vgl. Kapitel 123 und 131 dieser Arbeit.

tervalle entsprechend den Zeitpunkten H einzuengen. Zweitens muß bei der Bestandsfortschreibung die Veränderung der Absatzgeschwindigkeit berücksichtigt werden. Drittens ist eine Korrektur der Lager- und Verzugskosten in der Zielfunktion vorzunehmen.

● **Einengung der zeitlichen Lage der Belegintervalle**

Für die Modellformulierung wird gefordert, daß jedes Belegintervall $i \in IH$ spätestens zum Zeitpunkt H_i abgeschlossen ist und die Produktion im zugehörigen Belegintervall $f(i)$ frühestens zum Zeitpunkt H_i beginnen darf. Der Zeitpunkt H_i darf folglich nicht in eine Produktionszeit PD der Sorte $z(i)$ fallen. Die geforderte zeitliche Einordnung der Belegintervalle $i \in IH$ wird durch folgendes Bedingungspaar sichergestellt.

$$(4.10) \qquad \underbrace{PB_i + PD_i} \qquad\qquad \leq \qquad \underbrace{H_i} \qquad\qquad \forall\, i \in IH$$

Produktionsende der Sorte $z(i)$ im letzten Belegintervall vor Änderung der Absatzgeschwindigkeit der Sorte $z(i)$ zum Zeitpunkt H_i	Zeitpunkt für die Änderung der Absatzgeschwindigkeit der Sorte $z(i)$, der zwischen Produktionsende im Belegintervall i und Produktionsbeginn im Belegintervall $f(i)$ liegen soll

$$(4.11) \qquad \underbrace{PB_{f(i)}} \qquad\qquad \geq \qquad \underbrace{H_i} \qquad\qquad \forall\, i \in IH$$

Produktionsbeginn der Sorte $z(i)$ im folgenden Belegintervall nach Änderung der Absatzgeschwindigkeit der Sorte $z(i)$ zum Zeitpunkt H_i	Zeitpunkt für die Änderung der Absatzgeschwindigkeit der Sorte $z(i)$, der zwischen Produktionsende im Belegintervall i und Produktionsbeginn im Belegintervall $f(i)$ liegen soll

Durch das Bedingungspaar (4.10) und (4.11) wird die zeitliche Lage der Belegintervalle entsprechend den vorgegebenen Zeitpunkten H_i für eine Änderung der Absatzgeschwindigkeit der Sorte $z(i)$ eingeengt. Die vorgegebene zeitliche Folge der Belegintervalle, die durch die Auflagenreihenfolgebedingung (3.6) bis (3.8) determiniert wird, bleibt unverändert erhalten.

Die Veränderung der Absatzgeschwindigkeit zu den Zeitpunkten H wird
im Modell berücksichtigt, wenn für jedes Belegintervall i die jeweils
gültige Absatzgeschwindigkeit V_i der zugehörigen Sorte z(i) definiert
wird. Die Definition der Absatzgeschwindigkeit und die zeitliche Einordnung von Belegintervallen wird in der folgenden Abbildung beispielhaft erläutert.

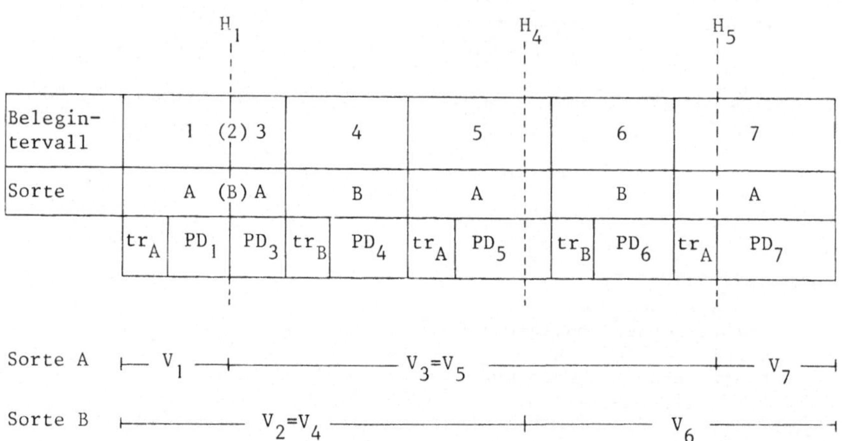

Abbildung 29: Einordnung von Belegintervallen bei diskret schwankender
Nachfrage im Zeitablauf

Abbildung 29 zeigt eine zulässige zeitliche Einordnung von 7 Belegintervallen der Sorte A und B. Die Absatzgeschwindigkeit der Sorte A
ändert sich zu den vorgegebenen Zeitpunkten H_1 und H_5. Für die Sorte B
ist nur eine Änderung zum Zeitpunkt H_4 vorgesehen. Durch den Zeitpunkt H_1 wird festgelegt, daß die Produktion der Sorte A im Belegintervall 1 spätestens zum Zeitpunkt H_1 abgeschlossen ist und die Produktion der Sorte A im nachfolgenden Belegintervall der Sorte A, d.h. im
Belegintervall 3 frühestens zum Zeitpunkt H_1 beginnen darf. Vor dem
Zeitpunkt H_1 gilt für die Sorte A die Absatzgeschwindigkeit V_1, die
Belegintervall 1 zugeordnet ist. Nach dem Zeitpunkt H_1 gilt für die
Sorte A die Absatzgeschwindigkeit V_3 aus Belegintervall 3.

Zwischen den Belegintervallen 1 und 3 ist das Belegintervall 2 der
Sorte B angeordnet. Die Sorte B wird in diesem Belegintervall nicht

aufgelegt, d.h., Belegintervall 2 hat eine zeitliche Ausdehnung von Null. Die Produktion der Sorte A im Belegintervall 1 wird zum Zeitpunkt H_1 zwangsweise beendet. Aufgrund der zeitlichen Ausdehnung des Belegintervalls 2 der Sorte B in Höhe von Null kann die Produktion der Sorte A ohne Unterbrechung im Belegintervall 3 fortgesetzt werden, wenn in der Modellformulierung berücksichtigt wird, daß zu Beginn des Belegintervalls 3 keine Umrüstung anfällt. Diese Situation kann im Modell abgebildet werden, wenn von den entwickelten allgemeinen Rüstbedingungen (3.10) bis (3.12) in der Modellformulierung ausgegangen wird. Durch die allgemeine Rüstbedingung wird verhindert, daß bei mehrmaliger Auflage derselben Sorte ohne zwischenzeitliche Produktion anderer Sorten Rüstkosten und Rüstzeiten im Modell verrechnet werden. Der hier vorliegende Fall einer ununterbrochenen Produktion der Sorte A zwischen Belegintervall 1 und Belegintervall 3 ist somit im Modell erfaßt. Beide Bedingungen (4.10) und (4.11) sind in dieser Situation als Gleichungen erfüllt.

Nach Produktionsende der Sorte A in Belegintervall 3 wird die Sorte B in Belegintervall 4 aufgelegt. Die Produktion der Sorte B ist vor dem Zeitpunkt H_4 für eine Änderung der Absatzgeschwindigkeit der Sorte B beendet, d.h., Bedingung (4.10) wird für Belegintervall 4 eingehalten. Vor dem Zeitpunkt H_4 gilt die Absatzgeschwindigkeit V_2 bzw. V_4 für die Sorte B. Die Absatzgeschwindigkeiten V_2 und V_4 sind identisch, da sich zwischen Belegintervall 2 und Belegintervall 4 die Absatzgeschwindigkeit der Sorte B nicht ändert, d.h., für Belegintervall 2 ist kein Zeitpunkt H definiert. Der Belegintervallindex 4 ist folglich kein Element der Indexmenge IH.

Auf Belegintervall 4 folgt eine Auflage der Sorte A im Belegintervall 5. Die Produktion der Sorte A wird durch den Zeitpunkt H_4, der innerhalb der Produktionszeit PD_5 im Belegintervall 5 liegt, nicht beeinflußt, da der Zeitpunkt H_4 sich ausschließlich auf die Sorte B bezieht. Für die Sorte A gilt auch im Anschluß an den Zeitpunkt H_4 nach wie vor die Absatzgeschwindigkeit V_3 bzw. V_5, die für den gesamten Zeitraum zwischen H_1 und H_5 vorgegeben ist. Für die Sorte B ändert sich allerdings die Absatzgeschwindigkeit zum Zeitpunkt H_4 von V_4 auf V_6. Die Absatzgeschwindigkeit V_6 ist dem Belegintervall 6 zugeordnet, in dem die nächste Auflage der Sorte B im Anschluß an den

Zeitpunkt H_4 gefertigt wird. Die Produktion der Sorte B im Belegintervall 6 beginnt später als zum Zeitpunkt H_4, d.h., die Bedingung (4.11) ist für Belegintervall 6 erfüllt. Eine weitere Änderung der Absatzgeschwindigkeit der Sorte B ist nicht vorgesehen. Folglich gilt die Absatzgeschwindigkeit V_6 für den gesamten, auf den Zeitpunkt H_4 folgenden Zeitraum.

Nach Produktionsende der Sorte B in Belegintervall 6 wird in Belegintervall 7 auf die Sorte A umgerüstet. Gleichzeitig mit Produktionsbeginn der Sorte A ändert sich die Absatzgeschwindigkeit der Sorte A von V_5 auf V_7 zum Zeitpunkt H_5. Die Produktion der Sorte A im Belegintervall 7 beginnt somit zum frühest möglichen Termin. Bedingung (4.11) ist demnach als Gleichung erfüllt.

Durch die Zuordnung von Zeitpunkten H_i zu Belegintervallen i wird die zeitliche Lage der Belegintervalle entsprechend den Bedingungen (4.10) und (4.11) eingeengt. Aus der Definition der Zeitpunkte H_i darf sich kein Widerspruch zu der vorgegebenen Auflagenreihenfolge ergeben, die durch die Bedingungen (3.6) bis (3.8) erzwungen wird. Die Zeitpunkte H_i für die Änderung der Absatzgeschwindigkeit einer bestimmten Sorte müssen in aufsteigender Reihenfolge geordnet sein. Bezogen auf das Beispiel der Abbildung 29 kann sich nur eine zulässige Modellformulierung ergeben, wenn für die Sorte A der Zeitpunkt H_1 vor dem Zeitpunkt H_5 liegt. Andernfalls könnte aufgrund der Bedingungen (4.10) und (4.11) Belegintervall 3 erst im Anschluß an H_1, also nach Belegintervall 5 eingeordnet werden, da Belegintervall 5 spätestens zum Zeitpunkt $H_5 < H_1$ abschließt. Es existiert folglich ein Widerspruch zwischen der Auflagenreihenfolgebedingung (3.6) bis (3.8) und dem Bedingungspaar (4.10) und (4.11). Zur Vermeidung derartiger Unlässigkeiten wird vorgeschlagen, alle Zeitpunkte H_i in aufsteigender Reihenfolge den Belegintervallen i zuzuordnen, d.h., es soll die Bedingung $H_i \gtreqless H_j$ für alle i $\in$ IH und alle j < i gelten.

- <u>Berücksichtigung der schwankenden Nachfrage bei der Bestandsfortschreibung und Ermittlung der Bestände BH zu den Zeitpunkten H</u>

Die Fortschreibungsbedingungen (3.13) für die Bestände BA_i der Sorte z(i) bei Produktionsbeginn im Belegintervall i bleiben inhaltlich unverändert, wenn keine Veränderung der Absatzgeschwindigkeit zwischen Produktionsende im Belegintervall i und Produktionsbeginn im nachfolgenden Belegintervall f(i) eintritt, d.h., wenn i $\notin$ IH gilt. Formal sind in diesen und allen übrigen Restriktionen sowie in der Zielfunktion die im Zeitablauf konstanten Absatzgeschwindigkeiten $V_{z(i)}$ durch die im Zeitablauf veränderlichen Absatzgeschwindigkeiten V_i zu ersetzen.

Gilt i ϵ IH, findet zwischen Produktionsende im Belegintervall i und Produktionsbeginn im Belegintervall f(i) eine Veränderung der Absatzgeschwindigkeit der Sorte z(i) zum Zeitpunkt H_i statt. Die Absatzgeschwindigkeit ändert sich zum Zeitpunkt H_i von V_i auf $V_{f(i)}$. Dementsprechend ist in der Fortschreibungsbedingung (3.13) bis zum Zeitpunkt H_i die Absatzgeschwindigkeit V_i und anschließend bis zum Zeitpunkt des Produktionsbeginns in Belegintervall f(i) die Absatzgeschwindigkeit $V_{f(i)}$ anzusetzen. Anstelle einer Fortschreibungsbedingung (3.13) werden zwei neue Bedingungen formuliert. Die erste Bedingung erfaßt die Bestandsveränderung zwischen Produktionsbeginn im Belegintervall i und dem Zeitpunkt H_i. Die zweite Bedingung gilt für den Zeitraum zwischen H_i und Produktionsbeginn im Belegintervall f(i). Durch die erste Bedingung wird der Bestand BH_i der Sorte z(i) zum Zeitpunkt H_i aus dem Bestand BA_i bei Produktionsbeginn der Sorte z(i) im Belegintervall i ermittelt.

$$(4.12) \qquad \underbrace{BH_i}_{\substack{\text{Bestand der} \\ \text{Sorte z(i) zum} \\ \text{Zeitpunkt } H_i}} = \underbrace{BA_i}_{\substack{\text{Bestand der} \\ \text{Sorte z(i) bei} \\ \text{Produktionsbe-} \\ \text{ginn in Beleg-} \\ \text{intervall i}}} + \underbrace{x_{z(i)} PD_i}_{\substack{\text{Produktionsmenge} \\ \text{der Sorte z(i) in} \\ \text{Belegintervall i}}}$$

$$- \underbrace{V_i(H_i - PB_i)}_{\substack{\text{mögliche Absatzmenge} \\ \text{der Sorte z(i) zwi-} \\ \text{schen Produktionsbe-} \\ \text{ginn im Beleginter-} \\ \text{vall i und dem Zeit-} \\ \text{punkt } H_i}} + \underbrace{F_i}_{\substack{\text{Fehlmenge der Sor-} \\ \text{te z(i) zwischen} \\ \text{Produktionsende in} \\ \text{Belegintervall i} \\ \text{und dem Zeitpunkt} \\ H_i}} \qquad \forall \; i \; \epsilon \; IH$$

Die Fehlmenge F_i der Sorte $z(i)$, die dem Belegintervall i zugeordnet wird, gilt nicht mehr für den gesamten Zeitraum zwischen Produktionsende im Belegintervall i und Produktionsbeginn in Belegintervall $f(i)$. Durch F_i werden nur die Fehlmengen für die Sorte $z(i)$ erfaßt, die bis zum Zeitpunkt H_i auftreten. Für die Fehlmengen der Sorte $z(i)$ zwischen dem Zeitpunkt H_i und Produktionsbeginn $PB_{f(i)}$ im Belegintervall $f(i)$ wird eine neue Variable FH_i definiert, die in die zweite Bestandsbedingung eingesetzt wird. Diese Bedingung (4.13) gilt für den Zeitraum zwischen dem Zeitpunkt H_i und dem Produktionsbeginn $PB_{f(i)}$ der Sorte $z(i)$ im Belegintervall $f(i)$ mit der Absatzgeschwindigkeit $V_{f(i)}$. Der Bestand $BA_{f(i)}$ der Sorte $z(i)$ bei Produktionsbeginn $PB_{f(i)}$ wird aus dem Bestand BH_i der Sorte $z(i)$ zum Zeitpunkt H_i ermittelt.

$$(4.13) \qquad BA_{f(i)} \quad = \quad BH_i \quad - \quad V_{f(i)}(PB_{f(i)} - H_i) \quad + \quad FH_i \qquad \forall\ i \in IH$$

Bestand der Sorte $z(i)$ bei Produktionsbeginn im Belegintervall $f(i)$	Bestand der Sorte $z(i)$ zum Zeitpunkt H_i	mögliche Absatzmenge der Sorte $z(i)$ zwischen H_i und Produktionsbeginn im Belegintervall $f(i)$	Fehlmenge der Sorte $z(i)$ zwischen H_i und Produktionsbeginn im Belegintervall $f(i)$

Die Bedingung (3.16) zur Bestimmung der Bestände BE_i der Sorte $z(i)$ bei Produktionsende im Belegintervall i unterliegen bis auf den Ersatz von $V_{z(i)}$ durch V_i keiner Änderung. Der Bestand BE_i bei Produktionsende wird aus dem Bestand BA_i bei Produktionsbeginn ermittelt. Zwischen Produktionsbeginn und Produktionsende in einem Belegintervall i kann aufgrund der Bedingungen (4.10) und (4.11) keine Veränderung der Absatzgeschwindigkeit der Sorte $z(i)$ auftreten. Eine Aufteilung der Bedingungen (3.16) für Belegintervall i ist folglich für $i \in IH$ nicht erforderlich.

● <u>Korrektur der Lager- und Verzugskosten in der Zielfunktion</u>

Für eine exakte Formulierung der Kosten und Erlöse ist in der Zielfunktion $V_{z(i)}$ durch V_i zu setzen. Zweitens sind die Fehlmengen FH_i zusätzlich zu berücksichtigen, und drittens ist mit Hilfe der Bestandsgrößen BH_i eine Korrektur der Lager- und Verzugskosten vorzunehmen.

Zur Korrektur der Bestandskosten sind insgesamt vier Fälle zu unterscheiden:

1a) Nicht negativer Bestand BH; Übergang zu einer höheren Absatzgeschwindigkeit. $BH \geq 0$; $V2 > V1$

1b) Nicht negativer Bestand BH; Übergang zu einer geringerer Absatzgeschwindigkeit. $BH \geq 0$; $V2 < V1$

2a) Negativer Bestand BH; Übergang zu einer höheren Absatzgeschwindigkeit. $BH < 0$; $V2 > V1$

2b) Negativer Bestand BH; Übergang zu einer geringeren Absatzgeschwindigkeit. $BH < 0$; $V2 < V1$

<u>Fall 1a:</u>

Die folgende Abbildung zeigt die Bestandsentwicklung für den Übergang von der Absatzgeschwindigkeit V1 zu einer höheren Absatzgeschwindigkeit V2 bei positivem Bestand BH zum Zeitpunkt H.

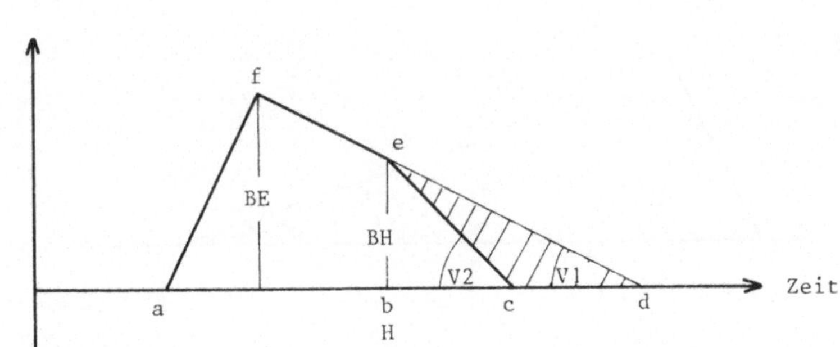

<u>Abbildung 30:</u> Lagerbestandsentwicklung für den Übergang zu einer höheren Absatzgeschwindigkeit

Aufgrund des Bestandes BE und der Annahme einer konstanten Absatzgeschwindigkeit von V1 während der Verkaufszeit des Bestandes BE werden in der bisherigen Zielfunktion Lagerkosten verrechnet, die dem Dreieck adf entsprechen. Wegen der höheren Absatzgeschwindigkeit V2 nach dem Zeit-

punkt H werden die dem Dreieck cde entsprechenden Lagerkosten zuviel
verrechnet. Um die dem Kurvenzug acef entsprechenden Lagerkosten zu
erhalten, sind die zuviel verrechneten Kosten zu subtrahieren.

Die Fläche des Dreiecks cde wird als Differenz der Flächen der Dreiecke bde und bce gewonnen.

$$\frac{BH}{2} \frac{BH}{V1} - \frac{BH}{2} \frac{BH}{V2} = \frac{BH^2}{2} \left(\frac{1}{V1} - \frac{1}{V2}\right)$$

$$= -\frac{BH^2}{2} \left(\frac{1}{V2} - \frac{1}{V1}\right)$$

<u>Fall 1b:</u>

Für den Fall BH $\geq$ 0 und V1 > V2 ergibt sich die folgende Bestandsentwicklung.

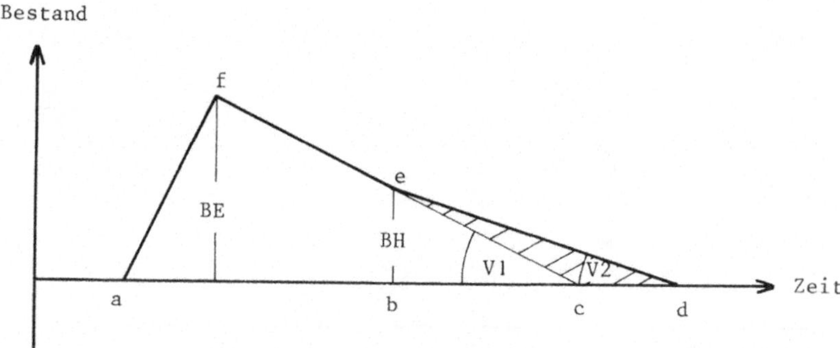

<u>Abbildung 31</u>: Lagerbestandsentwicklung für den Übergang zu einer
geringeren Absatzgeschwindigkeit

Die ursprüngliche Zielfunktion verrechnet Lagerkosten, die dem Dreieck acf entsprechen. Zusätzlich sind demnach noch die dem Dreieck
cde entsprechenden Lagerkosten zu verrechnen. Die Fläche cde ergibt
sich als Differenz zwischen bde und bce.

$$\frac{BH}{2}\,\frac{BH}{V2} - \frac{BH}{2}\,\frac{BH}{V1} = \frac{BH^2}{2}\left(\frac{1}{V2} - \frac{1}{V1}\right)$$

Die ermittelten Differenzflächen für den ersten und zweiten Fall sind
bis auf das Vorzeichen identisch. Durch die ursprüngliche Zielfunktion
werden im ersten Fall zuviel und im zweiten Fall zu wenig Lagerkosten
verrechnet, d.h., die zu berücksichtigenden Korrekturglieder sind identisch. Eine Unterscheidung der Fälle ist für die Modellformulierung
nicht erforderlich.

Als Resultat ergibt sich das Korrekturglied

$$\frac{BH^2}{2}\left(\frac{1}{V2} - \frac{1}{V1}\right) C1 \qquad \text{für } BH \gtrless 0,$$

das zu den ursprünglichen Lagerkosten zu addieren ist.

Fall 2a:

Gilt BH < 0, liegt also zum Zeitpunkt H ein Verzugsbestand vor, ergibt
sich für V2 > V1 folgende Bestandsentwicklung.

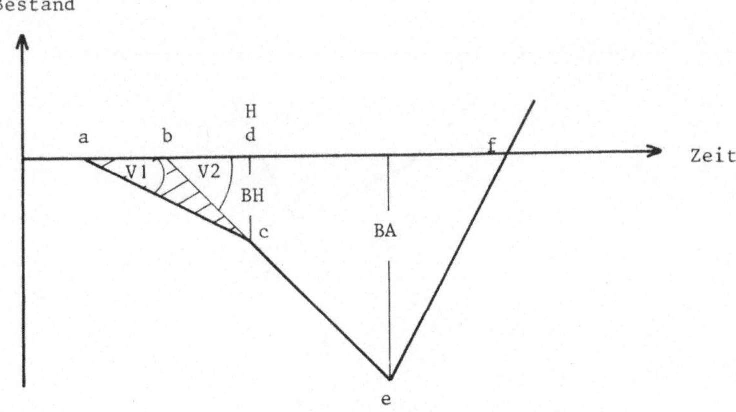

Abbildung 32: Verzugsbestandsentwicklung für den Übergang zu
einer höheren Absatzgeschwindigkeit

Aus der Abbildung 32 resultieren Verzugskosten, die dem Kurvenzug
acef entsprechen. Ohne Korrektur werden die dem Kurvenzug bef entsprechenden Verzugskosten berücksichtigt. Die Verzugskosten sind demnach
um die dem Dreieck acb entsprechenden Kosten zu erhöhen. Die Fläche
dieses Dreiecks ermittelt sich aus der Flächendifferenz der Dreiecke
acd und bcd.

$$\frac{BH}{2}\frac{BH}{V1} - \frac{BH}{2}\frac{BH}{V2} = \frac{BH^2}{2}\left(\frac{1}{V1} - \frac{1}{V2}\right)$$

$$= -\frac{BH^2}{2}\left(\frac{1}{V2} - \frac{1}{V1}\right)$$

Fall 2b:

Für BH < 0 und V2 < V1 erhält man folgende Entwicklung des Verzugsbe-
bestandes.

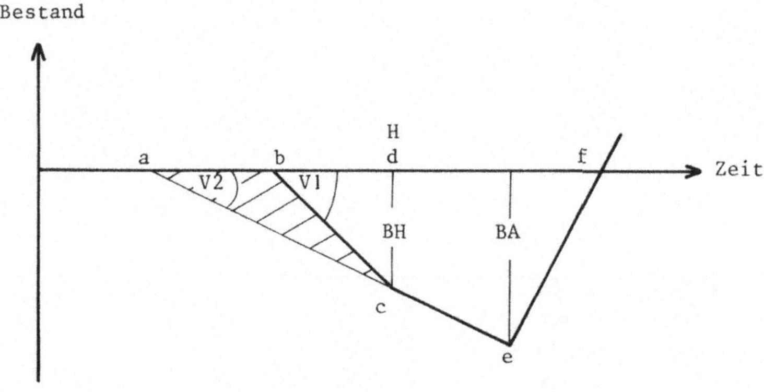

Abbildung 33: Verzugsbestandsentwicklung für den Übergang zu
einer geringeren Absatzgeschwindigkeit

Die tatsächlichen Verzugskosten entsprechen dem Kurvenzug bcef. Ursprünglich werden die dem Kurvenzug aef entsprechenden Verzugskosten
verrechnet. Davon sind die dem Dreieck acb entsprechenden Kosten zu
subtrahieren. Die Fläche dieses Dreiecks ergibt sich wiederum als
Differenz von acd und bcd.

$$\frac{BH}{2}\frac{BH}{V2} - \frac{BH}{2}\frac{BH}{V1} = \frac{BH^2}{2}\left(\frac{1}{V2} - \frac{1}{V1}\right)$$

Als gemeinsames Korrekturglied für V2 > V1 und V2 < V1 resultiert

$$-\frac{BH^2}{2}\left(\frac{1}{V2} - \frac{1}{V1}\right) Cv \qquad \text{für } BH < 0.$$

Entsprechend den abgeleiteten Korrekturgliedern ist die Zielfunktion um die Bestandskosten KBH zu erweitern.

$$(4.14) \quad KBH = \sum_{i \in IH} \frac{1}{2}\left(\frac{1}{V_{f(i)}} - \frac{1}{V_i}\right)
\begin{cases}
C1_{z(i)} \; BH_i^2 & \text{für } BH_i \gtreqless 0 \\
(-Cv_{z(i)} \; BH_i^2) & \text{für } BH_i < 0
\end{cases}$$

Neben der Bestandskostenkorrektur sind in der Zielfunktion zusätzlich Fehlmengenkosten für die Fehlmengen FH_i zu berücksichtigen, die zwischen dem Zeitpunkt H_i und Produktionsbeginn im Beleginterval $f(i)$ anfallen. Die Fehlmengenkosten ergeben sich als Produkt der Fehlmenge FH_i und dem Fehlmengenkostensatz $f_{z(i)}$ pro Fehlmengeneinheit der Sorte $z(i)$.

$$(4.15) \quad \text{Fehlmengenkosten} \qquad \sum_{i \in IH} f_{z(i)} \; FH_i$$

323. Modellerweiterungen für den Produktionsbereich

3231. Sortenfolgeabhängige Umrüstzeiten und Umrüstkosten[1]

Für das Grundmodell werden sortenschaltungsneutrale Rüstzeiten und -kosten unterstellt. Diese Prämisse entspricht nicht den betrieblichen Gegebenheiten, wenn der Zeitbedarf und die Kosten für eine Umrüstung nicht nur von der aufzulegenden, sondern auch von der zuvor produzierten Sorte abhängen. Eine Erweiterung des Modells auf den Fall sortenfolgeabhängiger Umrüstkosten und -zeiten kann ohne Einbuße der Rechenbarkeit des Modells vorgenommen werden, da aufgrund der Auflagenreihenfolgebedingung eine zeitliche Ordnung der Belegintervalle

---

1 Vgl. Kapitel 126 dieser Arbeit.

vorliegt und jedem Belegintervall genau eine Sorte zugeordnet ist. Für die folgende Ableitung wird unterstellt, daß für die erste Auflage im Planungszeitraum keine Umrüstung erforderlich ist[1].

Zur Ermittlung der Rüstkosten und Rüstzeiten wird eine neue Variable w_{ki} eingeführt, die den Wert 1 annehmen soll, wenn im Belegintervall i von Sorte z(k) auf Sorte z(i) umgerüstet wird. Dieser Fall liegt vor, wenn drei Bedingungen erfüllt sind.

- In Belegintervall k wird Sorte z(k) aufgelegt.

- In Belegintervall i wird Sorte z(i) aufgelegt.

- In allen Belegintervallen j zwischen Belegintervall k und Belegintervall i wird nicht produziert.

Ist eine dieser Bedingungen verletzt, wird im Belegintervall i nicht von Sorte z(k) auf Sorte z(i) umgerüstet.

Den Ausgangspunkt für die Ableitung der Restriktionen zur Erfassung sortenschaltungsabhängiger Umrüstungen bildet die Rüstbedingung des Grundmodells für den Fall knapper Kapazität (3.9). Diese Restriktion bleibt in der erweiterten Modellformulierung unverändert erhalten; sie beinhaltet hier allerdings keine Einschränkung auf den Fall knapper Kapazitäten.

$$(4.16) \qquad u_i \geq \frac{x_{z(i)} PD_i}{V_{z(i)} T - Bo_{z(i)} + Bn_{z(i)}}$$

Die Schaltvariable u_i nimmt in der Bedingung (4.16) den Wert 1 an, wenn in Belegintervall i produziert, d.h. die Sorte z(i) aufgelegt wird.

Mit Hilfe der Schaltvariablen u_i kann getestet werden, ob die oben genannten drei Bedingungen erfüllt sind. Die beiden ersten Bedingungen werden erfüllt, wenn die Schaltvariablen u_k und u_i jeweils den Wert 1 annehmen. Die dritte Bedingung ist erfüllt, wenn die Summe der Variablen u_j zwischen Belegintervall k und Belegintervall i Null ist. Dieser Sachverhalt wird für die Steuerung der neuen Variablen w_{ki} genutzt.

---

1 Durch diese Annahme kann auf eine Formulierung von Startbedingungen
  - entsprechend (4.17) - verzichtet werden.

Für die Variable w_{ki} soll der Wert 1 erzwungen werden, wenn
$u_k = u_i = 1$ gilt *und* die Summe der Variablen u_j der Belegintervalle
k+1 bis i-1 Null ist. Wird eine dieser Bedingungen nicht erfüllt, darf
ein positiver Wert für die Variable w_{ki} nicht erzwungen werden. In
diesem Fall wird die Variable w_{ki} stets den Wert Null annehmen, da
ansonsten unnötige Rüstkosten und Rüstzeiten verrechnet würden.

Die Steuerung der Variablen w_{ki} wird durch die folgende Restriktion
gewährleistet[1].

$$(4.17) \quad w_{ki} \geq u_k + u_i - \sum_{j=k+1}^{i-1} u_j - 1 \qquad \forall\; i=2,in; k=1, i-1$$

Aus der rechten Seite der Steuerungsbedingung (4.17) resultiert nur
dann ein positiver Wert von Eins, wenn alle drei Bedingungen erfüllt
sind, d.h., wenn $u_k = 1$, $u_i = 1$ und $\sum_{j=k+1}^{i-1} u_j = 0$ gilt. Für jede andere
Konstellation der Variablen ergibt sich ein Wert kleiner gleich Null.
Wird in Belegintervall k die Sorte z(k), in Belegintervall i die Sorte z(i) aufgelegt *und* in der Zwischenzeit in den Belegintervallen j zwischen i und k nicht produziert, steht fest, daß im Belegintervall i von
der Sorte z(k) auf die Sorte z(i) umgerüstet wird. Nur in diesem Fall
wird für die Variable w_{ki} der Wert 1 erzwungen.

Für jedes Belegintervall i werden i-1 Steuerungsbedingungen formuliert.
Werden die Bedingungen für ein Belegintervall i von rückwärts betrachtet, gehen zunächst nur Belegintervall i und Belegintervall k=i-1 gemeinsam in die Steuerungsbedingung ein. Die Summe auf der rechten Sei-
te der Bedingung ist in diesem Fall wegen k+1 > i-1 nicht definiert.
Wird in Belegintervall i-1 und in Belegintervall i produziert, steht
bereits eindeutig fest, daß in Belegintervall i von Sorte z(i-1) auf
Sorte z(i) umgerüstet wird. Für alle folgenden Bedingungen mit
$1 \leq k < i-1$ kann sich kein positiver Wert auf der rechten Seite der
Bedingung ergeben, da in Belegintervall i-1 produziert wird und die
Variable $u_{i-1} = 1$ stets als letztes Element bei der Summierung der
Variablen u_j anfällt. Alle Bedingungen für k<i-1 sind demnach nicht

---

1 Ähnliche Bedingungen wurden bereits für Modelle mit starrer Perio-
deneinteilung formuliert. Vgl. <u>D. Adam</u> (1969), S. 162 ff.; <u>W.
Dinkelbach</u> (1964), S. 66 ff.

für die Steuerung der Variablen w_{ki} erforderlich. Da nicht im voraus
bekannt ist, in welchem Belegintervall k das unmittelbar letzte Los
vor der Auflage der Sorte z(i) im Belegintervall i gefertigt wird,
müssen alle Belegintervalle k von 1 bis i-1 untersucht werden. Für
eine exakte Modellformulierung sind folglich insgesamt $\frac{in\,(in-1)}{2}$
Steuerungsbedingungen und Variable w_{ki} erforderlich. Für den praktischen Modelleinsatz wird vorgeschlagen, die Anzahl der Steuerungsbedingungen für jedes Belegintervall i zu begrenzen. Häufig wird es ausreichend sein, für jedes Belegintervall i der Sorte z(i) nur die Belegintervalle k mit v(i) < k < i zu berücksichtigen, wobei v(i) das Vorgängerbelegintervall der Sorte z(i) bezeichnet. Diese Begrenzung der
Belegintervalle k basiert auf der Annahme, daß zwischen zwei aufeinanderfolgenden Belegintervallen derselben Sorte mindestens eine andere
Sorte aufgelegt wird[1]. Durch die beschriebene Maßnahme wird die Anzahl
der Bedingungen und Variablen für Probleme größeren Umfangs wesentlich
reduziert. Die durchschnittliche Anzahl der Bedingungen kann für in
Belegintervalle i und zn Sorten z auf (zn-1)in geschätzt werden.

Durch die Ausweitung des Modells auf sortenfolgeabhängige Rüstkosten
und -zeiten wird der Modellumfang, d.h. die Zahl der Variablen und
Restriktionen erhöht. Die Operabilität des Modells wird jedoch nur
geringfügig beeinträchtigt, da sich die Anzahl der Variablen, für die
explizit Ganzzahligkeit gefordert werden muß, nicht erhöht. Denn aufgrund der ganzzahligen Schaltvariablen u, die nur die Werte Null oder
Eins annehmen darf, wird die Ganzzahligkeit der Variablen w automa-
tisch sichergestellt und ist nicht explizit zu fordern.

Zur Verrechnung der Rüstkosten und Rüstzeiten wird die Schaltvariable
u_i nicht mehr benötigt. An ihre Stelle tritt die Variable w_{ki}. Werden
die Rüstkosten und -zeiten für eine Umrüstung von Sorte z(k) auf Sorte z(i) mit $Cr_{z(k),z(i)}$ bzw. $tr_{z(k),z(i)}$ bezeichnet, ergeben sich bei
exakter Formulierung der Bedingung (4.17) folgende Rüstkosten und
Rüstzeiten für alle Belegintervalle i=2,in.

$$(4.18)\ \text{Rüstkosten} \quad \sum_{k=1}^{i-1} Cr_{z(k),z(i)}\, w_{ki} \qquad \forall\ i=2,in$$

---

[1] Diese Bedingung kann z.B. im Falle wechselnder Absatzgeschwindigkeiten
verletzt sein; vgl. Kapitel 3223.

$$(4.19) \quad \text{Rüstzeiten} \quad \sum_{k=1}^{i-1} tr_{z(k),z(i)} \; w_{ki} \qquad \forall \; i=2,in$$

Für Beleginterval 1 werden keine Rüstkosten und Rüstzeiten angesetzt, da für die erste Auflage im Planungszeitraum keine Umrüstung erforderlich sein soll.

3232. Geschlossene Fertigung

Als Alternative für die offene Produktion, bei der gleichzeitig mit Produktionsbeginn eines Loses von diesem Los verkauft werden kann, soll die Modellformulierung auf den Fall einer geschlossenen Produktionsweise erweitert werden. Bei der geschlossenen Produktion wird der Verkauf eines Loses erst aufgenommen, wenn das gesamte Los fertiggestellt und an die Verkaufsabteilung als geschlossener Posten abgeliefert ist[1]. Wird die Bestandsentwicklung im Produktionslager isoliert betrachtet, erhöht sich der Lagerbestand im Produktionslager während der Produktionszeit eines Loses entsprechend der Produktionsgeschwindigkeit x. Bei Produktionsende eines Loses verläßt das gesamte Los x PD als geschlossener Posten das Produktionslager, d.h., das Produktionslager wird bei Produktionsende eines Loses geräumt. Der Lagerbestand x PD sinkt folglich zum Zeitpunkt der Fertigstellung eines Loses auf Null. Gleichzeitig erhöht sich der für die Verkaufsabteilung relevante Bestand um die Produktionsmenge x PD. In den beiden folgenden Abbildungen sind die typische Bestandsentwicklung für ein Produktionslager und eine zugehörige Entwicklung der Verkaufslager- und Verzugsbestände dargestellt.

---

1 Vgl. D. Adam (1972/1), S. 446; C.v. Dobbeler (1920), S. 213 f.; K. Dürr (1952), S. 11 f.; L. Pack (1963), S. 574 f. sowie L. Pack (1964), S. 38 f.; H. Schlüter (1954), S. 196 ff.

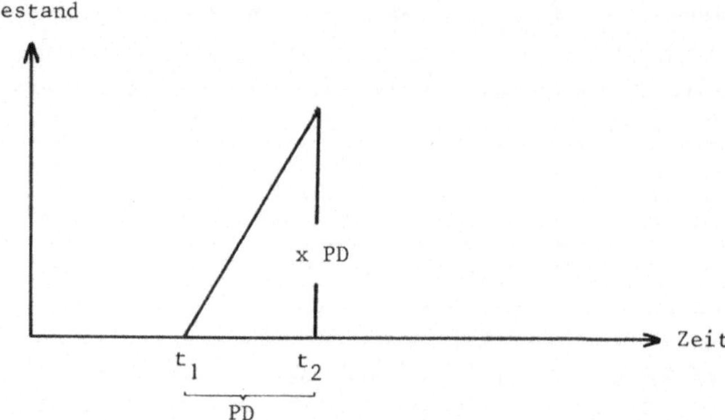

Abbildung 34: Typische Bestandsentwicklung in einem Produktionslager
für die Auflage eines Loses bei geschlossener Produktion

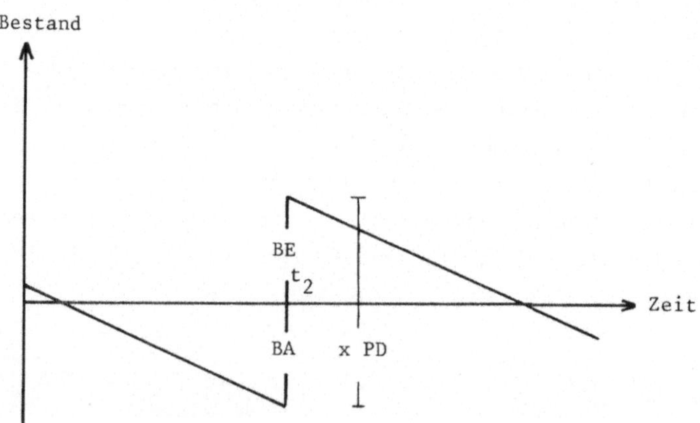

Abbildung 35: Verkaufslager- und Verzugsbestandsentwicklung bei
geschlossener Produktion

Die Produktion des betrachteten Loses beginnt zum Zeitpunkt t_1 und
ist zum Zeitpunkt t_2 abgeschlossen. Während der Produktionsdauer PD
des Loses erhöht sich der Lagerbestand im Produktionslager von Null
auf x PD. Die Bestandshöhe zum Zeitpunkt t_2 entspricht folglich der

Losgröße x PD. Gleichzeitig mit Produktionsende wird der gesamte Bestand x PD an die Verkaufsabteilung abgeliefert, d.h., der Bestand in Abbildung 35 erhöht sich zum Zeitpunkt t_2 entsprechend der Losgröße x PD. Vor Zugang der Produktionsmenge liegt ein negativer Bestand BA (Verzugsbestand) und nach Zugang der Produktionsmenge ein positiver Bestand BE (Lagerbestand) vor. Beide Bestandsgrößen BA und BE werden zum Zeitpunkt t_2, d.h. bei Produktionsende eines Loses gemessen. BA gibt die Bestandshöhe vor Zugang eines Loses und BE die Bestandshöhe nach Zugang des Loses an.

Der Bestand BA wird bei der bisher angenommenen offenen Fertigung zum Zeitpunkt des Produktionsbeginns eines Loses festgestellt. Bei der geschlossenen Fertigung ist der Bestand BA auf den Produktionsendzeitpunkt eines Loses bezogen. Dieser Unterschied ist in der Fortschreibungsbedingung für die Bestände BA zu berücksichtigen. Der Bestand $BA_{f(i)}$ vor Zugang der Produktion aus Belegintervall f(i) läßt sich aus dem Bestand BA_i vor Zugang der Produktion des Belegintervalls i ermitteln, indem die Produktionsmenge $x_{z(i)}PD_i$ zu BA_i addiert und die Verkaufsmenge subtrahiert wird. Die Verkaufsmenge ergibt sich aus der möglichen Absatzmenge zwischen Produktionsende im Belegintervall i und f(i) vermindert um die während dieses Zeitraums auftretenden Fehlmengen F_i.

$$(4.20) \quad \underbrace{BA_{f(i)}}_{\substack{\text{Bestand bei Pro-}\\\text{duktionsende in}\\\text{Belegintervall}\\\text{f(i) vor Zugang}\\\text{der Produktions-}\\\text{menge } x_{z(i)}PD_{f(i)}}} = \underbrace{BA_i}_{\substack{\text{Bestand bei Pro-}\\\text{duktionsende in}\\\text{Belegintervall i}\\\text{vor Zugang der}\\\text{Produktionsmenge}\\x_{z(i)}PD_i}} + \underbrace{x_{z(i)}PD_i}_{\substack{\text{Produktionsmenge}\\\text{in Beleginter-}\\\text{vall i}}}$$

$$\underbrace{- V_{z(i)} \underbrace{\lfloor PB_{f(i)} + PD_{f(i)}}_{\substack{\text{Produktionsende}\\\text{im Beleginter-}\\\text{vall f(i)}}} - \underbrace{(PB_i + PD_i)\rfloor}_{\substack{\text{Produktionsende}\\\text{im Beleginter-}\\\text{vall i}}}}_{\substack{\text{mögliche Absatzmenge zwischen Produk-}\\\text{tionsende im Belegintervall i und f(i)}}} + \underbrace{F_i}_{\substack{\text{Fehlmenge zwi-}\\\text{schen Produk-}\\\text{tionsende in}\\\text{Belegintervall}\\\text{i und f(i)}}} \quad \forall \ i \in If$$

Zur Bestimmung der Bestände BE bei Produktionsende nach Zugang der
Produktion ist zu berücksichtigen, daß beide Bestandsgrößen BA und BE
bei Produktionsende eines Loses gemessen werden, d.h., Verkaufsmengen
dürfen bei der Ermittlung des Bestands BE_i aus dem Bestand BA_i nicht
- wie im Fall der offenen Produktion - angesetzt werden. Folglich
ergibt sich der Bestand BE_i nach Zugang der Produktion des Belegintervalls i aus dem Bestand BA_i vor Zugang der Produktion durch Addition
der Produktionsmenge im Belegintervall i.

$$(4.21) \qquad \underbrace{BE_i}_{} \quad = \quad \underbrace{BA_i}_{} \quad + \quad \underbrace{x_{z(i)}PD_i}_{} \qquad \forall\ i$$

Bestand bei Pro- duktionsende im Belegintervall i nach Zugang der Produktionsmenge $x_{z(i)}PD_i$	Bestand bei Pro- duktionsende im Belegintervall i vor Zugang der Produktionsmenge $x_{z(i)}PD_i$	Produktionsmenge in Beleginter- vall i

Die gesamten Bestandskosten für Belegintervall i setzen sich aus den
Lagerkosten für das Produktionslager *und* aus den Verkaufslager- und
Verzugskosten entsprechend den Beständen BA_i und BE_i zusammen. Die Lagerkosten für das Produktionslager sind allein durch die Losgröße x PD
bzw. die Produktionsdauer PD determiniert. Der durchschnittliche Lagerbestand während der Produktionsdauer PD entspricht dem halben Maximalbestand x PD. Die Kosten für das Produktionslager ergeben sich somit
als Produkt aus dem durchschnittlichen Lagerbestand x PD/2, der Produktionsdauer PD und dem Lagerkostensatz Cl.

$$\text{Produktionslagerkosten} \qquad \underbrace{\frac{x\ PD}{2}}_{} \quad \cdot \quad \underbrace{PD}_{} \quad \cdot \quad \underbrace{Cl}_{}$$

durchschnitt- licher Lager- bestand	Lager- dauer	Lagerkosten- satz

Die Formulierung der Verkaufslager- und Verzugskosten ist mit den abgeleiteten Bestandskosten für die offene Produktion identisch, wenn
in der Formel (3.5) der zeitpunktgeballte Bestandszugang berücksichtigt wird. Der Bestandszugang erfolgt bei offener Produktion entsprechend der Produktionsgeschwindigkeit x. Der zeitpunktgeballte Bestandszugang kann erfaßt werden, wenn in der Formel (3.5) eine Produktions-

- 171 -

geschwindigkeit x von unendlich angesetzt wird. Strebt x gegen ∞ , resultiert aus dem Term $\frac{x}{2V(x-V)}$ in der Bestandskostenformel (3.5) für die offene Produktion der Ausdruck $\frac{1}{2V}$ für die geschlossene Produktion. Durch ein Auswechseln der beiden Terme ergeben sich die Verkaufslager- und Verzugskosten bei geschlossener Produktion. Werden diesen Bestandskosten die Produktionslagerkosten zugeschlagen, ergibt sich bei geschlossener Fertigung folgender Ausdruck für die gesamten Bestandkosten KB_T im Planungszeitraum.

$$(4.22) \quad KB_T = \underbrace{\sum_i \frac{x_{z(i)}}{2} PD_i^2 \, Cl_{z(i)}}_{\substack{\text{Produktionslager-}\\\text{kosten}}}$$

$$\underbrace{+ \sum_i \frac{1}{2V_{z(i)}} \left[\begin{cases} Cl_{z(i)} BE_i^2 & \text{für } BE_i \gtreqless 0 \\ (-Cv_{z(i)} BE_i^2) & \text{für } BE_i < 0 \end{cases} + \begin{cases} (-Cl_{z(i)} BA_i^2) & \text{für } BA_i \gtreqless 0 \\ Cv_{z(i)} BA_i^2 & \text{für } BA_i < 0 \end{cases} \right]}_{\substack{\text{Verkaufslager- und Verzugskosten bei geschlossener}\\\text{Produktion}}}$$

3233. <u>Intensitätsmäßige Anpassung</u>[1]

Im Grundmodell wird für die Fertigung eines jeden Erzeugnisses eine konstante Produktionsgeschwindigkeit im Zeitablauf angenommen. Für jedes Erzeugnis ist somit eine bestimmte, während des gesamten Planungszeitraumes konstante Intensität des Fertigungsaggregates vorgeschrieben. Die Intensität des Aggregats kann zwar für verschiedene Erzeugnisse unterschiedlich hoch sein, muß jedoch für alle Auflagen eines bestimmten Erzeugnisses identisch sein, d.h., eine erzeugnisspezifische intensitätsmäßige Anpassung ist im Grundmodell nicht vorgesehen.

Eine Erweiterung des Modells auf eine intensitätsmäßige Anpassung läßt sich ohne Schwierigkeiten realisieren, wenn eine stufenweise Intensitätsanpassung unterstellt wird. *Anstelle eines einzelnen Belegintervalls werden mehrere, direkt aufeinanderfolgende Belegintervalle mit identischer Sortenzuordnung definiert. Jedem dieser Belegintervalle*

---

1 Vgl. Kapitel 122 und 132 dieser Arbeit.

wird eine vorgegebene Intensität, d.h. eine bestimmte Produktionsge-
schwindigkeit zugeordnet, die einer einzelnen Intensitätsstufe ent-
spricht. Eine optimale Intensitätswahl wird dann durch die Modelloptimierung erreicht. In dem Belegintervall mit der vorteilhaftesten
Intensitätszuordnung wird das betreffende Erzeugnis gefertigt, die
übrigen Belegintervalle werden nicht für die Produktion des Erzeugnisses eingesetzt. Dieser Fall tritt ein, wenn die Intensität des Belegintervalls, in dem produziert wird, der hinsichtlich der Zielsetzung optimalen Intensität entspricht. Erweist sich eine Intensität
zwischen zwei Intensitätsstufen als optimal, wird das Erzeugnis in
zwei Belegintervallen mit unterschiedlicher Intensitätszuordnung produziert. Dieser Fall ist unter dem Namen "Intensitätssplitting" bekannt[1].

Tritt Intensitätssplitting auf, wird in zwei aufeinanderfolgenden Belegintervallen einer Sorte ohne Umrüstung auf eine andere Sorte produziert. Diese Situation wird durch die einfache Rüstbedingung (3.9)
für den Fall knapper Kapazität nicht erfaßt, da durch diese Bedingung
für jedes Belegintervall, in dem produziert wird, Rüstkosten und Rüstzeiten verrechnet werden. Durch den Einsatz dieser Bedingung wird das
Planungsproblem bei intensitätsmäßiger Anpassung nur unvollständig erfaßt. In der Regel wird durch diese Bedingung ein Intensitätssplitting
verhindert, da ansonsten Rüstkosten und Rüstzeiten in doppelter Höhe
verrechnet würden. Auch bei knapper Kapazität ist demnach die allgemeine Rüstbedingung (3.10) bis (3.12) einzusetzen, wenn Intensitätssplitting auftreten kann. Durch die allgemeine Rüstbedingung werden
bei mehrmaliger Auflage einer Sorte ohne zwischenzeitliche Produktion
anderer Sorten die Rüstkosten und Rüstzeiten korrekt erfaßt, d.h.,
für den Fall des Intensitätssplitting wird - wie erforderlich - nur
eine Umrüstung erzwungen.

Werden in der Modellformulierung sortenreihenfolgeabhängige Umrüstungen erfaßt, können Intensitätswechselkosten und -zeiten[2] berücksichtigt werden, wenn "Rüstkosten" bzw. "Rüstzeiten" zwischen den Belegintervallen mit unterschiedlicher Intensität definiert werden. Be-

---

1 Vgl. D. Adam (1972), S. 381 ff.; K. Dellmann, L. Nastansky (1969),
  S. 244 ff.

2 Vgl. R. Karrenberg, A.W. Scheer (1970), S. 696 f.

ginnt die Produktion eines Loses in Belegintervall k und wird sie nach
einem Intensitätswechsel in Belegintervall i fortgesetzt, geben die
Rüstkosten Cr_{ki} und die Rüstzeiten tr_{ki} die Kosten bzw. Zeiten für den
Intensitätswechsel bei Übergang von Belegintervall k auf Belegintervall i an.

Für die Erweiterung des Planungsproblems auf intensitätsmäßige Anpassungsprozesse ist eine geringfügige Änderung der mathematischen Modellformulierung erforderlich. Die Produktionsgeschwindigkeit $x_{z(i)}$ und
die variablen Produktionskosten $k_{z(i)}$ pro Mengeneinheit in Abhängigkeit
von der produzierten Sorte z werden durch die Produktionsgeschwindigkeit x_i bzw. die variablen Produktionskosten k_i in Abhängigkeit vom Belegintervall i ersetzt. Somit können jedem Belegintervall unterschiedliche variable Produktionskosten und eine unterschiedliche Produktionsgeschwindigkeit zugeordnet werden. Durch eine vorgegebene Folge von
Belegintervallen mit identischer Sortenzuordnung, aber voneinander abweichender Intensitätszuordnung wird eine stufenweise intensitätsmäßige
Anpassung im Modell realisiert.

Im Interesse der Operationalität kann die Anzahl der binären Rüstvariablen verringert werden, wenn keine Intensitätswechselkosten und -zeiten
zu berücksichtigen sind. In diesem Falle reicht es aus, für jede Folge
von Belegintervallen mit identischer Sortenzuordnung, aber voneinander
abweichender Intensitätszuordnung nur eine einzige Rüstvariable zu definieren. Diese Rüstvariable wird dem ersten Belegintervall der betrachteten Folge von Belegintervallen zugeordnet. Für alle übrigen Belegintervalle der Folge wird keine Rüstvariable definiert.

Nimmt die Rüstvariable den Wert Eins an, wenn *in einem oder in mehreren*
Belegintervallen der Folge die betrachtete Sorte produziert wird, können
Rüstkosten und Rüstzeiten - auch für den Fall des Intensitätssplittings -
exakt erfaßt werden. Die gewünschte Steuerung der Rüstvariablen kann
mit Hilfe der Rüstbedingung (3.9) erreicht werden, wenn die linke Seite
der Bedingung (3.9) durch die Summe der Produktionszeiten PD_i aller Belegintervall i der betrachteten Folge ersetzt wird und die modifizierte
Rüstbedingung ausschließlich für das erste Belegintervall einer jeden
Folge von Belegintervallen mit identischer Sortenzuordnung, aber unterschiedlicher Intensitätszuordnung formuliert wird.

33. Das erweiterte Modell bei mehrstufiger Fertigung

Das dynamische Grundmodell bei einstufiger Fertigung wird im folgenden
auf mehrere Produktionsstufen erweitert. Die bereits vorgestellten Modellerweiterungen für den einstufigen Fall werden dabei nicht weiter berücksichtigt; sie gelten allerdings ohne Einschränkung auch für das mehrstufige Modell. Gegenstand der folgenden Modellerweiterung ist die zeitliche Ablaufplanung in allen aufeinanderfolgenden Produktionsstufen[1]. Die
speziellen Probleme bestehen darin, lineare und vernetzte Fertigungsstrukturen im Modell abzubilden, die Produktionstermine in den aufeinanderfolgenden Produktionsstufen zu koordinieren und eine exakte, für
die lineare Programmierung geeignete Abbildung der Zwischenlagerbestands-
entwicklungen zur Ermittlung der Zwischenlagerkosten abzuleiten. Diese
Probleme werden im folgenden zunächst für lineare Fertigungsstrukturen
mit einem Input-Output-Verhältnis von 1:1 zwischen den Produktionsstufen
analysiert.

331. Das spezielle Modellkonzept für die mehrstufige Fertigung

3311. Die Abbildung der Produktionsstruktur

Die Modellerweiterung auf den Fall mehrstufiger Fertigung geht zunächst
davon aus, daß der Betrieb in jeder Produktionsstufe nur über ein einziges Aggregat verfügt und jede Sorte in einer bestimmten, vorgegebenen
Stufenfolge bearbeitet werden muß. Für jedes Vor-, Zwischen- und Endprodukt liegt somit eindeutig fest, welches Aggregat in welcher Produktionsstufe zum Einsatz kommt.

Für jedes Aggregat wird eine Folge von Belegintervallen definiert. Jedem
dieser Belegintervalle ist ein Vor-, Zwischen- oder Endprodukt zugeordnet. Aufgrund der gegebenen Maschinenfolge jeder Sorte ist für jedes
Vor- und Zwischenprodukt das nachfolgende Zwischen- oder Endprodukt bekannt, für dessen Fertigung das betrachtete Vor- oder Zwischenprodukt
erforderlich ist. Jedem Vorstufenbelegintervall kann somit ein bestimmtes

---

1 Vgl. die Kapitel 127 und 135 dieser Arbeit.

Nachfolgebelegintervall in der nächsten Produktionsstufe zugeordnet werden, in dem das jeweils nachfolgende Zwischen- oder Endprodukt gefertigt wird. Mit Hilfe von Index-Pointern, die für alle Vorstufenbelegintervalle definiert werden, wird auf ein bestimmtes Belegintervall gezeigt, in dem auf der nachfolgenden Stufe das jeweilige Vor- oder Zwischenprodukt weiterbearbeitet werden kann. Durch diese Pointer wird eine Verkettung von Belegintervallen aufeinanderfolgender Produktionsstufen erzielt.

Die Verkettung der Belegintervalle soll anhand einer linearen Erzeugnisstruktur demonstriert werden. Für die Herstellung eines Endproduktes F ist ein dreistufiger Produktionsprozeß erforderlich. Auf dem ersten Aggregat wird Vorprodukt B gefertigt, das auf der zweiten Produktionsstufe, auf Aggregat zwei, in das Zwischenprodukt E eingeht. Endprodukt F geht schließlich aus der Bearbeitung des Zwischenproduktes E auf dem dritten Aggregat hervor[1]. Für die Produkte B, E und F werden jeweils drei Belegintervalle definiert. Für Aggregat 1 sind insgesamt 10 Belegintervalle vorgesehen, in denen auch andere, hier nicht betrachtete Produkte aufgelegt werden können. Vorprodukt B kann in Belegintervall 1, 4 und 7 auf Aggregat 1 gefertigt werden. Für Aggregat 2 sind die Belegintervalle 11 bis 20 definiert, von denen Belegintervall 11, 14 und 17 dem Zwischenprodukt E zugeordnet ist. Insgesamt sind für Aggregat 3 wiederum 10 Belegintervalle mit den Indizes 21 bis 30 definiert. Das Endprodukt F kann in den Belegintervallen 21, 24 und 27 auf Aggregat 3 aufgelegt werden. Durch die fortlaufende Nummerierung von 1 bis 30 kann die einfache Indizierung der Belegintervalle beibehalten werden. Ein zusätzlicher Aggregatindex ist nicht erforderlich, wenn die jeweiligen Indexobergrenzen (10,20,30) für die Belegintervalle der Aggregate bekannt sind. In dem Beispiel sind dem 1. Aggregat alle Belegintervalle bis 10, dem zweiten Aggregat alle Belegintervalle von 10+1 bis 20 und dem dritten Aggregat alle Belegintervalle von 20+1 bis 30 zugeordnet.

Entsprechend der linearen Erzeugnisstruktur ergibt sich folgende Verkettung der Belegintervalle für die Produkte B, E und F. Die übrigen, für das Beispiel nicht erforderlichen Belegintervalle sind in der folgenden Abbildung nicht enthalten.

---

1 Vgl. Abbildung 4 in Kapitel 133.

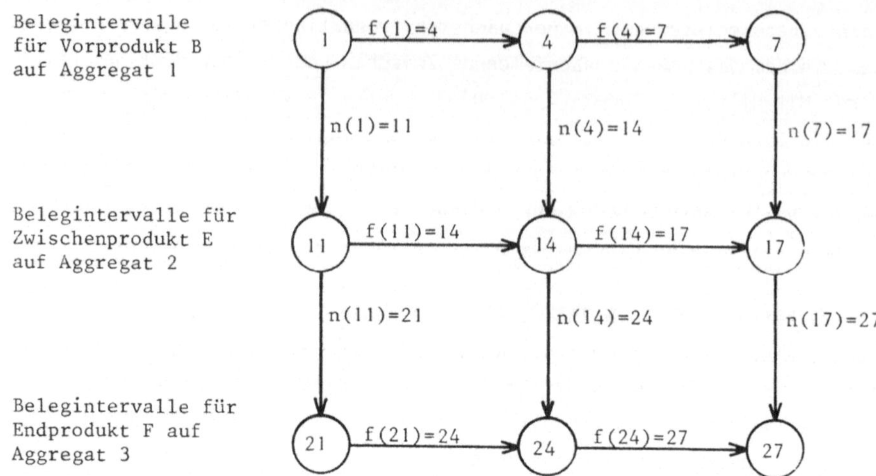

<u>Abbildung 36:</u> Belegintervallverkettung für einen dreistufigen linearen
Produktionsprozeß

Die Indizes f(i) sind bereits aus der Modellformulierung für die einstufige Fertigung bekannt. Durch diese Indizes wird für jedes Produkt (B,
E und F) die Folge der Belegintervalle festgelegt, in denen das jeweils
betrachtete Produkt erneut aufgelegt werden kann. Vorprodukt B kann z.B.
in den Belegintervallen 1, 4 und 7 gefertigt werden, d.h., f(1) zeigt auf
Belegintervall 4 (f(1) = 4), und f(4) zeigt auf Belegintervall 7 (f(4) = 7).
Für das Zwischenprodukt E und das Endprodukt F sind diese Indizes entsprechend als horizontale Pointer zwischen den Belegintervallen eines
Produktes auf einer Produktionsstufe zu interpretieren.

Die vertikale Verknüpfung der Belegintervalle in aufeinanderfolgenden
Produktionsstufen wird durch die Index-Pointer n(i) beschrieben. Vorprodukt B aus Belegintervall 1 kann in Belegintervall 11 zu Zwischenprodukt
E verarbeitet werden. Der Index n(1) für Belegintervall 1 zeigt folglich
auf das Belegintervall 11 (n(1) = 11). Für die zweite Auflagemöglichkeit
des Vorproduktes B im Belegintervall 4 zeigt der Index n(4) auf das Belegintervall 14 (n(4) = 14). Die Produktionsmenge aus Belegintervall 4
steht somit zur Fertigung des Zwischenproduktes E in Belegintervall 14

zur Verfügung. Eine frühere Verarbeitung von Mengeneinheiten des Loses aus Belegintervall 4 ist ausgeschlossen, d.h., eine Verarbeitung des Loses in Belegintervall 11 ist nicht möglich. Entsprechend ist die Produktionsmenge aus Belegintervall 7 frühestens für Belegintervall 17 verfügbar. Für das Zwischenprodukt E zeigen die Indizes $n(11)$, $n(14)$ und $n(17)$ auf die Belegintervalle 21, 24 bzw. 27 des Endproduktes C, d.h., die Lose aus den Belegintervallen 11, 14 und 17 sind frühestens im Belegintervall 21, 24 bzw. 27 verfügbar. Durch die Index-Pointer $n(i)$ wird demnach für jedes Vorstufenbelegintervall i ein Nachfolgebelegintervall definiert, in dem Produktionsmengen aus dem Vorstufenbelegintervall i *frühestens* verarbeitet werden können. Eine spätere Verarbeitung als im Nachfolgebelegintervall $n(i)$ ist allerdings möglich, wenn das Nachfolgebelegintervall $n(i)$ nicht zur Produktion eingesetzt wird oder nur ein Teil des Loses aus dem Vorstufenbelegintervall i im Nachfolgebelegintervall $n(i)$ verarbeitet wird. In diesem Fall werden Produktionsmengen aus dem Vorstufenbelegintervall i zunächst zwischengelagert und können dann zu einem späteren Zeitpunkt, z.B. im Belegintervall $f(n(i))$, das dem Nachfolgebelegintervall $n(i)$ auf derselben Produktionsstufe folgt, weiterverarbeitet werden.

3312. <u>Die Koordination der Produktionstermine in aufeinanderfolgenden Produktionsstufen</u>

Ein zulässiger Produktionsablauf in allen aufeinanderfolgenden Produktionsstufen liegt vor, wenn die erforderlichen Vorprodukte für die Produktion eines Loses auf der nachfolgenden Produktionsstufe stets rechtzeitig, in ausreichender Menge bereitstehen[1]. Die Bereitstellung der Vorprodukte soll so rechtzeitig erfolgen, daß keine Produktionsunterbrechungen während der Produktionszeit eines Loses aufgrund zu langsamer oder stockender Materialzufuhr auftreten, d.h., Maschinenstillstandszeiten w ä h r e n d der Produktion eines Loses in einem Belegintervall werden ausgeschlossen.

Die rechtzeitige Bereitstellung der Vorprodukte ist durch eine Abstimmung der Produktionstermine zu erzwingen, die je nach der Art des Ma-

---

1 Vgl. S. 28 dieser Arbeit.

terialflusses zwischen den Stufen zu unterschiedlichen Modellformulierungen führt. Im Modell kann ein offener oder ein geschlossener Materialfluß[1] abgebildet werden[2]. Liegen keine Mengen aus vorangegangenen Losen
einer Sorte auf Lager, dann muß bei *geschlossenem Materialfluß* die Produktion eines neuen Loses der gleichen Sorte im Vorstufenbelegintervall i abgeschlossen sein, wenn die Produktion im Nachfolgebelegintervall n(i) beginnt, da erst bei Produktionsende das gesamte Los als geschlossener Posten an die nachfolgende Produktionsstufe, d.h. an Belegintervall n(i) übergehen wird. Bei *offenem Materialfluß* sind zwei Alternativen zu unterscheiden. Ist die Produktionsgeschwindigkeit des Vorproduktes in Beleginterval1 i kleiner als die Produktionsgeschwindigkeit in
Beleginterval1 n(i), wird eine unterbrechungsfreie Produktion in Belegintervall n(i) nur erreicht, wenn die Produktion in Beleginterval1 i
früher als in Beleginterval1 n(i) beginnt und zunächst ein Zerreißlager[3]
aufgebaut wird, das als Pufferlager zum Ausgleich der unterschiedlichen
Produktionsgeschwindigkeiten dient. Der Aufbau eines Zerreißlagers wird
in dieser Situation durch die Modellformulierung erzwungen, da eine
zwischenlagerungsfreie Produktion mit ständigen Stockungen der Materialzufuhr[4] durch Unterdrücken von Maschinenstillstandszeiten während der
Produktion eines Loses innerhalb eines Beleginterval1s ausgeschlossen
ist. Gilt der umgekehrte Fall, wird also im Vorstufenbeleginterval1 i
schneller als im nachfolgenden Beleginterval1 n(i) gearbeitet, reicht
es aus, wenn die Produktion in beiden Beleginterval1en annähernd gleichzeitig beginnt. Bei gleichzeitigem Produktionsbeginn und geringerer Produktionsgeschwindigkeit im Nachfolgebeleginterval1 n(i) kann ein Teil
der Produktionsmenge aus Beleginterval1 i nicht sofort weiterverarbeitet
werden. Es bildet sich daher ein Aufstaulager.

In den bisherigen Ausführungen zu den Zwischenlägern wurde die Möglichkeit eines positiven Zwischenlagerbestandes aus vorangegangenen
Vorstufenlosen vernachlässigt. Dieser Bestand BZ_i wird vor Produktionsbeginn im Beleginterval1 i und vor Produktionsbeginn im Nach-
folgebeleginterval1 n(i) der nächsten Produktionsstufe ermittelt,
wobei unabhängig vom Zeitpunkt der Bestandsermittlung alle Lager-
veränderungen aufgrund vorangegangener Beleginterval1e bereits berücksichtigt sind. Bei positivem Zwischenlagerbestand BZ_i aus voran-

---

1 Vgl. K. Dürr (1952), S. 6; H. Schlüter (1954), S. 199.

2 Zu den folgenden Ausführungen vgl. D. Adam (1969), S. 98 ff.

3 Zu den Begriffen "Zerreiß"- und "Aufstaulager" siehe U. Pfaffenberger
  (1960), S. 31 ff.

4 Vgl. D. Adam (1969), S. 100 ff.

gegangenen Losen darf die Produktion auf der nachfolgenden Stufe bei
den drei unterschiedenen Fällen jeweils früher beginnen, da zunächst
die Zwischenlagerbestände zur Produktion in der nachfolgenden Stufe
eingesetzt werden können. Die maximal zulässige Zeitverschiebung entspricht der Produktionszeit in der nachfolgenden Stufe, die zum Abbau
des Zwischenlagerbestandes aus vorangegangenen Losen erforderlich ist.
In dieser Situation kann sich auch dann ein zulässiger Produktionsablauf
ergeben, wenn die Produktion im Vorstufenbelegintervall i später als im
Nachfolgebelegintervall n(i) beginnt. Dieser Fall ist bei der Ableitung
der speziellen Modellrestriktionen zur Koordination der Produktionstermine zu berücksichtigen.

Die Betrachtung erfolgt jeweils isoliert für ein Belegintervall i und
das zugehörige Nachfolgebelegintervall n(i) der nachgelagerten Produktionsstufe. Es wird davon ausgegangen, daß die direkten Vorgängerbelegintervalle der aktuellen Intervalle i und n(i) vor Produktionsbeginn in
den aktuellen Belegintervallen i und n(i) abgeschlossen sind. Dieser
Fall wird ausschließlich zur Vereinfachung der Darstellung angenommen.
Denn auch bei auftretenden Überschneidungen der Produktionstermine
($PB_{n(i)} + PD_{n(i)} > PB_{f(i)}$ oder $PB_i + PD_i > PB_{n(f(i))}$) wird durch die abgeleiteten Stufenwechselbedingungen (5.1) bis (5.3) im Zusammenwirken
mit der Auflagenreihenfolgebedingung (6.16) bis (6.18) und der Fortschreibungsbedingung für die Zwischenlagerbestände (6.19) bis (6.21)
stets ein zulässiger Produktionsablauf erzwungen.

Im folgenden werden insgesamt drei Fälle unterschieden, ein Fall für
die geschlossene Produktion und zwei Fälle für die offene Produktion,
je nachdem, welche der aufeinanderfolgenden Stufen schneller arbeitet.

● Geschlossener Materialfluß
   Zur Verdeutlichung der Produktionsabstimmung bei geschlossenem Materialfluß wird die Zwischenlagerentwicklung getrennt für ein Produktionslager und ein Zwischenlager betrachtet, dessen Bestände zur
   Weiterverarbeitung in der nachfolgenden Stufe verfügbar sind. Dem
   Produktionslager werden die produzierten Mengen während der Produktionszeiten eines Loses kontinuierlich entsprechend der Produktionsgeschwindigkeit in der Vorstufe zugeführt. Bei Produktionsende eines
   Loses wird das Produktionslager jeweils vollständig geräumt und das
   gesamte Los als geschlossener Posten an das Zwischenlager übergeben.

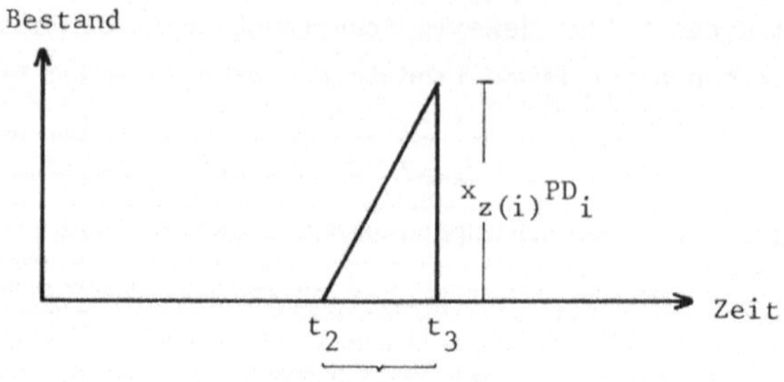

<u>Abbildung 37</u>: Bestandsentwicklung im Produktionslager bei ge-
schlossenem Materialfluß

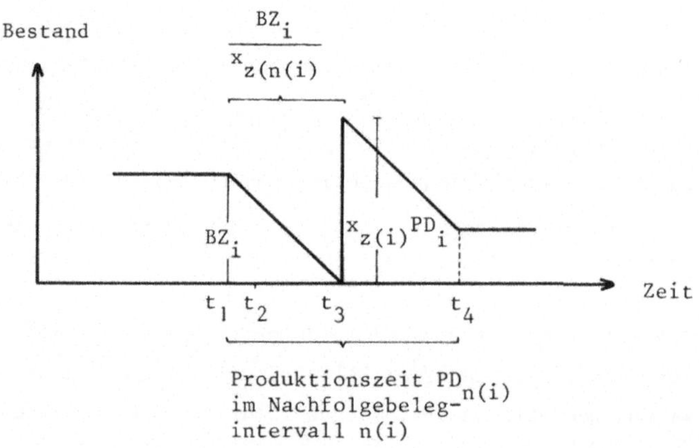

<u>Legende</u>:

t_1 = Produktionsbeginn im Nachfolgebelegintervall n(i)

t_2 = Produktionsbeginn im Vorstufenbelegintervall i

t_3 = Produktionsende im Vorstufenbelegintervall i

t_4 = Produktionsende im Nachfolgebelegintervall n(i)

<u>Abbildung 38</u>: Entwicklung der zur Weiterverarbeitung verfügbaren
Zwischenlagerbestände bei geschlossenem Materialfluß

In der Vorstufe wird eine Sorte zwischen den Zeitpunkten t_2 und t_3
produziert und bei Produktionsende zum Zeitpunkt t_3 als geschlossener
Posten an das Zwischenlager übergeben. Zum Zeitpunkt t_1 - dem Produktionsbeginn im Nachfolgebelegintervall n(i) - befindet sich im Zwischenlager der Bestand BZ_i aus vorangegangenen, hier nicht betrachteten
Losen der Vorstufe. Um diesen Bestand abzuarbeiten, wird die Zeit

$$\frac{BZ_i}{x_{z(n(i))}}$$

im Belegintervall n(i) benötigt. Die Produktion im Intervall n(i) kann
daher äußerstenfalls um diese Zeit vor dem Produktionsende im Vorstufenbelegintervall i beginnen, wenn in der folgenden Stufe eine unterbrechungsfreie Produktion aufrechterhalten werden soll. Beginnt die Produktion im
Nachfolgeintervall n(i) um

$$\frac{BZ_i}{x_{z(n(i))}}$$

Zeiteinheiten, bevor die Produktion im Vorstufenintervall i abgeschlossen ist, so sinkt der Zwischenlagerbestand zum Zeitpunkt t_3 auf Null ab.

Bei geschlossenem Materialfluß wird demnach ein zulässiger Produktionsablauf zwischen zwei aufeinanderfolgenden Produktionsstufen erzielt,
wenn das Produktionsende $PB_i + PD_i$ in jedem Vorstufenbelegintervall i
vor dem Zeitpunkt liegt, der sich als Summe aus dem Produktionsbeginn
$PB_{n(i)}$ und der Zeit zum Abbau des Zwischenlagerbestandes BZ_i ergibt.
Es gilt somit folgende Stufenwechselbedingung bei geschlossenem Materiafluß.

$$(5.1) \qquad \underbrace{PB_i + PD_i}_{\substack{\text{Produktionsende im} \\ \text{Vorstufenbelegin-} \\ \text{tervall i}}} \quad \leq \quad \underbrace{PB_{n(i)}}_{\substack{\text{Produktionsbeginn} \\ \text{im Nachfolgebe-} \\ \text{legintervall n(i)}}} \quad + \quad \underbrace{\frac{BZ_i}{x_{z(n(i))}}}_{\substack{\text{Produktionszeit in} \\ \text{Belegintervall n(i)} \\ \text{zum Abbau des Zwi-} \\ \text{schenlagerbestan-} \\ \text{des } BZ_i}}$$

● <u>Offener Materiafluß bei gleicher oder höherer Produktionsgeschwindig-</u>
<u>keit in der Vorstufe ($x_{z(i)} \geq x_{z(n(i))}$)</u>

Wird in der Vorstufe gleich schnell oder schneller als in der Nachfolgestufe produziert, ergibt sich bei offenem Materialfluß ein zulässiger Produktionsablauf, wenn die Produktion auf der Vorstufe in
Belegintervall i spätestens zu dem Zeitpunkt beginnt, an dem mögliche
Zwischenlagerbestände BZ_i aus vorangegangenen Losen der Vorstufe durch
die Produktion im Nachfolgebelegintervall der nachgelagerten Stufe
verbraucht sind.

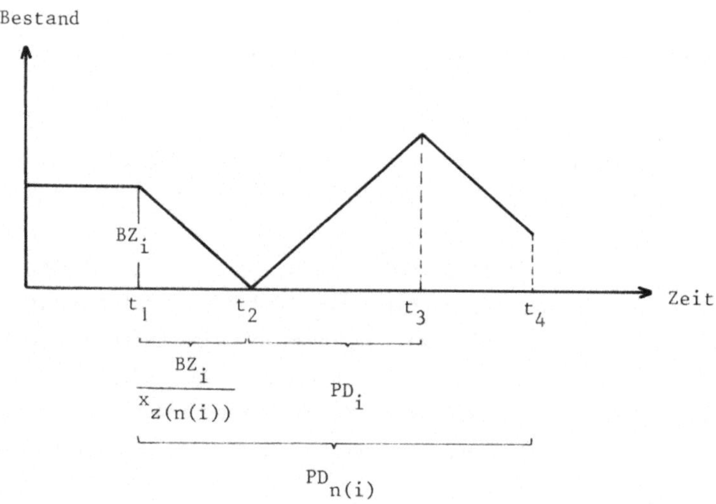

<u>Legende</u>:

t_1 = Produktionsbeginn im Nachfolgebelegintervall n(i)

t_2 = Produktionsbeginn im Vorstufenbelegintervall i

t_3 = Produktionsende im Vorstufenbelegintervall i

t_4 = Produktionsende im Nachfolgebelegintervall n(i)

<u>Abbildung 39</u>: Bestandsentwicklung bei offenem Materialfluß und
höherer Produktionsgeschwindigkeit in der Vorstufe

In Abbildung 39 befinden sich bei Produktionsbeginn $PB_{n(i)}$ (Zeitpunkt t_1) im Nachfolgebelegintervall $n(i)$ BZ_i Mengeneinheiten aus vorangegangenen Vorstufenlosen auf Lager. Zum Abbau des Zwischenlagerbestands BZ_i sind

$$\frac{BZ_i}{x_{z(n(i))}}$$

Zeiteinheiten erforderlich. Spätestens nach dieser Zeitspanne, d.h. zum Zeitpunkt t_2, muß mit der Produktion im Vorstufenbelegintervall i begonnen werden, wenn im Nachfolgebelegintervall ohne Unterbrechung weiterproduziert werden soll. Ein zulässiger Produktionsablauf wird mithin gewährleistet, wenn die Produktion im Vorstufenbelegintervall i spätestens

$$\frac{BZ_i}{x_{z(n(i))}}$$

Zeiteinheiten nach dem Produktionsbeginn $PB_{n(i)}$ im Nachfolgebelegintervall $n(i)$ beginnt.

$$(5.2) \qquad PB_i \quad \leq \quad PB_{n(i)} \quad + \quad \frac{BZ_i}{x_{z(n(i))}}$$

| Produktionsbeginn im Vorstufenbeleg- intervall i | Produktionsbeginn im Nachfolgebe- legintervall n(i) | Produktionszeit im Nachfolgebeleginter- vall n(i) zum Abbau des Bestandes BZ_i |

● **Offener Materialfluß bei geringerer Produktionsgeschwindigkeit in der Vorstufe ($x_{z(i)} < x_{z(n(i))}$)**

Für den Fall einer geringeren Produktionsgeschwindigkeit in der Vorstufe im Belegintervall i wird ein zulässiger Produktionsablauf sichergestellt, wenn bei Produktionsende eines Loses auf der Nachfolgestufe im Belegintervall $n(i)$ ein Zwischenlagerbestand größer gleich Null vorliegt, d.h., der Bestand BZ_i aus vorangegangenen Vorstufenlosen zuzüglich der Produktionsmenge im Vorstufenbelegintervall i bis zum Produktionsende in der Nachfolgestufe im Belegintervall $n(i)$ muß mindestens für die Produktion des gesamten Loses $x_{z(n(i))} \, PD_{n(i)}$ im Nachfolgebelegintervall $n(i)$ ausreichen.

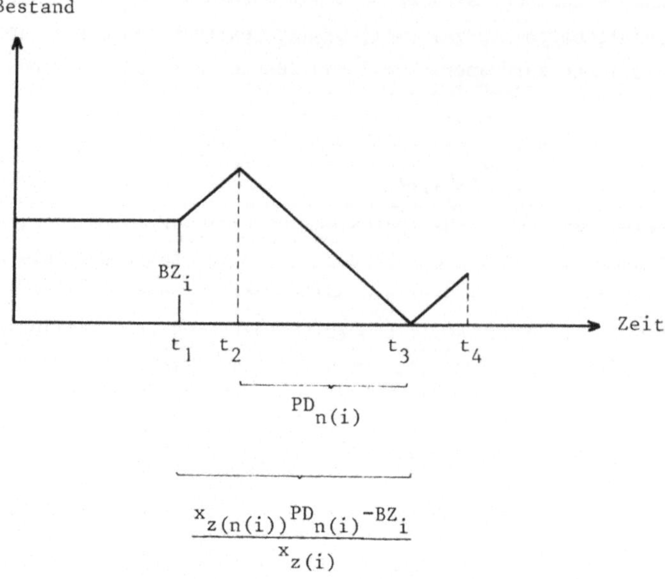

$$\frac{x_{z(n(i))}\, PD_{n(i)} - BZ_i}{x_{z(i)}}$$

Legende:

t_1 = Produktionsbeginn im Vorstufenbelegintervall i

t_2 = Produktionsbeginn im Nachfolgebelegintervall n(i)

t_3 = Produktionsende im Nachfolgebelegintervall n(i)

t_4 = Produktionsende im Vorstufenbelegintervall i

Abbildung 40: Bestandsentwicklung bei offenem Materialfluß und
geringerer Produktionsgeschwindigkeit in der Vorstufe

Für die Produktion im Nachfolgebelegintervall n(i) zwischen den Zeitpunkten t_2 und t_3 sind $x_{z(n(i))}\, PD_{n(i)}$ Vorprodukteinheiten erforderlich. Aus vorangegangenen, hier nicht betrachteten Vorproduktlosen
liegen BZ_i Mengeneinheiten auf Lager. Folglich sind in der Vorstufe
im Belegintervall i mindestens $x_{z(n(i))}\, PD_{n(i)} - BZ_i$ Mengeneinheiten
bis zum Produktionsende t_3 des Nachfolgebelegintervalls n(i) zu produzieren, wenn eine kontinuierliche Produktion des Loses im Nachfolgebelegintervall n(i) erfolgen soll. Zur Produktion von $x_{z(n(i))}\, PD_{n(i)}$
- BZ_i Mengeneinheiten im Vorstufenbelegintervall i werden

$$\frac{x_{z(n(i)}\, PD_{n(i)} - BZ_i}{x_{z(i)}}$$

Zeiteinheiten benötigt, d.h., die Produktion im Vorstufenbelegintervall i muß mindestens um diese Zeitspanne vor dem Produktionsende $PB_{n(i)}$
+ $PD_{n(i)}$ (Zeitpunkt t_3) im Nachfolgebelegintervall n(i) beginnen.

$$(5.3) \qquad PB_i \;\; \leqq \;\; PB_{n(i)} + PD_{n(i)} \;\; - \;\; \frac{x_{z(n(i)}\,PD_{n(i)} - BZ_i}{x_{z(i)}}$$

| Produktions-
beginn im
Vorstufenbe-
leginter-
vall i | Produktionsende im
Nachfolgebelegin-
tervall n(i) | Mindest-Produktionszeit
im Vorstufenbeleginter-
vall i für die Produk-
tion im Nachfolgebeleg-
intervall n(i) |

3313. Das generelle Konzept zur Ableitung der Zwischenlagerbestandsentwicklung

In der Zielfunktion des mehrstufigen Modells sind Zwischenlagerkosten zu
erfassen, da jedes Vorprodukt vor der Weiterverarbeitung in der nachfolgenden Produktionsstufe zwischengelagert werden kann[1]. Die Höhe der Zwischenlagerkosten ist von der zeitlichen Bestandsentwicklung in den Zwischenlägern abhängig, d.h.,zur Beschreibung der Zwischenlagerkosten in
der Zielfunktion ist zunächst die zeitliche Zwischenlagerbestandsentwicklung im Modell geeignet abzubilden. Als geeignet wird diese Abbildung bezeichnet, wenn sie Eigenschaften besitzt, die für den Einsatz
der linearen Programmierung als Lösungsalgorithmus erforderlich sind.
Die Abbildung der Zwischenlagerbestandsentwicklung soll zu einer separablen, d.h. linearisierbaren,und möglichst konvexen Funktion der Zwischenlagerkosten führen. Linearität ist Anwendungsvoraussetzung,und Konvexität ist notwendige Bedingung zum Auffinden einer optimalen Lösung,
wenn die lineare Programmierung als Lösungsalgorithmus eingesetzt wird.

Zur Ableitung einer mathematischen Formulierung für die Zwischenlagerbestandsentwicklung im Zeitablauf wird von folgender Bestandsentwicklung für ein Vorprodukt im Planungszeitraum T ausgegangen.

---

1 Vgl. Kapitel 135 dieser Arbeit.

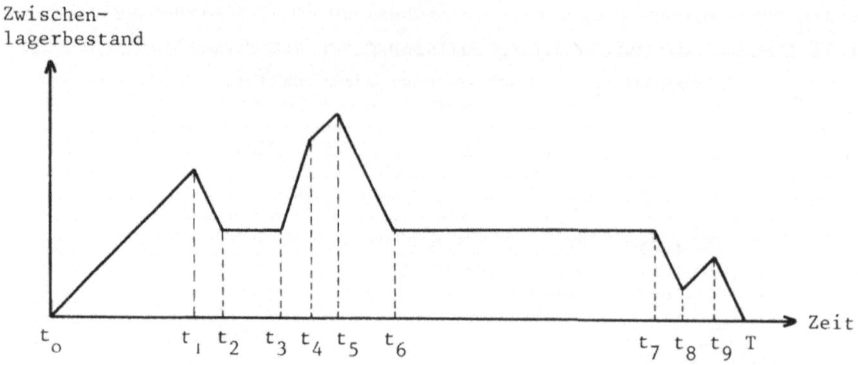

Abbildung 41: Zwischenlagerbestandsentwicklung im Planungszeitraum T

Die Produktion des ersten Loses beginnt in der Vorstufe (1) und in der nachfolgenden Produktionsstufe (2) gleichzeitig zum Zeitpunkt t_0. Bis zum Zeitpunkt t_1, an dem die Produktion des ersten Loses in Stufe 1 beendet ist, steigt aufgrund einer höheren Produktionsgeschwindigkeit in Stufe 1 der Zwischenlagerbestand entsprechend der Differenz der Produktionsmengen pro Zeiteinheit an. Die Produktion des ersten Loses in Stufe 2 ist erst nach t_1 zum Zeitpunkt t_2 beendet. Daraus resultiert ein Sinken des Zwischenlagerbestandes zwischen t_1 und t_2. Bis zum Zeitpunkt t_3 erfolgt keine Lagerbestandsveränderung, da in beiden Stufen diese Sorte nicht produziert wird. Zwischen den Zeitpunkten t_3 und t_5 wird das zweite Vorproduktlos in Stufe 1 und zwischen t_4 und t_6 das zweite Los in Stufe 2 gefertigt. Zwischen t_3 und t_4 entspricht der Lagerzugang der Produktionsgeschwindigkeit in Stufe 1 und nach t_4 bis t_5 der Differenz der Produktionsgeschwindigkeiten. Nach Produktionsende t_5 in Stufe 1 fällt der Lagerbestand entsprechend der Produktionsgeschwindigkeit in Stufe 2 bis zum Zeitpunkt t_6 ab und bleibt bis t_7 unverändert. Zum Zeitpunkt t_7 erfolgt die Auflage des dritten Loses in Stufe 2 und erst danach zum Zeitpunkt t_8 die des dritten Loses in Stufe 1, in der die Produktion zum Zeitpunkt t_9 abgeschlossen wird. Zwischen t_7 und t_8 sinkt der Lagerbestand, steigt anschließend bis zum Zeitpunkt t_9 entsprechend der Differenz der Produktionsgeschwindigkeiten

und fällt bis zum Produktionsendtermin in Stufe 2 am Ende des Planungszeitraums T auf Null ab.

Zur Ermittlung der zugehörigen Zwischenlagerkosten ist die Fläche unterhalb des Kurvenzuges in Abbildung 41 zu bestimmen. Der Zwischenlagerbestand zu einem beliebigen Zeitpunkt im Planungszeitraum T kann als Differenz aus den kumulierten Produktionsmengen in Stufe 1 und den kumulierten Produktionsmengen in Stufe 2 bis zu diesem Zeitpunkt dargestellt werden. Die gesuchte Bestandsfläche entsprechend Abbildung 41 ist demnach
mit der Fläche zwischen den Funktionen für die kumulierten Produktionsmengen identisch. In Abbildung 42 sind die kumulierten Lagerzugänge
LZU(t) und Lagerabgänge LAB(t) in Abhängigkeit von der Zeit dargestellt.

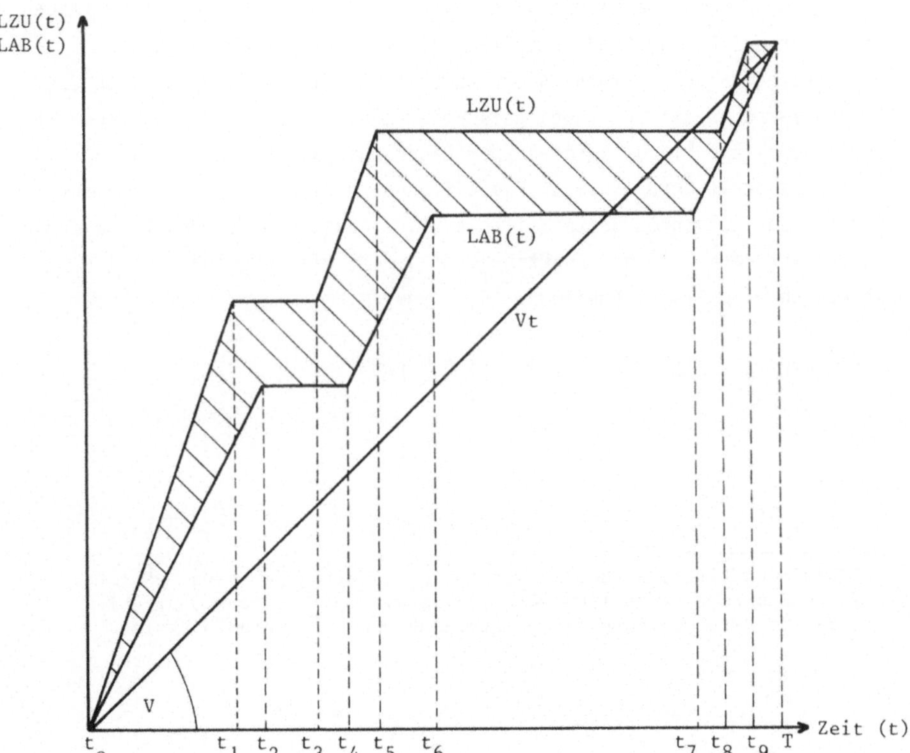

Abbildung 42: Kumulierte Lagerzugänge LZU(t) und Lagerabgänge LAB(t)
entsprechend Abb. 41

Die Lagerzugänge entsprechen der Produktionsmenge in Stufe 1, und die
Lagerabgänge sind für das unterstellte Input-Output-Verhältnis zwischen
den Stufen von 1:1 mit den Produktionsmengen in Stufe 2 identisch. Die
gesuchte Bestandsfläche, d.h. die Fläche zwischen den Funktionsverläufen
LZU(t) und LAB(t) kann z.B. als Differenz aus den Flächen unterhalb der
Kurven LZU(t) und LAB(t) ermittelt werden. Diese Vorgehensweise führt
jedoch zu einer Abbildung der Zwischenlagerbestandsentwicklung im Modell,
die aufgrund multiplikativer Verknüpfungen von unterschiedlichen Modellvariablen für den Einsatz der linearen Programmierung als Lösungsalgorithmus nicht geeignet ist.

Multiplikative Verknüpfungen von unterschiedlichen Modellvariablen können
vermieden werden, wenn die gesuchte Fläche mit Hilfe der eingezeichneten
Hilfsgeraden Vt in Abbildung 42 bestimmt wird. Die Steigung der Hilfsgeraden entspricht der Absatzgeschwindigkeit V der betrachteten Sorte.
Die gesuchte Fläche unterhalb der Kurve in Abbildung 41 wird durch die
Fläche zwischen der Lagerzugangsfunktion LZU(t) und der Hilfsgeraden Vt
sowie durch die Fläche zwischen der Lagerabgangsfunktion LAB(t) und der
Hilfsgeraden Vt determiniert. Die Differenz dieser beiden Flächen entspricht der gesuchten Bestandsfläche. Die gesuchte Differenzfläche ergibt
sich somit, wenn von der Funktion LZU(t) - Vt die Funktion LAB(t) - Vt
abgezogen wird - vgl. Abbildung 43 - , da

$$LZU(t) - LAB(t) = LZU(t) - Vt - \underline{/}^{-}LAB(t) - Vt\underline{\_7}$$

gilt[1].

---

1 LZU(t) und LAB(t) werden in Vorprodukteinheiten gemessen, während
  Vt in Endprodukteinheiten gemessen wird. Dieses Dimensionsproblem
  wird zur Vereinfachung der Darstellung zunächst vernachlässigt.

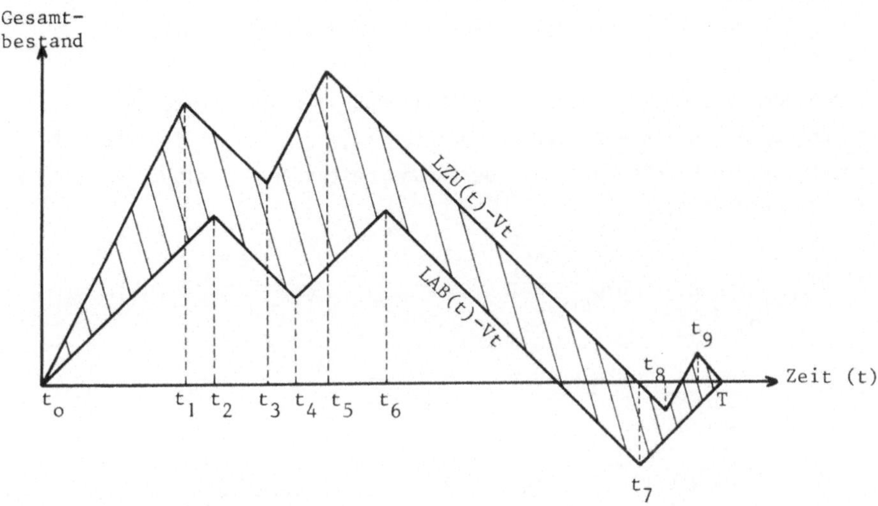

Abbildung 43: Gesamtbestandsentwicklung im Planungszeitraum T

Die Funktionen LZU(t) - Vt und LAB(t) - Vt können als Bestandsfunktionen
interpretiert werden. Der Funktionswert $LZU(t_1) - Vt_1$ zum Zeitpunkt
t_1 gibt z.B. den *Gesamtbestand* des Vorproduktes aus Stufe 1 an, *der un-*
verarbeitet oder bereits verarbeitet im Produktionssystem zum Zeitpunkt
t_1 *vorhanden ist, wenn keine Fehlmengen für das Fertigprodukt auftreten.*
Der Funktionswert $LAB(t_2) - Vt_2$ läßt sich entsprechend als Gesamtbestand für das in Stufe 2 gefertigte Produkt zum Zeitpunkt t_2 interpretieren. Treten Fehlmengen für das Fertigerzeugnis auf, ist der tatsächliche Gesamtbestand um die angefallenen Fehlmengen höher als der
durch die hier abgeleiteten Funktionen angegebene Wert. Negative Gesamtbestände, die in Abbildung 43 z.B. zum Zeitpunkt t_7 und t_8 vorliegen,
resultieren aus Verzugsbeständen des Fertigerzeugnisses. *Im folgenden*
wird mit Gesamtbestand stets der Bestand bezeichnet, der sich ohne
Berücksichtigung von Fehlmengen aus den abgeleiteten Funktionen
LZU(t) - Vt bzw. LAB(t) - Vt ergibt.

Im Modell werden die Flächen isoliert für beide Gesamtbestandsfunktionen
entsprechend den drei Bestandstypen bestimmt, die zur Ermittlung der
Lager- und Verzugskosten für das einstufige Grundmodell abgeleitet

wurden[1]. Die erforderliche Flächenbestimmung erfolgt mit Hilfe der Gesamtbestände BSA bei Produktionsbeginn und der Gesamtbestände BSE bei Produktionsende in einem Beleginterwall. Sind die Beleginterwalle $i \varepsilon I_A$ dem betrachteten Vorprodukt A aus Stufe 1 zugeordnet, ergibt sich mit Hilfe der Gesamtbestände BSA - in Abbildung 43 zu den Zeitpunkten t_0, t_3 und t_8 - und BSE - zu den Zeitpunkten t_1, t_5 und t_9 - folgender Ausdruck für die Fläche unterhalb der Gesamtbestandsentwicklung LZU(t) - Vt für Vorprodukt A.

$$(5.4) \quad \sum_{i \varepsilon I_A} \left(\underbrace{\frac{BSE_i}{2}}_{\substack{\text{Ø La-} \\ \text{gerbe-} \\ \text{stand}}} \underbrace{\frac{x_{z(i)} BSE_i}{V(x_{z(i)} - V)}}_{\text{Lagerdauer}} - \underbrace{\frac{BSA_i}{2}}_{\substack{\text{Ø Lager-} \\ \text{bestand}}} \underbrace{\frac{x_{z(i)} BSA_i}{V(x_{z(i)} - V)}}_{\text{Lagerdauer}} \right)$$

$$\underbrace{\hphantom{XXXXXXXXXXXXXXXXX}}_{\substack{\text{Produktionsende in} \\ \text{Beleginterwall i}}} \qquad \underbrace{\hphantom{XXXXXXXXXXXXXXXXX}}_{\substack{\text{Produktionsbeginn in} \\ \text{Beleginterwall i}}}$$

In der Formel (5.4) wird mit $x_{z(i)}$ die Produktionsgeschwindigkeit des Vorproduktes A in Stufe 1 und mit V die Absatzgeschwindigkeit des zugehörigen Fertigproduktes bezeichnet. Die Ermittlung der Gesamtbestände BSA_i bei Produktionsbeginn und BSE_i bei Produktionsende im Beleginterwall i wird bei der Modellformulierung im folgenden Kapitel gezeigt.

Die Beleginterwalle, in denen das nachfolgende Produkt in Stufe 2 aufgelegt werden kann, lassen sich mit Hilfe des Nachfolgeindex n(i) bezeichnen, der das auf Beleginterwall i folgende Beleginterwall in der nachfolgenden Stufe angibt[2]. Die Fläche unterhalb der Gesamtbestandsentwicklung LAB(t) - Vt für das auf Vorprodukt A folgende Produkt in Stufe 2 läßt sich durch Ausdruck (5.5) beschreiben, in dem die Produktionsgeschwindigkeit für das Nachfolgeprodukt z(n(i)) mit $x_{z(n(i))}$ bezeichnet wird. Die Gesamtbestände BSA bei Produktionsbeginn liegen in Abbildung 43 zu den Zeitpunkten t_0, t_4, t_7 und die Endbestände zu den Zeitpunkten t_2, t_6, T vor.

---

1 Vgl. Kapitel 3111 und die Formel (3.5) für die Lager- und Verzugskosten.

2 Vgl. Kapitel 3311 dieser Arbeit.

$$(5.5) \quad \sum_{i \in I_A} \left(\underbrace{\frac{BSE_{n(i)}}{2}}_{\varnothing\ \text{Lager-}\atop\text{bestand}} \quad \underbrace{\frac{x_{z(n(i))}\ BSE_{n(i)}}{V(x_{z(n(i))} - V)}}_{\text{Lagerdauer}} - \underbrace{\frac{BSA_{n(i)}}{2}}_{\varnothing\ \text{Lager-}\atop\text{bestand}} \quad \underbrace{\frac{x_{z(n(i))}\ BSA_{n(i)}}{V(x_{z(n(i))} - V)}}_{\text{Lagerdauer}} \right)$$

Produktionsende im Nachfolgebelegintervall n(i)   Produktionsbeginn im Nachfolgebelegintervall n(i)

Die erforderliche Bestandsfläche zur Ermittlung der Zwischenlagerkosten für Vorprodukt A aus Stufe 1 im Planungszeitraum T ergibt sich als Differenz der Bestandsflächen (5.4) und (5.5). Die Zwischenlagerkosten für Vorprodukt A können schließlich als Produkt aus dieser Differenz und dem Zwischenlagerkostensatz dargestellt werden.

Die zu Beginn dieses Kapitels aufgestellte Forderung, eine mathematische Formulierung für die Zwischenlagerbestandsentwicklung abzuleiten, die zu einer linearisierbaren Zwischenlagerkostenfunktion führt, wird durch die Formulierungen (5.4) und (5.5) erfüllt. Die Linearisierung der Zwischenlagerkosten erfolgt entsprechend den Lager- und Verzugskosten für Fertigerzeugnisse. Eine geeignete Vorgehensweise zur Linearisierung wird in einem Exkurs am Ende dieser Arbeit abgeleitet. Die zweite Forderung nach Konvexität der Zwischenlagerkostenfunktion im Rahmen des Modellzusammenhangs ist nicht bewiesen; sie kann nur aufgrund numerischer Tests mit dem mehrstufigen Modell vermutet werden[1].

332. Der Modellausbau für lineare Fertigungsstrukturen

Die vorangegangenen Erläuterungen gelten für lineare Fertigungsstrukturen mit einem Input-Output-Verhältnis von 1:1 zwischen allen aufeinanderfolgenden Produktionsstufen. Die Annahme linearer Fertigungsstrukturen wird für die folgende Modellformulierung zunächst noch beibehalten, die Annahme über das Input-Output-Verhältnis wird aufgegeben.

Zur mengenmäßigen Verknüpfung aufeinanderfolgender Produktionsstufen mit beliebiger, allerdings unbeeinflußbarer Input-Output-Relation wird ein Mengenfaktor m_i für jedes Vorstufenbelegintervall i definiert. Der *Mengenfaktor* m_i gibt an, wieviel Erzeugniseinheiten z(i) aus Belegintervall i für die Produktion einer Erzeugniseinheit des nachfolgenden Produkts

---

1 Vgl. die Ausführungen auf den Seiten 253 ff.

$z(n(i))$ im Nachfolgebelegintervall $n(i)$ erforderlich sind. Die Mengenfaktoren m_i sind für alle Belegintervalle i mit gleicher Produktzuordnung identisch.

Eine zusätzliche Modifikation ergibt sich bei der Bestimmung des Gesamt-
bestandes für ein Vorprodukt und bei der Zwischenlagerkostenermittlung.
Bisher konnte die Absatzgeschwindigkeit V des jeweils zugehörigen Fertigproduktes bei den Formulierungen für die Gesamtbestände[1] als Gesamtbestandsabnahme pro Zeiteinheit eingesetzt werden. Für Mengenfaktoren un-
gleich Eins ist die Gesamtbestandsabnahme pro Zeiteinheit für ein Vorprodukt nicht mehr mit der Absatzgeschwindigkeit V für das zugehörige
Endprodukt identisch, da der durchschnittliche Bedarf pro Zeiteinheit für
das betrachtete Vorprodukt von der Absatzgeschwindigkeit für das Endprodukt *und* den Mengenfaktoren zwischen den Produktionsstufen abhängt. Der
für die Modellformulierung erforderliche durchschnittliche Bedarf pro
Zeiteinheit kann bei linearer Erzeugnisstruktur und unbeeinflußbaren
Input-Output-Relationen sequentiell durch eine retrograde Mengenrechnung
als Produkt aus der Absatzgeschwindigkeit für das Fertigerzeugnis und
den Mengenfaktoren zwischen der betrachteten - und allen nachfolgenden
Produktionsstufen ermittelt werden. Für vernetzte Produktionsstrukturen
mit Rückkoppelungs-Schleifen wäre hier eine simultane Teilebedarfsrechnung zur Ermittlung des durchschnittlichen, pro Zeiteinheit erforderlichen
Bedarfs an Vorprodukten zwingend[2].

Der *durchschnittliche Bedarf* $\bar{V}_{z(i)}$ pro Zeiteinheit an Erzeugnismengen
des Vorproduktes $z(i)$ ist für jedes Vorprodukt im voraus aus der Absatzgeschwindigkeit und den Input-Output-Verhältnissen zu ermitteln. Für
Fertigerzeugnisse ist der durchschnittliche Bedarf $\bar{V}$ mit der Absatzgeschwindigkeit V identisch.

---

1 Vgl. Kapitel 3313 und die Formeln (5.4) und (5.5).

2 Zur Teilebedarfsrechnung siehe z.B. D. Adam (1977), S. 61 ff.; U.
  Berr, A. Papendieck (1968), S. 172 ff.; H. Müller-Merbach (1968),
  S. 109 ff.; A. Vazsonyi (1962), S. 385 ff.

Verzeichnis erforderlicher Symbole für den Ausbau des Modells auf lineare Fertigungsstrukturen[1]

z = Index für Vor- und Fertigprodukte $z=1,zn$

i = Belegintervallindex $i=1,in$

$z(i)$ = Index für ein Vor- oder Fertigprodukt z, das in Belegintervall i aufgelegt werden kann

$il(z)$ = Index des ersten Belegintervalls im Planungszeitraum T für Produkt z

$in(z)$ = Index des letzten Belegintervalls im Planungszeitraum T für Produkt z

Ze = Indexmenge aller Endprodukte z

$f(i)$ = Index des in der gleichen Stufe auf Belegintervall i folgenden Belegintervalls mit identischer Produktzuordnung $z(i)$

If = Indexmenge der Belegintervalle mit definiertem Folgeindex $f(i)$, d.h., der Index $in(z)$ des jeweils letzten Belegintervalls für ein Produkt z ist nicht Element der Menge If.

$n(i)$ = Index des in der nächsten Stufe auf Belegintervall i nachfolgenden Belegintervalls, in dem das Vorprodukt $z(i)$ aus Belegintervall i frühestens weiterverarbeitet werden kann

In = Indexmenge der Belegintervalle, denen ein Vorprodukt zugeordnet ist, d.h. alle Belegintervalle i mit definiertem Nachfolgeindex $n(i)$

$vg(i)$ = Index des Belegintervalls, das dem Belegintervall i in der vorgelagerten Stufe vorangeht; es gilt: $i = vg(n(i)) = n(vg(i))$

Zn = Indexmenge für alle Vorprodukte z; es gilt: $\{Zn \cup Ze\}$ = Menge aller Produktindizes $z = 1,zn$

Ie = Indexmenge der Belegintervalle, denen ein Endprodukt zugeordnet ist; es gilt: $\{In \cup Ie\}$ = Menge aller Belegintervallindizes $i=1,in$.

---

1 Hier nicht aufgeführte Symbole sind mit denen für das Grundmodell bei einstufiger Fertigung identisch.

a   = Aggregatindex

i(a)   = Index des letzten Belegintervalls, das Aggregat a zugeordnet ist, d.h., alle Belegintervalle $i = i(a-1)+1,\ldots,i(a)$ sind dem Aggregat a zugeordnet. Belegintervall $i=1$ ist stets erstes Belegintervall auf Aggregat $a=1$; für Aggregat $a=1$ gilt die Definition: $i(a-1) = i(o) = 0$.

Variable

PB_i = Produktionsbeginn im Belegintervall i $/\!\!\bar{}\,Zeitpunkt\_7$

PD_i = Produktionsdauer im Belegintervall i $/\!\!\bar{}\,ZE\_7$

F_i = Fehlmenge für das Endprodukt z(i) zwischen Produktionsende in Belegintervall $i \in Ie$ und Produktionsbeginn in Belegintervall f(i) bzw. für $i \notin If$ zwischen Produktionsende in Belegintervall i und Ende des Planungszeitraums T $/\!\!\bar{}\,ME\_7$

Fo_z = Fehlmenge des Endproduktes $z \in Ze$, die vor der ersten Auflagemöglichkeit im Belegintervall il(z) des Endproduktes z anfällt $/\!\!\bar{}\,ME\_7$

BA_i = Bestand des Endproduktes z(i) bei Produktionsbeginn im Belegintervall $i \in Ie$ (freie Variable) $/\!\!\bar{}\,ME\_7$

BE_i = Bestand des Endproduktes z(i) bei Produktionsende im Belegintervall $i \in Ie$ (freie Variable) $/\!\!\bar{}\,ME\_7$

BSA_i = Gesamtbestand des Produktes z(i) bei Produktionsbeginn im Belegintervall $i = 1$, in (freie Variable) $/\!\!\bar{}\,ME\_7$

BSE_i = Gesamtbestand des Produktes z(i) bei Produktionsende im Belegintervall $i = 1$, in (freie Variable) $/\!\!\bar{}\,ME\_7$

BSn_z = Gesamtbestand für Produkt z bei Planungsende; Der Wert der Variablen BSn_z ist für Enderzeugnisse z mit dem Vorgabebestand Bn_z identisch, wenn keine Fehlmengen für Enderzeugnis z im Planungszeitraum T anfallen. (freie Variable) $/\!\!\bar{}\,ME\_7$

BZ_i = Zwischenlagerbestand des Vorproduktes z(i) vor Produktionsbeginn im Belegintervall $i \in In$ *und* vor Produktionsbeginn im Nachfolgebelegintervall n(i) $/\!\!\bar{}\,ME\_7$

u_i $= \begin{cases} 1, & \text{falls im Belegintervall i auf Produkt z(i) umgerüstet wird} \\ 0, & \text{sonst} \end{cases}$

Konstante Parameter

$\bar{V}_{z(i)}$ = Durchschnittlicher Bedarf pro Zeiteinheit an Produkt z(i); für Endprodukte ist $\bar{V}_{z(i)}$ mit der Absatzgeschwindigkeit $V_{z(i)}$ identisch $/\bar{\ }ME/ZE\_7$.

m_i = Mengenfaktor für alle Belegintervalle i ϵ In; er gibt an, wieviel Mengeneinheiten des Produktes z(i) aus Belegintervall i zur Fertigung einer Mengeneinheit des Nachfolgeproduktes z(n(i)) in der nächsten Stufe im Belegintervall n(i) erforderlich sind.

BSo_z = Vorzugebender Gesamtbestand für Produkt z bei Planungsbeginn; BSo_z ist für Enderzeugnisse mit dem Vorgabebestand Bo_z identisch $/\bar{\ }ME\_7$.

ClS_z = modifizierter Zwischenlagerkostensatz $/\bar{\ }GE/(ME·ZE)\_7$

3321. Der Ausbau der Zielfunktion

In der Zielfunktion werden Verkaufserlöse für Fertigerzeugnisse, variable Produktionskosten, Fehlmengenkosten, Rüstkosten, Lager- und Verzugskosten für Fertigerzeugnisse sowie Zwischenlagerkosten erfaßt. Mit Ausnahme der Zwischenlagerkosten sind alle übrigen Zielfunktionskomponenten bereits für das Grundmodell bei einstufiger Fertigung formuliert. Aufgrund teilweise abweichender Indizierung werden diese Komponenten wiederholt.

Verkaufserlöse für Fertigerzeugnisse (3.1)[1]

$$(6.1) \quad \underbrace{\sum_{i\epsilon Ie} P_{z(i)}\, x_{z(i)}\, PD_i}_{\substack{\text{Verkaufserlöse aus produ-}\\ \text{zierten Fertigerzeugnis-}\\ \text{sen im Planungszeitraum T}}} \quad + \quad \underbrace{\sum_{z\epsilon Ze} P_{z(i)}\, (Bo_z - Bn_z)}_{\substack{\text{Verkaufserlöse aus Be-}\\ \text{standsdifferenzen für}\\ \text{Fertigerzeugnisse zu}\\ \text{Beginn und am Ende des}\\ \text{Planungszeitraums T}}}$$

---

[1] Die vergleichbaren Formulierungen für das einstufige Grundmodell sind in Klammern angegeben.

Losgrößenunabhängige variable Produktionskosten (3.2)

$$(6.2) \quad \sum_i k_{z(i)} \, x_{z(i)} \, PD_i$$

$\underbrace{\hphantom{\sum_i k_{z(i)} \, x_{z(i)} \, PD_i}}$

Produktionskosten für
alle Vor- und Fertig-
erzeugnisse im Pla-
nungszeitraum T

Fehlmengenkosten für Fertigerzeugnisse (3.3)

$$(6.3) \quad \sum_{z \in Ze} f_z \, Fo_z \quad + \quad \sum_{i \in Ie} f_{z(i)} \, F_i$$

Fehlmengenkosten vor   Fehlmengenkosten nach
der jeweils ersten   der ersten Auflagemög-
Auflagemöglichkeit   lichkeit der Endpro-
der Endprodukte   dukte

Reihenfolgeunabhängige Rüstkosten (3.4)

$$(6.4) \quad \sum_i Cr_{z(i)} \, u_i$$

Rüstkosten pro Um-
rüstung für alle
Auflagen der Vor-
und Fertigerzeugnisse

Lager- und Verzugskosten für Fertigerzeugnisse (3.5)

(6.5)

$$\sum_{i \in Ie} \frac{x_{z(i)}}{2V_{z(i)} (x_{z(i)} - V_{z(i)})} \left[\left\{ \begin{array}{l} Cl_{z(i)} BE_i^2 \ \text{für } BE_i \geqq 0 \\ (-Cv_{z(i)} BE_i^2) \ \text{für } BE_i < 0 \end{array} \right\} + \left\{ \begin{array}{l} (-Cl_{z(i)} BA_i^2) \ \text{für } BA_i \geqq 0 \\ Cv_{z(i)} BA_i^2 \ \text{für } BA_i < 0 \end{array} \right\} \right]$$

Bestandskosten im Planungszeitraum entsprechend den Bestandtypen 1 bis 3

$$+ \sum_{z \in Ze} \frac{1}{2V_z} \left\{ \begin{array}{l} Bo_z^2 Cl_z \text{ für } Bo_z \geq 0 \\ \\ (-Bo_z Cv_z) \text{ für } Bo_z < 0 \end{array} \right\} \qquad + \sum_{z \in Ze} \frac{1}{2V_z} \left\{ \begin{array}{l} (-Bn_z^2 Cl_z) \text{ für } Bn_z \geq 0 \\ \\ Bn_z^2 Cv_z \text{ für } Bn_z < 0 \end{array} \right\}$$

Konstante Bestandskostenkorrektur für einen Anfangsbestand $Bo_z \neq 0$ bei Planungsbeginn

Konstante Bestandskostenkorrektur für einen Endbestand $Bn_z \neq 0$ bei Planungsende

$$+ \sum_{z \in Ze} \frac{Fo_z}{V_z} \max \{-Bo_z; 0\} Cv_z \qquad + \sum_{z \in Ze} \frac{F_{in(z)}}{V_z} \max \{Bn_z; 0\} Cl_z$$

Fehlzeit · Verzugsbestand bei Planungsbeginn

Fehlzeit Lagerbestand bei Planungsende

Verzugskosten für $Bo_z < 0$ bei Auftreten von Fehlmengen Fo_z

Lagerkosten für $Bn_z > 0$ bei Auftreten von Fehlmengen $F_{in(z)}$

Zwischenlagerkosten

Zur Ableitung der Zwischenlagerkosten im Planungszeitraum T wird beispielhaft von einem dreistufigen Produktionsprozeß ausgegangen, in dem unter anderem das Enderzeugnis C auf Aggregat 3 hergestellt wird. Zur Produktion des Enderzeugnisses C ist das Zwischenprodukt B von Aggregat 2 und zur Produktion des Zwischenproduktes B ist das Vorprodukt A von Aggregat 1 erforderlich. In den drei folgenden Abbildungen sind die Bestandsentwicklungen für die Produkte C, B und A dargestellt. Der durchgezogene Kurvenzug gibt jeweils die Gesamtbestandsentwicklung und der gestrichelte Kurvenzug die Lager- und Verzugsbestandsentwicklung bzw. die Zwischenlagerentwicklung an. Der durchschnittliche Bedarf $\bar{V}_A$ bzw. $\bar{V}_B$ pro Zeiteinheit ist mit der Absatzgeschwindigkeit V_C identisch, da der Übersichtlichkeit wegen zwischen den aufeinanderfolgenden Produktionsstufen eine Input-Output-Relation von 1:1 gilt. Von jedem Produkt werden im Planungszeitraum T zwei Lose aufgelegt. Vorprodukt A wird in den Belegintervallen 1 und 6, Zwischenprodukt B in den Belegintervallen 11 und 16, und Endprodukt C wird in den Belegintervallen 21 und 26 aufgelegt.

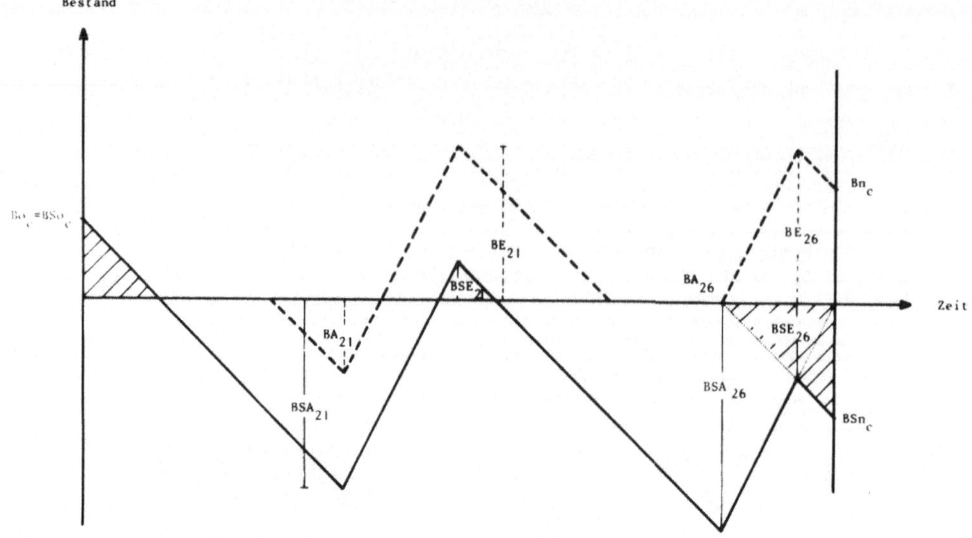

Abbildung 44: Gesamtbestands- und Bestandsentwicklung für Fertigerzeugnis C
$(x_c = 3; V_c = 1)$

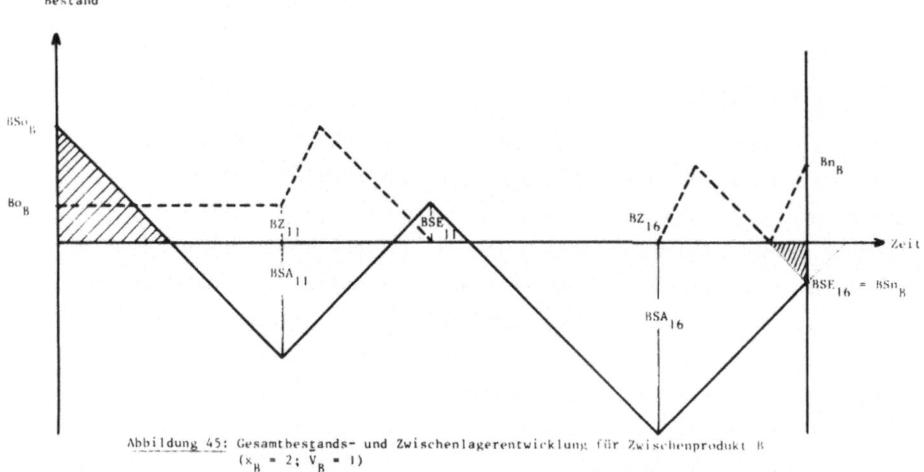

Abbildung 45: Gesamtbestands- und Zwischenlagerentwicklung für Zwischenprodukt B
$(x_B = 2; V_B = 1)$

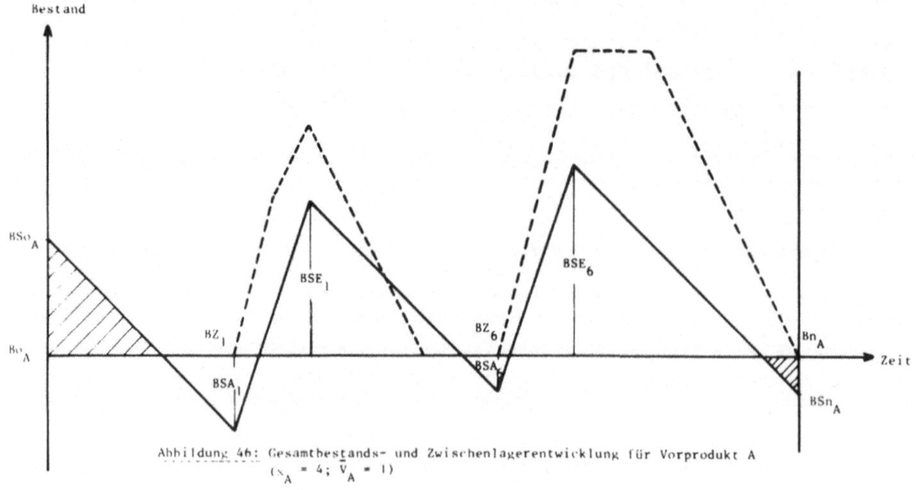

Abbildung 46: Gesamtbestands- und Zwischenlagerentwicklung für Vorprodukt A
$(x_A = 4; V_A = 1)$

In Abbildung 44 werden die Lager- und Verzugskosten für das Fertigerzeugnis C entsprechend der Formel (6.5) durch die Bestände Bo_C, BA_{21}, BE_{21}, BA_{26}, BE_{26} und Bn_C determiniert. Lager- bzw. Verzugskosten aufgrund auftretender Fehlmengen sind nicht zu berücksichtigen, da zu Beginn und am Ende des Planungszeitraums keine Fehlmengen anfallen. Die beiden letzten Summen in Formel (6.5) nehmen den Wert Null an.

Zur Ermittlung der Zwischenlagerkosten für Produkt B sind zunächst die Gesamtbestandsflächen für das Enderzeugnis C und das Zwischenerzeugnis B zu bestimmen. Die Gesamtbestandsfläche für Enderzeugnis C ist durch den Vorgabebestand $BSo_C = Bo_C$ sowie die Bestände BSA_{21}, BSE_{21}, BSA_{26}, BSE_{26} und BSn_C beschrieben, die als nicht vorzeichenbeschränkte Variable in die Modellformulierung eingehen. Die schraffierten Flächen werden durch den Bestand BSo_C bei Planungsbeginn und den Bestand BSn_C bei Planungsende determiniert. Der Gesamtbestand BSn_C bei Planungsende ist Variable des Modells; er kann nicht - wie der Gesamtbestand BSo_C bei Planungsbeginn - vorgegeben werden, da die Höhe des Bestandes BSn_C von der im Planungszeitraum anfallenden Fehlmenge für das Endprodukt C abhängt. Die Differenz zwischen dem Vorgabebestand Bn_C bei Planungsende und dem Gesamtbestand BSn_C entspricht der Fehlmenge im Planungszeitraum.

Die zu bestimmende Gesamtbestandfläche FC für das Fertigerzeugnis C ergibt sich nach folgender Formel[1].

(6.6)

$$FC = \frac{BSo_C^2}{2V_C} + \frac{x_C}{2V_C(x_C - V_C)}(BSE_{21}^2 - BSA_{21}^2 + BSE_{26}^2 - BSA_{26}^2) - \frac{BSn_C^2}{2V_C}$$

Schraffierte Fläche bei Planungsbeginn	Flächenbestimmung für Belegintervalle 21 und 26 entsprechend den Bestandstypen 2 bzw. 3	Schraffierte Fläche bei Planungsende

---

1 Vgl. die Ableitung der Bestandstypen in Kapitel 3111 und die Ermittlung der Lager- und Verzugskosten in Kapitel 3121.

Die Gesamtbestandsfläche für Zwischenerzeugnis B im Planungszeitraum
wird entsprechend Abbildung 45 durch den vorzugebenden Gesamtbestand
BSo_B bei Planungsbeginn sowie die Bestandsvariablen BSA_{11}, BSE_{11}, BSA_{16},
BSE_{16} und BSn_B beschrieben. Als Gesamtbestandsfläche FB ergibt sich
der Ausdruck (6.7).

(6.7)

$$FB = \frac{BSo_B^2}{2\overline{V}_B} + \frac{x_B}{2\overline{V}_B(x_B - \overline{V}_B)} (BSE_{11}^2 - BSA_{11}^2 + BSE_{16}^2 - BSA_{16}^2) - \frac{BSn_B^2}{2\overline{V}_B}$$

Schraffierte Fläche bei Planungsbeginn	Flächenbestimmung für Belegintervalle 11 und 16 entsprechend den Bestandstypen 2 bzw. 3	Schraffierte Fläche bei Planungsende

Die gesuchte Bestandsfläche unterhalb des gestrichelten Kurvenzuges für
die Zwischenlagerbestandsentwicklung in Abbildung 45 ist identisch mit
der Differenz aus dem Ausdruck (6.7) und (6.6). Die Zwischenlagerkosten
im Planungszeitraum T für Produkt B ergeben sich somit als Produkt aus
dieser Differenz und dem Zwischenlagerkostensatz Cl_B.

Zur Bestimmung der Zwischenlagerkosten im Planungszeitraum für Vorprodukt
A wird die Gesamtbestandsfläche für Zwischenprodukt B und Vorprodukt A
benötigt. Die Fläche für das Zwischenprodukt B ist bereits durch den
Ausdruck (6.7) abgebildet. Für Vorprodukt A ergibt sich die Gesamtbestandsfläche entsprechend Abbildung 46 aus dem vorgegebenen Gesamtbestand
BSo_A bei Planungsbeginn und den Bestandsvariablen BSA_1, BSE_1, BSA_6, BSE_6
sowie BSn_A.

(6.8)

$$FA = \frac{BSo_A^2}{2\overline{V}_A} + \frac{x_A}{2\overline{V}_A(x_A - \overline{V}_A)} (BSE_1^2 - BSA_1^2 + BSE_6^2 - BSA_6^2) - \frac{BSn_A^2}{2\overline{V}_A}$$

Schraffierte Fläche bei Planungsbeginn	Flächenbestimmung für Belegintervall 1 und 6 entsprechend dem Bestandstyp 2	Schraffierte Fläche bei Planungsende

Die Zwischenlagerkosten im Planungszeitraum T für Vorprodukt A ergeben sich, wenn die Differenz der Ausdrücke (6.8) und (6.7) mit dem Zwischenlagerkostensatz Cl_A multipliziert wird.

Die Summe der Zwischenlagerkosten im Planungszeitraum T für Vorprodukt A und Zwischenprodukt B kann mit Hilfe der Symbole FA, FB und FC für die Gesamtbestände dargestellt werden.

$$(6.9) \qquad \underbrace{(FA - FB)\, Cl_A}_{\substack{\text{Zwischenlagerkosten} \\ \text{für Vorprodukt A}}} \qquad + \qquad \underbrace{(FB - FC)\, Cl_B}_{\substack{\text{Zwischenlagerkosten} \\ \text{für Zwischenprodukt B}}}$$

Im Beispiel gelten Input-Output-Relationen von 1:1 zwischen den aufeinanderfolgenden Stufen. Wird diese Annahme aufgegeben, sind die Bestandsflächen vor der Subtraktion gleichnamig zu machen und der durchschnittliche Bedarf pro Zeiteinheit für die Produkte A und B durch eine retrograde Mengenrechnung zu bestimmen. Gibt der Mengenfaktor $m_A(m_B)$ die Anzahl der Erzeugniseinheiten von Produkt A(B) an, die pro Erzeugniseinheit für das Produkt B(C) erforderlich sind, verändert sich der durchschnittliche Bedarf $\bar{V}_A$ und $\bar{V}_B$ pro Zeiteinheit entsprechend den vorgegebenen Mengenfaktoren. Der durchschnittliche Bedarf $\bar{V}_B$ pro Zeiteinheit an Zwischenprodukt B entspricht für $m_B \neq 1$ nicht mehr der Absatzgeschwindigkeit V_C für das Enderzeugnis C, sondern dem Produkt aus dem Mengenfaktor m_B und der Absatzgeschwindigkeit V_C. Für Vorprodukt A gilt entsprechend $\bar{V}_A = m_A\, \bar{V}_B = m_A\, m_B\, V_C$ [1].

Für Mengenfaktoren $m_A \neq 1$ und $m_B \neq 1$ geht die Summe der Zwischenlagerkosten in die allgemeinere Formulierung (6.10) über.

$$(6.10) \qquad \underbrace{(FA - m_A\, FB)\, Cl_A}_{\substack{\text{Zwischenlagerkosten} \\ \text{für Vorprodukt A}}} \qquad + \qquad \underbrace{(FB - m_B\, FC)\, Cl_B}_{\substack{\text{Zwischenlagerkosten} \\ \text{für Zwischenprodukt B}}}$$

Der Ausdruck (6.10) kann vereinfacht werden, wenn die beiden Terme für die Gesamtbestandsfläche FB zusammengefaßt werden.

---

1 Vgl. die Einleitung des Kapitels 332 und die dort angegebene Literatur zur Teilebedarfsrechnung.

$$(6.11) \quad Cl_A \, FA \quad + \quad (Cl_B - m_A \, Cl_A) \, FB \quad - \quad m_B \, Cl_B \, FC$$

$$\underbrace{\text{Erste Produktionsstufe}} \qquad \underbrace{\text{Zwischenstufe}} \qquad \underbrace{\text{letzte Produktionsstufe}}$$

Summe der Zwischenlagerkosten für Vorprodukt A und Zwischenprodukt B

Wird das Beispiel verlassen und der allgemeine Fall mit mehr als drei Produktionsstufen und beliebig vielen Produkten betrachtet, gilt der erste Summand im Ausdruck (6.11) entsprechend für alle Vorprodukte, die in der ersten Produktionsstufe hergestellt werden, d.h.,bei der Flächenbestimmung sind alle Belegintervalle zu berücksichtigen, deren Vorprodukte der ersten Produktionsstufe zugeordnet sind. Der zweite Summand gilt allgemein für alle Zwischenprodukte, und der dritte Summand gilt für alle Endprodukte, die aus einem mehrstufigen Fertigungsprozeß hervorgehen.

Zur Vereinfachung der Schreibweise für die Zwischenlagerkosten wird für die Kostenkoeffizienten in der Formulierung (6.11) ein neuer Kostensatz $Cl S_Z$ eingeführt. Für diesen Kostensatz $Cl S_Z$ gilt entsprechend (6.11) folgende Definition.

$$Cl S_A = Cl_A \qquad \text{(Erste Stufe)}$$

$$Cl S_B = (Cl_B - m_A \, Cl_A) \qquad \text{(Zwischenstufe)}$$

$$Cl S_C = - \, m_B \, Cl_B \qquad \text{(Endstufe)}$$

Zur allgemeinen Definition der Kostensätze $Cl S_Z$ wird der Index-Pointer $vg(i)$ verwendet, der jeweils auf das Belegintervall zeigt, das dem betrachteten Belegintervall i in der vorherigen Stufe vorangeht. Der Index-Pointer $vg(i)$ kann als Umkehrfunktion des Nachfolgeindex $n(i)$ interpretiert werden.

Für alle Belegintervalle i mit Vorprodukten $z(i)$ der ersten Produktionsstufen ist der Kostensatz $Cl S_{z(i)}$ mit dem Zwischenlagerkostensatz $Cl_{z(i)}$ identisch. Es gilt die Definition (6.12).

$$(6.12) \quad Cl S_{z(i)} = Cl_{z(i)} \qquad \text{(Erste Stufe)}$$

Zur Definition der Kostensätze ClS_z für alle Zwischen- und Endprodukte wird der Vorgängerindex vg(i) zur Indizierung der Lagerkostensätze und der Mengenfaktoren verwendet, die dem vorangehenden Produkt z(vg(i) bzw. dem vorangehenden Belegintervall vg(i) in der vorgelagerten Produktionsstufe zugeordnet sind. Die folgende Definition (6.13) gilt für alle Zwischenprodukte bzw. für deren Belegintervalle, und die Definition (6.14) gilt für alle Belegintervalle, denen ein Endprodukt zugeordnet ist, das aus einem mehrstufigen Fertigungsprozeß hervorgeht.

$$(6.13) \qquad ClS_{z(i)} = Cl_{z(i)} - m_{vg(i)} \, Cl_{z(vg(i))} \qquad \text{(Zwischenstufen)}$$

$$(6.14) \qquad ClS_{z(i)} = - m_{vg(i)} \, Cl_{z(vg(i))} \qquad \text{(Endstufen)}$$

Die Definition der Kostensätze ClS_z führt zu einer einheitlichen Formulierung der Zwischenlagerkosten, in der alle Belegintervalle ohne die Einteilung nach Produktionsstufen unter einem Summenzeichen zusammengefaßt werden können. Für Endprodukte z, die aus einem einstufigen Fertigungsprozeß hervorgehen, wird in der folgenden Formulierung der Zwischenlagerkosten ein Kostensatz ClS_z in Höhe von Null angenommen.

Zwischenlagerkosten

$$(6.15) \qquad \sum_i ClS_{z(i)} \, \frac{x_{z(i)}}{2\overline{V}_{z(i)} (x_{z(i)} - \overline{V}_{z(i)})} \, (BSE_i^2 - BSA_i^2)$$

Zwischenlagerkosten im Planungszeitraum ohne Berücksichtigung von Beständen bei Planungsbeginn und Planungsende

$$+ \sum_z ClS_z \, \frac{1}{2\overline{V}_z} \, (BSo_z^2 - BSn_z^2)$$

Zwischenlagerkostenkorrektur aufgrund unterschiedlicher Gesamtbestände BSo_z (Vorgabebestand) bei Planungsbeginn und BSn_z (Modellvariable) bei Planungsende

3322. Der Ausbau des Restriktionssystems

Das Restriktionssystem für das mehrstufige Modell beinhaltet Auflagen-
reihenfolgebedingungen zur Festlegung der zeitliche Folge der Belegintervalle auf jedem Aggregat, Bestandsfortschreibungsbedingungen, Rüstbedingungen und Stufenwechselbedingungen zur Abstimmung der Produktionstermine in aufeinanderfolgenden Produktionsstufen.

Auflagenreihenfolgebedingung (3.6) bis (3.8)

Durch die Auflagenreihenfolgebedingung wird die vorgegebene zeitliche
Folge der Belegintervalle für jedes Aggregat erzwungen. Das erste Beleg-
intervall $i(a-1)+1$ für jedes Aggregat a darf frühestens zum Zeitpunkt
Null beginnen.

$$(6.16) \qquad \underbrace{PB_i - tr_{z(i)}\, u_i}_{\substack{\text{Anfangszeitpunkt des ersten} \\ \text{Belegintervalls für Aggregat a}}} \;\geq\; 0 \qquad \forall \; a \text{ mit } i=i(a-1)+1$$

Für alle übrigen Belegintervalle muß der Anfangszeitpunkt für Belegintervall i größer gleich dem Endzeitpunkt für Belegintervall i-1 sein. Die
folgende Bedingung gilt somit für alle Aggregate a und alle Belegintervalle i des Aggregates a von $i(a-1)+2$ bis $i(a)$.

$$(6.17) \qquad \underbrace{PB_i - tr_{z(i)}\, u_i}_{\substack{\text{Anfangszeitpunkt des} \\ \text{Belegintervalls i} \\ \text{für Aggregat a}}} \;\geq\; \underbrace{PB_{i-1} + PD_{i-1}}_{\substack{\text{Endzeitpunkt des} \\ \text{Belegintervalls} \\ \text{i-1 für Aggre-} \\ \text{gat a}}} \quad \forall \; a \text{ mit } i=i(a-1)+2, i(a)$$

Das letzte Belegintervall $i(a)$ für jedes Aggregat a darf den Planungszeitraum T nicht überschreiten.

$$(6.18) \qquad \underbrace{PB_{i(a)} + PD_{i(a)}}_{\substack{\text{Endzeitpunkt des} \\ \text{letzten Beleginter-} \\ \text{valls auf Aggregat a}}} \;\leq\; \underbrace{T}_{\substack{\text{Ende des Pla-} \\ \text{nungszeitraums}}} \qquad \forall \; a$$

Eine der alternativen *Rüstbedingungen* (3.9) bzw. (3.10) bis (3.12) kann
unverändert für die mehrstufige Modellformulierung übernommen werden.
Eine Wiederholung der Formulierungen ist nicht erforderlich.

Die *Bedingungen* (3.13) bis (3.16) *zur Fortschreibung der Fertigerzeug-
nisbestände* BA bzw. BE bleiben formal erhalten. Sie werden hier ausschließlich für die Beleginvervalle i ε Ie formuliert, in denen ein
Enderzeugnis aufgelegt werden kann.

Fortschreibungsbedingung für die Zwischenlagerbestände

Zusätzlich zu diesen Restriktionen sind Fortschreibungsbedingungen für
den Zwischenlagerbestand BZ_i vor Produktionsbeginn in Beleginvervall i
und vor Produktionsbeginn im Nachfolgebeleginvervall n(i) zu definieren.
Für das jeweils erste Beleginvervall i1(z) des Vorproduktes z ist der
Zwischenlagerbestand $BZ_{i1(z)}$ identisch mit dem Vorgabebestand bei Planungsbeginn für das Vorprodukt z, da dieser Zwischenlagerbestand vor
Produktionsbeginn in der betrachteten und der nachfolgenden Stufe gemessen wird. Die folgende *Startbedingung* für die Zwischenlagerbestands-
fortschreibung ist für alle Vorprodukte z ε Zn zu formulieren.

$$(6.19) \qquad BZ_{i1(z)} \qquad = \qquad Bo_z \qquad\qquad \forall\, z\ \varepsilon\ Zn$$

<table>
<tr><td>Zwischenlagerbestand
für das erste Beleg-
intervall des Vorpro-
duktes z</td><td>Vorgegebener Zwi-
schenlagerbestand
bei Planungsbeginn</td></tr>
</table>

Zur Fortschreibung der Zwischenlagerbestände BZ_i wird die Produktionsmenge $x_{z(i)}$ PD_i des Vorproduktes z(i) im Beleginvervall i addiert und
die Produktionsmenge $x_{z(n(i))}$ $PD_{n(i)}$ des nachfolgenden Produkts z(n(i))
im Nachfolgebeleginvervall n(i) - multipliziert mit dem Mengenfaktor
m_i - subtrahiert. Der Zwischenlagerbestand $BZ_{f(i)}$ für das auf Beleginvervall i folgende Beleginvervall mit gleicher Produkt- und Stufenzuordnung
wird durch Fortschreibung aus dem Zwischenlagerbestand BZ_i entsprechend
der folgenden Bedingung (6.20) gewonnen. Diese Bedingung ist für alle
Vorstufenbeleginvervall i ε {If - Ie} mit definiertem Folgeindex
f(i) zu formulieren. Durch die angegebene Differenzmenge werden aus der
Menge If alle Beleginvervalle i ε Ie ausgeschlossen, in denen

ein Endprodukt aufgelegt werden kann.

$$(6.20) \qquad BZ_{f(i)} = BZ_i + x_{z(i)}PD_i - m_i x_{z(n(i))}PD_{n(i)} \quad \forall\ i \in \{If - Ie\}$$

Zwischenlagerbestand für Belegintervall f(i)	Zwischenlagerbestand für Belegintervall i	Produktionsmenge im Belegintervall i	Bedarf an Erzeugniseinheiten z(i) für die Produktion im Nachfolgebeleginterval n(i) der Folgestufe

Durch Abschlußbedingungen ist schließlich dafür zu sorgen, daß der Zwischenlagerbestand für alle Vorprodukte z ∈ Zn bei Planungsende den Vorgabebestand Bn_z für Vorprodukt z erreicht.

$$(6.21) \qquad Bn_z = BZ_{in(z)} + x_z PD_{in(z)} - x_{z(n(in(z)))}PD_{n(in(z))} \quad \forall\ z \in Zn$$

Vorgabebestand bei Planungsende für Vorprodukt z	Zwischenlagerbestand für das letzte Belegintervall des Vorproduktes z	Produktionsmenge im letzten Belegintervall des Vorproduktes z	Bedarf an Erzeugniseinheiten z für die Produktion im Nachfolgebeleginterval der Folgestufe

Stufenwechselbedingungen

Zur Abstimmung der Produktionstermine ist alternativ eine der drei im Kapitel 3312 abgeleiteten Stufenwechselbedingungen für jedes Vorstufenbelegintervall i ∈ In in die Modellformulierung aufzunehmen. Die bereits abgeleiteten Bedingungen (5.1) bis (5.3) können unverändert in der Modellformulierung verwendet werden, wenn Input-Output-Relationen von 1:1 zwischen allen aufeinanderfolgenden Stufen vorliegen. Für Mengenfaktoren $m_i \neq 1$ wird die Produktionsgeschwindigkeit $x_{z(n(i))}$ in der Folgestufe durch den Bedarf an Erzeugniseinheiten des Vorproduktes z(i) pro Zeiteinheit während der Produktionszeit im Nachfolgebelegintervall n(i) ersetzt. Dieser Bedarf pro Zeiteinheit entspricht dem Produkt aus dem Mengenfaktor m_i und der Produktionsgeschwindigkeit $x_{z(n(i))}$ für das Folgeprodukt z(n(i)) im Nachfolgebelegintervall n(i). Die beschriebene Veränderung in den Stufenwechselbedingungen (5.1) bis (5.3) führt zu den allgemeinen Bedingungen (6.22) bis (6.24) für die Modellformulierung.

Geschlossener Materialfluß

$$(6.22) \qquad PB_i + PD_i \; \lessgtr \; PB_{n(i)} \; + \; \frac{BZ_i}{m_i x_{z(n(i))}} \qquad \forall \; i \; \varepsilon \; In$$

Produktionsende im Vorstufenbelegintervall i	Produktionsbeginn im Nachfolgebelegintervall n(i)	Produktionszeit im Nachfolgebelegintervall n(i) zum Abbau des Zwischenlagerbestandes BZ_i

Offener Materialfluß bei identischer oder höherer Produktionsgeschwindigkeit in der Vorstufe ($x_{z(i)} \gtrless m_i x_{z(n(i))}$)

$$(6.23) \qquad PB_i \; \lessgtr \; PB_{n(i)} \; + \; \frac{BZ_i}{m_i x_{z(n(i))}} \qquad \forall \; i \; \varepsilon \; In$$

Produktionsbeginn im Vorstufenbelegintervall i	Produktionsbeginn im Nachfolgebelegintervall n(i)	Produktionszeit im Nachfolgebelegintervall n(i) zum Abbau des Bestandes BZ_i

Offener Materialfluß bei geringerer Produktionsgeschwindigkeit in der Vorstufe ($x_{z(i)} < m_i x_{z(n(i))}$)

$$(6.24) \qquad PB_i \; \lessgtr \; PB_{n(i)} + PD_{n(i)} \; - \; \frac{m_i x_{z(n(i))} PD_{n(i)} - BZ_i}{x_{z(i)}} \qquad \forall \; i \; \varepsilon \; In$$

Produktionsbeginn im Vorstufenbelegintervall i	Produktionsende im Nachfolgebelegintervall n(i)	Mindest-Produktionszeit im Vorstufenbelegintervall i zur Deckung des Bedarfs an Vorprodukten z(i) für die Produktion im Nachfolgebelegintervall n(i)

Bedingung zur Fortschreibung der Gesamtbestände BSA

Die Gesamtbestände BSA sind zur Ermittlung der Zwischenlagerkosten erforderlich. Der Gesamtbestand BSA_i bei Produktionsbeginn im Belegintervall i bezeichnet den Summenbestand aller Mengeneinheiten des Produktes
z(i), die verarbeitet oder unverarbeitet im Produktionssystem bei Produktionsbeginn im Belegintervall i vorhanden sind. Fehlmengen werden bei
der Bestandsbestimmung nicht berücksichtigt, d.h., der hier ermittelte

Gesamtbestand weicht von dem tatsächlichen Gesamtbestand ab, wenn Fehlmengen während des Planungszeitraums auftreten.

Bei Planungsbeginn sind die Gesamtbestände BSo_z für alle Produkte z vorgegeben. Für Enderzeugnisse gilt $BSo_z = Bo_z$. Der Gesamtbestand $BSA_{i1(z)}$ im ersten Belegintervall i1(z) des Produktes z läßt sich aus dem Vorgabebestand BSo_z ermitteln, wenn von dem Vorgabebestand BSo_z der durchschnittliche Bedarf an Produkt z zwischen Planungsbeginn und Produktionsbeginn im Belegintervall i1(z) subtrahiert wird. Der durchschnittliche Bedarf für diese Zeitspanne ergibt sich als Produkt des Produktionsbeginns $PB_{i1(z)}$ im Belegintervall i1(z) und dem durchschnittlichen Bedarf $\bar{V}_z$ pro Zeiteinheit an Produkt z. Der Bedarf $\bar{V}_z$ kann mit Hilfe einer retrograden Mengenrechnung aus der Absatzgeschwindigkeit des zugehörigen Endproduktes bestimmt werden[1]. Für Endprodukte ist der durchschnittliche Bedarf mit der Absatzgeschwindigkeit identisch.

Startbedingung[2]

$$(6.25) \qquad BSA_{i1(z)} \quad = \quad BSo_z \quad - \quad \bar{V}_z (PB_{i1(z)} - 0) \quad \forall\ z$$

<table>
<tr><td>

Gesamtbestand
des Produktes z
bei Produktions-
beginn im ersten
Belegintervall
für Produkt z

</td><td>

vorgegebener Ge-
samtbestand für
Produkt z bei
Planungsbeginn

</td><td>

Bedarf an Produkt
z zwischen Pla-
nungsbeginn und
Produktionsbeginn
im ersten Beleg-
intervall für
Produkt z

</td></tr>
</table>

Für alle Belegintervalle $i \in If$ wird der Gesamtbestand $BSA_{f(i)}$ aus dem Gesamtbestand BSA_i fortgeschrieben. Wird zu BSA_i die Produktionsmenge $x_{z(i)} PD_i$ im Belegintervall i addiert und der Bedarf $\bar{V}_{z(i)} (PB_{f(i)} - PB_i)$ an Produkt z(i) zwischen Produktionsbeginn PB_i im Belegintervall i und Produktionsbeginn $PB_{f(i)}$ im Folgebelegintervall f(i) auf dem gleichen Aggregat subtrahiert, resultiert der Gesamtbestand $BSA_{f(i)}$ bei Produktionsbeginn im Belegintervall f(i).

---

1 Vgl. die Einleitung zu Kapitel 332.

2 Zu den folgenden Formulierungen vgl. die Fortschreibungsbedingungen
  (3.13) bis (3.16).

$$(6.26) \quad BSA_{f(i)} = BSA_i + x_{z(i)}PD_i - \bar{V}_{z(i)}(PB_{f(i)} - PB_i) \quad \forall \; i \varepsilon If$$

Gesamtbestand bei Produktionsbeginn im Belegintervall f(i)	Gesamtbestand bei Produktionsbeginn im Belegintervall i	Produktionsmenge im Belegintervall i	Bedarf an Produkt z(i) zwischen Produktionsbeginn im Belegintervall i und f(i)

Der Gesamtbestand BSn_z des Produktes z bei Planungsende ist von der anfallenden Fehlmenge für Produkt z im Planungszeitraum abhängig[1]. Der Endbestand BSn_z ist somit Variable des Modells. Er wird durch die folgende Abschlußbedingung determiniert. Der Gesamtbestand BSn_z ergibt sich aus dem Gesamtbestand $BSA_{in(z)}$ im letzten Belegintervall in(z) für Produkt z, wenn zu $BSA_{in(z)}$ die Produktionsmenge $x_z PD_{in(z)}$ addiert und anschließend der Bedarf $\bar{V}_z(T-PB_{in(z)})$ an Produkt z zwischen Produktionsbeginn $PB_{in(z)}$ im letzten Belegintervall in(z) für Produkt z und dem Ende des Planungszeitraums T subtrahiert wird.

<u>Abschlußbedingung</u>

$$(6.27) \quad BSn_z = BSA_{in(z)} + x_z PD_{in(z)} - \bar{V}_z(T-PB_{in(z)}) \quad \forall \; z$$

Gesamtbestand für Produkt z bei Planungsende	Gesamtbestand bei Produktionsbeginn im letzten Belegintervall für Produkt z	Produktionsmenge im letzten Belegintervall für Produkt z	Bedarf an Produkt z zwischen Produktionsbeginn im letzten Belegintervall für Produkt z und Ende des Planungszeitraums T

<u>Bedingung zur Bestimmung der Gesamtbestände BSE bei Produktionsende</u>

Der Gesamtbestand BSE_i für Produkt z(i) bei Produktionsende im Belegintervall i ermittelt sich aus dem Anfangsbestand BSA_i bei Produktionsbeginn durch Addition der Produktionsmenge $x_{z(i)}PD_i$ und Subtraktion des Bedarfs $\bar{V}_{z(i)}PD_i$ an Produkt z(i) während der Produktionszeit PD_i.

---

[1] Diese Abhängigkeit folgt aus der Vorgabe der Bestände Bn_z, die bei Planungsende vorliegen sollen.

$$(6.28) \quad BSE_i \;=\; BSA_i \;+\; x_{z(i)}PD_i \;-\; \bar{V}_{z(i)}PD_i \qquad \forall\ i$$

Gesamtbestand bei Produktionsende im Belegintervall i	Gesamtbestand bei Produktionsbeginn im Belegintervall i	Produktionsmenge im Belegintervall i	Bedarf während der Produktionsdauer im Belegintervall i

Formalbedingungen

$$(6.29) \quad PB_i,\; PD_i \;\geq\; 0 \qquad\qquad \forall\ i$$

$$u_i \;\varepsilon\; \{0,1\} \qquad\qquad \forall\ i$$

$$BZ_i \;\geq\; 0 \qquad\qquad \forall\ i\ \varepsilon\ In$$

$$Fo_z \;\geq\; 0 \qquad\qquad \forall\ z\ \varepsilon\ Ze$$

$$F_i \;\geq\; 0 \qquad\qquad \forall\ i\ \varepsilon\ Ie$$

Nicht vorzeichenbeschränkte Variable:

$$BA_i,\; BE_i \qquad\qquad \forall\ i\ \varepsilon\ Ie$$

$$BSA_i,\; BSE_i \qquad\qquad \forall\ i$$

$$BSn_z \qquad\qquad \forall\ z$$

333. Modellerweiterungen für vernetzte Fertigungsstrukturen

Bislang ist die Modellerweiterung für die mehrstufige Fertigung unter
der Annahme linearer Produktionsprozesse ohne die Möglichkeit der
Parallelproduktion einer Erzeugnisart abgeleitet worden, wobei jedem
Vorstufenbelegintervall i eindeutig *ein* Folgebelegintervall n(i) in der
jeweils nachgelagerten Produktionsstufe und jedem Zwischen- sowie Endstufenbelegintervall i *ein* Vorgängerbelegintervall vg(i) in der vorgelagerten Produktionsstufe zugeordnet ist. Diese eindimensionale Zuordnung ist bei vernetzten Fertigungsstrukturen nicht gegeben. Hier können
für jedes Belegintervall - je nach der Art der abzubildenden Produktionsstruktur - mehrere Vorgängerbelegintervalle und/oder Nachfolgebelegintervalle mit unterschiedlicher Maschinenzuordnung definiert werden. Der Sonderfall, daß z.B. alle für einen Montageprozeß erforderlichen Vorprodukte auf einem einzigen Aggregat hergestellt werden, ist in den folgenden Modellerweiterungen stets enthalten und wird nicht besonders berücksichtigt.

Im einzelnen werden konvergierende und divergierende Produktionsprozesse
sowie Verzweigungen und Vereinigungen des Materialflusses einer Erzeugnisart zugelassen, die parallel auf funktionsgleichen, kostenverschiedenen Aggregaten gefertigt werden kann[1].

3331. Konvergierende Prozesse

Als typische Beispiele für konvergierende Produktionsprozesse[2] werden
Misch- und Montageprozesse angesehen, bei denen mehrere Vorprodukte zu
einem Zwischen- oder Endprodukt zusammengebaut, chemisch verbunden oder
zusammengemischt werden. Im Modell werden ausschließlich konvergierende
Prozesse mit starrer Relation der Inputfaktoren berücksichtigt, d.h. bei-
spielweise, die Rezepturplanung[3] für Mischprozesse ist bereits abgeschlossen, und die Einsatzverhältnisse der Inputfaktoren sind konstant
im Planungszeitraum.

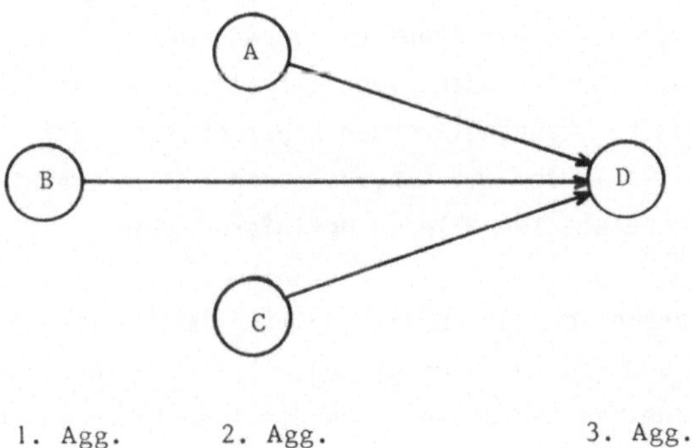

<u>Abbildung 47:</u> Konvergierender Produktionsprozeß

In Abbildung 47 ist ein konvergierender Produktionsprozeß dargestellt.
Zur Fertigung des Endproduktes D auf Aggregat 3 sind gleichzeitig die
Vorprodukte A und C von Aggregat 2 sowie das Vorprodukt B von Aggregat 1
erforderlich. Gleichzeitig mit Produktionsbeginn eines Loses des Endpro-

---

1 Vgl. Kapitel 133 dieser Arbeit.

2 Vgl. E. Kosiol (1966), S. 157 f.

3 Zur Rezepturplanung vgl. <u>M.V. Thormählen</u> (1974), S. 61 ff.

duktes D ist für eine kontinuierliche Materialzufuhr aller Vorprodukte A,
B und C zu sorgen, um einen zulässigen Produktionsablauf zu gewährleisten.
Diese Bedingung wird erfüllt, wenn die Produktionstermine durch jeweils
eine Stufenwechselbedingung zwischen jedem Vorprodukt und dem Endprodukt
(A-D, B-D und C-D) koordiniert werden. Für die Formulierung der einzelnen
Stufenwechselbedingungen ergibt sich kein Unterschied zu den bereits abgeleiteten Bedingungen (5.1) bis (5.3) bzw. (6.22) bis (6.24); sie werden unverändert für die Abbildung konvergierender Produktionsprozesse
übernommen.

Veränderungen der Modellformulierung resultieren aus der mehrdimensionalen
Vorgängerbeziehung für das Endprodukt D. Zur Abbildung von Misch- oder
Montageprozessen werden mehrere Vorstufenbelegintervalle für A, B und C
definiert, denen auf der nachgelagerten Produktionsstufe ein gemeinsames
Nachfolgebelegintervall (für D) folgt. Die eindimensionale Nachfolgebeziehung zwischen den Belegintervallen aufeinanderfolgender Stufen, die
durch den Index-Pointer $n(i)$ für jedes Vorstufenbelegintervall i definiert
wird, bleibt unverändert erhalten. Die Vorgängerbeziehung, die durch den
Index-Pointer $vg(i)$ beschrieben wird, ist allerdings der veränderten
Planungssituation bei konvergierenden Prozessen anzupassen, da hier für
ein Belegintervall, in dem ein konvergierender Prozeß stattfinden kann,
mehrere Vorstufenbelegintervalle zu definieren sind.

Die mehrdimensionale Vorgängerbeziehung wird im Modell erfaßt, indem für
jedes Zwischen- und Endstufenbelegintervall i alle Vorgängerbelegintervalle in der vorgelagerten Stufe durch die Indexmenge VG_i beschrieben
werden. Für Belegintervalle i, in denen kein konvergierender Prozeß erfolgt, beinhaltet die Menge VG_i nur einen einzigen Belegintervallindex,
der mit dem ursprünglichen Vorgängerindex $vg(i)$ identisch ist.

Für die Modellformulierung ist die Vorgängerbeziehung allein in der
Zielfunktion zur Formulierung der Zwischenlagerkosten bzw. zur Definition
des Kostensatzes ClS erforderlich, der zur Vereinfachung der Schreibweise
für die Zwischenlagerkosten eingeführt wurde. In der Definition (6.13)
für die Zwischenstufen und (6.14) für alle Endstufen ist der Lagerkostensatz $Cl_{z(k)}$ aller Vorprodukte $z(k)$ mit $k \in VG_i$ zu berücksichtigen.
Der Ausdruck $m_{vg(i)} Cl_{z(vg(i))}$ für das bislang einzige Vorstufenbelegintervall $vg(i)$ wird in den Formulierungen (6.13) und (6.14) durch die

Summe $m_k Cl_{z(k)}$ aller Vorstufenbelegintervalle $k \in VG_i$ ersetzt. Anstelle der Definitionen (6.13) und (6.14) für den Kostensatz ClS werden bei konvergierenden Produktionsprozessen die folgenden Definitionen (7.1) und (7.2) verwendet.

$$(7.1) \qquad ClS_{z(i)} = Cl_{z(i)} - \sum_{k \in VG_i} m_k Cl_{z(k)} \qquad \text{(Zwischenstufen)}$$

$$(7.2) \qquad ClS_{z(i)} = \qquad - \sum_{k \in VG_i} m_k Cl_{z(k)} \qquad \text{(Endstufen)}$$

Zusätzliche Modellerweiterungen für den Fall konvergierender Produktionsprozesse sind nicht erforderlich, da die mehrdimensionale Vorgängerbeziehung allein für die Definition der Kostensätze ClS benötigt wird. Das Restriktionssystem bleibt aufgrund der - wie bisher - eindimensionalen Nachfolgebeziehung unverändert.

3332. Divergierende Prozesse

Die Abbildung divergierender Fertigungsprozesse, bei denen aus bestimmten Inputfaktoren technisch zwangsläufig mehrere verschiedenartige Produkte gewonnen werden (Kuppelproduktion)[1], wird auf starre Outputrelationen für die aus einem Prozeß hervorgehenden Kuppelprodukte begrenzt[2].

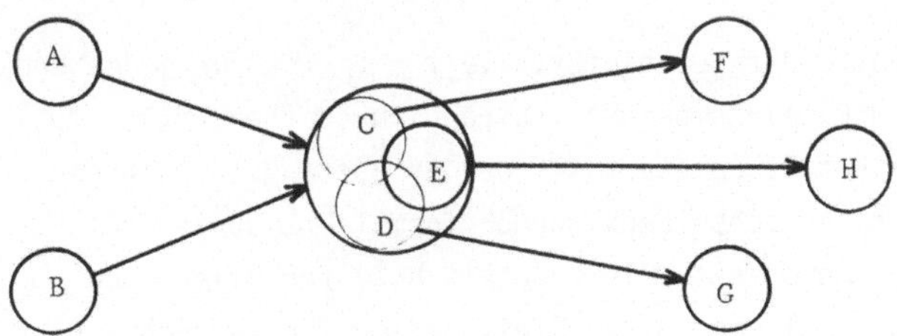

Abbildung 48: Divergierender Produktionsprozeß

Für den in Abbildung 48 dargestellten divergierenden Produktionsprozeß sind die Vorprodukte A und B erforderlich. Die in starrer Relation an-

---

1 Vgl. D. Adam (1977), S. 89 ff.; C. Gerhardt (1966), S. 1 ff.; E. Gutenberg (1976), S. 446; P. Riebel (1955), S. 27 ff.; vgl. auch W. Kilger (1973), S. 340 ff. und die dort angegebene Literatur.

2 Vgl. Kapitel 133 dieser Arbeit.

fallenden Kuppelprodukte C, D und E werden anschließend zu den Endpro-
dukten F, G bzw. H weiterverarbeitet. Die modellmäßige Integration der
Kuppelproduktion bei starrer Kopplung des Outputs erfolgt mit Hilfe der
Belegintervalle $i \in Ip$, die für jeden Kuppelprozeß definiert werden.
Diese Belegintervalle besitzen - wie alle übrigen Belegintervalle -
einen Eingang für die Zufuhr von Vorprodukten (A und B), aber mehrere
separate Ausgänge für jedes Kuppelprodukt $p \in P_i$ (C, D bzw. E), das aus
dem Kuppelprozeß im Belegintervall $i \in Ip$ hervorgeht.

Die Modellformulierungen zur Verknüpfung der Vorstufenbeleginterballe
$k \in VG_i$ für die Produkte A und B mit einem Belegintervall $i \in Ip$ bleibt
unverändert - entsprechend Kapitel 3331 - erhalten, wenn der Bedarf an
Inputmengen in Mengeneinheiten eines beliebigen Maßstabproduktes $z(i)$
(z.B. E) gemessen wird. Der Bedarf an Vorprodukt $z(k)$ (A oder B) mit
$k \in VG_i$ für die Kuppelproduktion der Erzeugnisse C, D und E im Belegintervall $i \in Ip$ wird wie bisher durch den Ausdruck $m_k \, x_{z(i)} \, PD_i$ beschrieben. Der Mengenfaktor m_k gibt dabei an, wieviele Mengeneinheiten des
Vorproduktes $z(k)$ pro Mengeneinheit des Maßstabproduktes $z(i)$ (E) für den
Kuppelprozeß im Belegintervall i erforderlich sind.

Neben der Verknüpfung mit der vorangegangenen Produktionsstufe dient das
Maßstabprodukt der Verrechnung der variablen Produktionskosten in der
Zielfunktion.

Auf der Outputseite der Beleginterballe $i \in Ip$ ist für jedes Kuppelprodukt
$p \in P_i$ (C, D und E) ein separater Ausgang vorgesehen, d.h., für *jedes*
Kuppelprodukt *eines* Belegintervalls werden Bestandsfortschreibungsbedingungen und Stufenwechselbedingungen formuliert sowie Bestandskosten
in der Zielfunktion erfaßt. Die zusätzlich zu formulierenden Stufenwechselbedingungen und die Terme in der Zielfunktion zur Verrechnung der Bestandskosten für Kuppelprodukte sind bis auf eine veränderte Indizierung
mit den bereits bekannten Formulierungen für lineare Produktionsprozesse
identisch. Für die Bestandsfortschreibungsbedingungen ergibt sich allerdings eine Besonderheit aus der technisch bedingten Relation der Aus-
bringungsmengen, die häufig nicht mit der Relation der Bedarfs- oder Absatzmengen übereinstimmt. In dieser Situation kann es vorteilhaft sein,
von einigen Kuppelprodukten Erzeugnismengen zu vernichten[1]. Vernichtungs-

---

1 Vgl. H. Jacob (1969), S. 402 f.; C. Gerhardt (1966), S. 30 ff.

mengen werden in allen Bestandsfortschreibungsbedingungen erfaßt, indem die Produktionsmenge $x_p PD_i$ des Kuppelproduktes p im Beleginterval1 i um die Vernichtungsmenge VM_{ip} des Kuppelproduktes p verringert wird. Fallen für die Vernichtung Kosten an, kann die Vernichtungsmenge VM_{ip} in der Zielfunktion mit dem Kostensatz VMk_p bewertet werden, der die anfallenden Vernichtungskosten pro Mengeneinheit des Kuppelproduktes p angibt.

Wegen der nur geringfügigen Veränderung der Modellformulierung bei Kuppelproduktion ist es nicht erforderlich, die Modellformulierung insgesamt zu wiederholen. Im folgenden werden die Modellerweiterungen beispielhaft an einer Bestandsfortschreibungsbedingung und für die alternativ einzusetzenden Stufenwechselbedingungen gezeigt.

Bestandsfortschreibung für den Zwischenlagerbestand BZ ((6.20))

Für jedes Beleginterval1 $i \in Ip$ und jedes Kuppelprodukt $p \in P_i$ (C, D und E), das in nachfolgenden Produktionsstufen weiterverarbeitet wird, ist eine Fortschreibungsbedingung für den Zwischenlagerbestand BZ_{ip} des Kuppelproduktes p im Beleginterval1 i zu formulieren. Der Bestand $BZ_{f(i),p}$ des Kuppelproduktes p im Folgebeleginterval1 f(i) auf der gleichen Produktionsstufe wird entsprechend der folgenden Bedingung aus dem Bestand BZ_{ip} ermittelt.

$$(7.3) \quad BZ_{f(i),p} = BZ_{ip} + x_p PD_i - VM_{ip}$$

Zwischenlagerbestand für Kuppelprodukt p im Beleginterval1 f(i)	Zwischenlagerbestand für Kuppelprodukt p im Beleginterval1 i	Produktionsmenge des Kuppelproduktes p im Beleginterval1 i	Vernichtungsmenge des Kuppelproduktes p im Beleginterval1 i

$$- m_{ip} x_{z(n(i,p))} PD_{n(i,p)}$$

$$\forall \ p \in P_i, \ i \in Ip$$

Bedarf an Kuppelprodukt p für die Produktion des Produktes z(n(i,p)) im Nachfolgebeleginterval1 n(i,p) der Folgestufe

Zur Koordination der Produktionstermine ist zwischen jedem Kuppelprodukt C, D und E und dem zugehörigen Nachfolgeprodukt F, G bzw. H (C-F, D-G und

E-H) jeweils eine Stufenwechselbedingung erforderlich, bei deren Formulierung neben der veränderten Indizierung die Identität der Produktionstermine aller Kuppelprodukte $p \in P_i$ (C, D und E) aus einem Belegintervall $i \in Ip$ zu berücksichtigen ist.

Stufenwechselbedingung bei geschlossenem Materialfluß ((6.22))

Bei Kuppelproduktion mit geschlossenem Materialfluß ist durch Stufenwechselbedingungen zu gewährleisten, daß die Produktion in *allen* Nachfolgebelegintervallen $n(i,p)$ (für F, G und H), in denen die Kuppelprodukte
$p \in P_i$ (C, D und E) im Anschluß an Belegintervall $i \in Ip$ weiterverarbeitet werden, frühestens um

$$\frac{BZ_{ip}}{m_{ip} x_{z(n(i,p))}}$$

Zeiteinheiten vor dem Produktionsende im Belegintervall i beginnt.

$$(7.4) \quad PB_i + PD_i \;\leq\; PB_{n(i,p)} \;+\; \frac{BZ_{ip}}{m_{ip} x_{z(n(i,p))}} \qquad \forall\ p \in P_i,\ i \in Ip$$

Produktionsende im Kuppel-Belegintervall $i \in Ip$ (identisch für alle Kuppelprodukte $p \in P_i$)	Produktionsbeginn im Nachfolgebelegintervall $n(i,p)$ des Kuppelproduktes p aus Belegintervall i	Produktionszeit im Nachfolgebelegintervall $n(i,p)$ zum Abbau des Bestands BZ_{ip} des Kuppelproduktes p im Belegintervall i

Stufenwechselbedingungen bei offenem Materialfluß ((6.23) und (6.24))

Können die Kuppelprodukte $p \in P_i$ unmittelbar nach Produktionsbeginn des
Belegintervalls $i \in Ip$ weiterverarbeitet werden, ist anstelle der Bedingung (7.4) alternativ eine der folgenden Bedingungen (7.5) bzw. (7.6)
zu formulieren, je nachdem, welche Relation zwischen der Produktionsgeschwindigkeit x_p des Kuppelproduktes p und dem Bedarf $m_{ip} x_{z(n(i,p))}$ pro
Zeiteinheit für das Nachfolgeprodukt $z(n(i,p))$ besteht.

__Offener Materialfluß bei identischer oder höherer Produktionsgeschwindig-
keit des Kuppelproduktes ($x_p \gtreqless m_{ip}x_{z(n(i,p))}$)__

$$(7.5) \qquad PB_i \quad \lesseqgtr \quad PB_{n(i,p)} \quad + \quad \frac{BZ_{ip}}{m_{ip}x_{z(n(i,p))}} \qquad \forall \; p\varepsilon P_i, \; i\varepsilon Ip$$

Produktionsbe- ginn im Kuppel- Beleginter- vall i	Produktionsbe- ginn im Nach- folgebelegin- tervall n(i,p)	Produktionszeit im Nachfolgebelegin- tervall n(i,p) zum Abbau des Bestan- des BZ_{ip}

__Offener Materialfluß bei geringerer Produktionsgeschwindigkeit des
Kuppelproduktes ($x_p < m_{ip}x_{z(n(i,p))}$)__

$$(7.6) \qquad PB_i \quad \lesseqgtr \quad PB_{n(i,p)}+PD_{n(i,p)} \quad - \quad \frac{m_{ip}x_{z(n(i,p))}PD_{n(i,p)}-BZ_{ip}}{x_p}$$

Produktions- beginn im Kuppel-Be- leginter- vall i	Produktionsende im Nachfolgebelegin- tervall n(i,p)	Mindest-Produktionszeit im Kuppel-Belegintervall i für den Bedarf am Kuppelprodukt p im Nachfolgebeleginter- vall n(i,p)

$$\forall \; p\varepsilon P_i, \; i\varepsilon Ip$$

3333. Gemeinsames Vorprodukt für verschiedene Erzeugnisarten

Geht ein gemeinsames Vorprodukt A in verschiedene Zwischen- oder Enderzeugnisse B, C und D auf nachfolgenden Produktionsstufen ein, tritt
eine Verzweigung des Materialflusses für das gemeinsame Vorprodukt A auf.

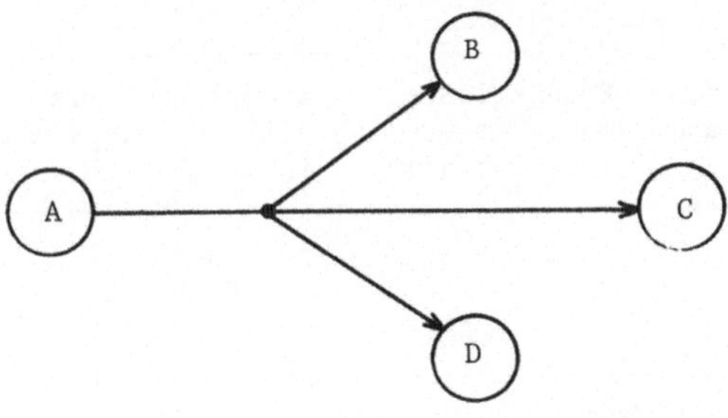

Abbildung 49: Gemeinsames Vorprodukt für verschiedene Erzeugnisarten

In dieser Situation ist die Nachfolgebeziehung für alle Belegintervalle mehrdimensional, in denen ein gemeinsames Vorprodukt gefertigt wird. Die mehrdimensionale Nachfolgebeziehung kann in der Modellformulierung berücksichtigt werden, wenn der eindimensionale Nachfolgeindex $n(i)$ durch die Indexmenge N_i ersetzt wird, die alle Nachfolgebelegintervalle bezeichnet, für die das gemeinsame Vorprodukt $z(i)$ (A) aus Belegintervall i zur Produktion (von B, C und D) erforderlich ist.

Die verzweigte Nachfolgebeziehung für ein gemeinsames Vorprodukt führt zu einer Erweiterung der Stufenwechselbedingungen und der Fortschreibungsbedingungen für den Zwischenlagerbestand BZ_i. Aus dem Zwischenlagerbestand BZ_i für Vorprodukt A im Belegintervall i wird der Bestand $BZ_{f(i)}$ im Folgebelegintervall $f(i)$ auf der gleichen Produktionsstufe fortgeschrieben, wenn zu dem Bestand BZ_i die Produktionsmenge $x_{z(i)}PD_i$ des Vorproduktes A im Belegintervall i addiert und die Bedarfsmenge für die Produktion in *allen* Nachfolgebelegintervallen $k \in N_i$ der Erzeugnisse B, C und D subtrahiert wird. Der Bedarf an Vorprodukten $z(i)$ im Nachfolgebelegintervall $k \in N_i$ ergibt sich aus der Produktionsmenge $x_{z(k)}PD_k$ im Belegintervall k, multipliziert mit dem Mengenfaktor m_{ik}, der angibt, wieviel Erzeugniseinheiten des Vorproduktes $z(i)$ aus Belegintervall i in eine Erzeugniseinheit $z(k)$ im Nachfolgebelegintervall k eingehen. In der folgenden Fortschreibungsbedingung für die Zwischenlagerbestände wird die Summe der Bedarfsmengen in allen Belegintervallen $k \in N_i$ als Lagerabgang berücksichtigt.

<u>Fortschreibungsbedingung für die Zwischenlagerbestände</u>[1]

$$(7.7) \quad BZ_{f(i)} = BZ_i + x_{z(i)}PD_i - \sum_{k \in N_i} m_{ik} x_{z(k)} PD_k$$

Zwischenlagerbestand für Belegintervall f(i)	Zwischenlagerbestand für Belegintervall i	Produktionsmenge im Belegintervall i	Bedarf an Vorprodukten z(i) für die Produktion in allen Nachfolgebelegintervallen $k \in N_i$

$$\forall\, i \in \{If - Ie\}$$

<u>1</u> Vgl. die Bedingung (6.20); die hier nicht aufgeführte Abschlußbedingung (6.21) ist entsprechend (7.7) zu erweitern, die Startbedingung (6.19) bleibt unverändert.

Bei verzweigtem Materialfluß einer Erzeugnisart ist durch *Stufenwechsel-bedingungen* eine unterbrechungsfreie Produktion eines Loses in jedem Nachfolgebeleginterval $k \varepsilon N_i$ zu erzwingen, d.h., jedes Vorstufenbeleg-intervall i ist mit je einem Nachfolgebeleginterval $k \varepsilon N_i$ mit Hilfe von Stufenwechselbedingungen zu verknüpfen. Besonderheiten für die For-mulierung der Stufenwechselbedingungen ergeben sich bei verzweigtem Materialfluß aus dem gemeinsamen, z.T. gleichzeitigen Bedarf an Vorpro-dukten für die Produktion in allen Nachfolgebeleginterallen auf meist unterschiedlichen Aggregaten.

Ein Teil des Gesamtbedarfs kann bei *geschlossenem Materialfluß* bereits vor Abschluß der Produktion im Vorstufenbeleginterval i aus dem Zwi-schenlagerbestand BZ_i befriedigt werden, der aus vorangegangenen Vorstu-fenlosen des gemeinsamen Vorproduktes A resultiert. Für jedes Nachfolge-beleginterval $k \varepsilon N_i$ der Produkte B, C und D ist nur ein bestimmter Anteil BZ_{ik} des Zwischenlagerbestands BZ_i verfügbar. Die Aufteilung des Zwischenlagerbestands BZ_i auf die als Variable in das Modell eingehenden Anteile BZ_{ik} wird durch folgende Aufteilungsbedingung erreicht, die sicherstellt, daß die Summe der Anteile BZ_{ik} für alle Nachfolgebelegin-tervalle $k \varepsilon N_i$ dem Zwischenlagerbestand BZ_i entspricht.

Aufteilungsbedingung für Zwischenlagerbestände

$$(7.8) \qquad \underbrace{BZ_i}_{\substack{\text{Zwischenlagerbe-}\\ \text{stand für Beleg-}\\ \text{intervall i}}} = \sum_{k \varepsilon N_i} \underbrace{BZ_{ik}}_{\substack{\text{Anteil am Zwischenla-}\\ \text{gerbestand } BZ_i \text{ für}\\ \text{das Nachfolgebeleg-}\\ \text{intervall } k \varepsilon N_i}} \qquad \forall \; i \varepsilon In$$

Mit Hilfe der Anteile BZ_{ik} ergeben sich schließlich folgende Stufen-wechselbedingungen bei geschlossenem Materialfluß zwischen dem Vorstu-fenbeleginterval i für das gemeinsame Vorprodukt A und jeweils einem Nachfolgebeleginterval $k \varepsilon N_i$ für die Produkte B, C und D (A-B, A-C und A-D).

<u>Stufenwechselbedingung bei geschlossenem Materialfluß ((6.22))</u>

$$(7.9) \qquad \underbrace{PB_i + PD_i}_{} \; \leq \; \underbrace{PB_k}_{} \; + \; \underbrace{\frac{BZ_{ik}}{m_{ik}x_{z(k)}}}_{} \qquad \forall \; k\varepsilon N_i, \; i\varepsilon In$$

Produktionsende im Vorstufenbelegintervall i	Produktionsbeginn im Nachfolgebelegintervall $k \; \varepsilon \; N_i$	Produktionszeit im Nachfolgebelegintervall $k \; \varepsilon \; N_i$ zum Abbau des Anteils BZ_{ik} am Zwischenlagerbestand BZ_i

<u>Stufenwechselbedingungen bei offenem Materialfluß ((6.23) und (6.24))</u>

Bei offenem Materialfluß muß der Zwischenlagerbestand BZ_i - zuzüglich
der bereits im Vorstufenbeleginterval i produzierten Erzeugniseinheiten A - zu jedem Zeitpunkt größer gleich sein dem gemeinsamen Bedarf für
die Produkte B, C und D in allen Nachfolgebelegintervallen $k \; \varepsilon \; N_i$ bis zu
diesem Zeitpunkt. Der gemeinsame Bedarf pro Zeiteinheit kann im Extremfall - wenn in allen Nachfolgebelegintervall $k \; \varepsilon \; N_i$ gleichzeitig produziert wird - der Summe der Einzelbedarfsmengen $m_{ik}x_{z(k)}$ für alle Belegintervalle $k \; \varepsilon \; N_i$ pro Zeiteinheit entsprechen. Ist dieser maximale Bedarf
pro Zeiteinheit kleiner gleich der Produktionsgeschwindigkeit $x_{z(i)}$ für
das gemeinsame Vorprodukt A, wird ein zulässiger Produktionsablauf erzielt, wenn die Produktion in jedem Nachfolgebelegintervall $k \; \varepsilon \; N_i$
frühestens um

$$\frac{BZ_{ik}}{m_{ik}x_{z(k)}}$$

Zeiteinheiten vor dem Produktionsbeginn im Vorstufenbelegintervall i
startet. Die Produktion im Vorstufenbelegintervall i muß demnach spätestens
dann beginnen, wenn der Anteil BZ_{ik} am Zwischenlagerbestand BZ_i, der für
das Nachfolgebelegintervall k verfügbar ist, gerade verbraucht ist. Diese
Forderung wird durch folgende Stufenwechselbedingung erfüllt, die zwischen dem Vorstufenbelegintervall i und allen Nachfolgebelegintervallen
$k \; \varepsilon \; N_i$ formuliert wird, falls die Produktionsgeschwindigkeit $x_{z(i)}$ im
Vorstufenbelegintervall i größer gleich ist dem Bedarf $m_{ik}x_{z(k)}$ pro
Zeiteinheit während der Produktion im Nachfolgebelegintervall k
(A-B, A-C und A-D).

Offener Materialfluß bei identischer oder höherer Produktionsgeschwindigkeit des gemeinsamen Vorproduktes $(x_{z(i)} \gtrless m_{ik}x_{z(k)})$

$$(7.10) \qquad PB_i \; \lesseqgtr \; PB_k \; + \; \frac{BZ_{ik}}{m_{ik}x_{z(k)}} \qquad \forall \; k\varepsilon N_i, \; i\varepsilon In;$$

Produk- tionsbe- ginn im Vorstufen- belegin- tervall i	Produk- tionsbeginn im Nachfol- gebelegin- tervall $k \; \varepsilon \; N_i$	Produktionszeit im Nachfolgebeleginter- vall $k \; \varepsilon \; N_i$ zum Ab- bau des Anteils BZ_{ik} am Zwischenla- gerbestand BZ_i

Übersteigt der maximale Gesamtbedarf, der bei gleichzeitiger Produktion
der Erzeugnisse B, C und D in allen Nachfolgebelegintervallen $k \; \varepsilon \; N_i$ pro
Zeiteinheit erforderlich ist, die Produktionsgeschwindigkeit $x_{z(i)}$ des
gemeinsamen Vorproduktes A im Vorstufenbelegintervall i, muß sichergestellt werden, daß bei Produktionsende in jedem Nachfolgebelegintervall
$k \; \varepsilon \; N_i$ der Zwischenlagerbestand BZ_i zuzüglich der bis zu diesem Zeitpunkt produzierten Erzeugnismengen im Vorstufenbelegintervall i mindestens
dem maximal möglichen Gesamtbedarf in allen Nachfolgebelegintervallen
$k \; \varepsilon \; N_i$ bis zu diesem Zeitpunkt entspricht. Der maximal mögliche Gesamtbedarf für alle Nachfolgebelegintervalle $k \; \varepsilon \; N_i$ bis zu dem Zeitpunkt, an
dem die Produktion in einem bestimmten Nachfolgebelegintervall $\bar{k} \; \varepsilon \; N_i$
abgeschlossen ist, kann höchstens der Summe der Bedarfsmengen $m_{ik}x_{z(k)}PD_k$
für alle Nachfolgebelegintervalle $k \; \varepsilon \; N_i$ entsprechen. Diese Situation
tritt ein, wenn die Produktion im betrachteten Nachfolgebelegintervall $\bar{k}$
gleichzeitig oder später als in allen übrigen Nachfolgebelegintervallen
abschließt. Da im voraus nicht bekannt ist, in welchem Nachfolgebelegintervall $k \; \varepsilon \; N_i$ die Produktion zuletzt abschließt, muß dieser betrachtete Fall für alle Nachfolgebelegintervalle angenommen werden.

Ein zulässiger Produktionsablauf wird demnach erzielt, wenn bei Produktionsende $PB_k + PD_k$ in jedem Nachfolgebelegintervall $k \; \varepsilon \; N_i$ der Zwischenlagerbestand BZ_i zuzüglich der bis zu diesem Zeitpunkt produzierten
Mengen im Vorstufenbelegintervall i mindestens der Summe der Bedarfs-
mengen $m_{ik}x_{z(k)}PD_k$ in allen Nachfolgebelegintervallen $k \; \varepsilon \; N_i$ entspricht.
Diese Forderung wird erfüllt, wenn die Produktion in allen Nachfolgebelegintervallen erst dann abschließt, wenn der gesamte Bedarf an Vorpro-

---

[1] Vgl. die Stufenwechselbedingung (5.2) bzw. (6.23) für lineare
Fertigungsstrukturen.

dukten z(i) - vermindert um den Zwischenlagerbestand BZ_i aus vorangegangenen Vorstufenlosen - bereits im Vorstufenbelegintervall i produziert
ist.

Offener Materialfluß bei geringerer Produktionsgeschwindigkeit des
gemeinsamen Vorproduktes $(x_{z(i)} < \sum_{k \in N_i} m_{ik} x_{z(k)})$

$$(7.11) \qquad PB_i \ \leq \ PB_k + PD_k \ - \ (\sum_{j \in N_i} \frac{m_{ij} x_{z(j)} PD_j}{x_{z(i)}} - \frac{BZ_i}{x_{z(i)}}) \ \forall \ k \in N_i, i \in In$$

Produktionsbeginn im Vorstufenbelegintervall i	Produktionsende im Nachfolgebelegintervall $k \in N_i$	Mindest-Produktionszeit im Vorstufenbelegintervall i zur Deckung des Gesamtbedarfs an Vorprodukten z(i) in allen Nachfolgebelegintervallen $j \in N_i$

Die Stufenwechselbedingung (7.11) ist für alle Vorstufenbelegintervalle
i *und alle* Nachfolgebelegintervalle $k \in N_i$ zu formulieren, wenn die Produktionsgeschwindigkeit $x_{z(i)}$ kleiner als die Summe $\sum_{k \in N_i} m_{ik} x_{z(k)}$ der Bedarfsmengen pro Zeiteinheit ist. Zusätzlich zu dieser Bedingung muß die
Stufenwechselbedingung (7.10) formuliert werden, wenn für einige Nachfolgebelegintervalle k der Fall $x_{z(i)} \geq m_{ik} x_{z(k)}$ gilt. Ergibt sich z.B.
für eine bestimmte Planungssituation mit $x_{z(i)} < \sum_{k \in N_i} m_{ik} x_{z(k)}$, daß nur
in einem einzigen Nachfolgebelegintervall $k \in N_i$ mit $x_{z(i)} \geq m_{ik} x_{z(k)}$
produziert wird und alle übrigen Nachfolgebelegintervalle nicht zur Produktion eingesetzt werden, reicht die Stufenwechselbedingung (7.11) nicht
aus, um einen zulässigen Produktionsablauf zu erzwingen. In dieser Situation sind beide Stufenwechselbedingungen, (7.10) *und* (7.11), für die
Modellformulierung erforderlich.

3334. Parallelproduktion einer Erzeugnisart

Stehen mehrere funktionsgleiche Aggregate zur Produktion einer Erzeugnisart zur Verfügung, wird die Aufteilung der Produktionsmengen auf die
einsetzbaren Aggregate zum Planungsproblem[1]. Die wahlweise einsetzbaren

---

1 Vgl. D. Adam (1969), S. 42 ff. und S. 77 f.; C.W. Churchmann, R.L.
Ackoff, E.L. Arnoff (1966), S. 338; S. Eilon (1962), S. 345; G. Hadley
(1962), S. 437; W. Kilger (1966), S. 155 ff.

Aggregate dürfen sich hinsichtlich der Produktionsgeschwindigkeiten, der losgrößenunabhängigen Produktionskosten sowie der erforderlichen Umrüstkosten und -zeiten, jedoch nicht hinsichtlich der Ausschußfaktoren[1] unterscheiden. Die Annahme gleicher Ausschußfaktoren ist für die Modellformulierung erforderlich, da die vorab notwendige Teilebedarfsrechnung zur Bestimmung der durchschnittlichen Bedarfsmengen $\bar{V}$ an Vorprodukten nur durchgeführt werden kann, wenn sämtliche Mengenfaktoren für alle Vorprodukte im voraus bekannt sind. Treten verschiedene Ausschußfaktoren bei der Parallelproduktion einer Erzeugnisart auf, sind die Mengenfaktoren für alle Vorprodukte dieser Erzeugnisart von der Aufteilung der Produktionsmengen abhängig. Die Aufteilung der Produktionsmengen müßte demnach bereits für die vorab erforderliche Teilebedarfsrechnung feststehen, wenn unterschiedliche Ausschußfaktoren zugelassen werden. Die Aufteilung der Produktionsmengen ist jedoch erst Gegenstand der anschließenden Simultanplanung und noch nicht für die Teilebedarfsrechnung bekannt. Folglich können in dem hier konzipierten Modell unterschiedliche Ausschußfaktoren bei den wahlweise einsetzbaren Aggregaten für eine Erzeugnisart nicht berücksichtigt werden.

Bei möglicher Parallelproduktion einer Erzeugnisart resultiert ein besonderes Planungsproblem aus der "Oder"-Bedingung für die Aufteilung der Produktionsmengen auf die wahlweise einsetzbaren Aggregate. Stehen z.B. zwei funktionsgleiche Aggregate zur Produktion einer Erzeugnisart zur Verfügung, ist im voraus nicht bekannt, ob das erste Aggregat, das zweite Aggregat oder beide Aggregate zur Produktion der betrachteten Erzeugnisart eingesetzt werden. Wird die Erzeugnisart parallel gefertigt, d.h., werden beide Aggregate zur Produktion der Erzeugnisart eingesetzt, ist zudem durch die simultane Planung festzulegen, welche Menge der Erzeugnisart auf Aggregat 1 und welche Menge auf Aggregat 2 gefertigt wird. Die aus diesen speziellen Problemen resultierenden Besonderheiten für die Modellformulierung werden im folgenden analysiert.

Beispielhaft wird in Abbildung 50 von einem Ausschnitt aus einer Produktionsstruktur ausgegangen, in der eine Parallelproduktion des Zwischenproduktes B auf dem zweiten und dritten Aggregat möglich ist. Zur Fertigung des Vorproduktes A und des Endproduktes C steht jeweils nur ein

---

1 Zum Begriff "Ausschußfaktor" siehe H. Jacob (1963), S. 257 ff.

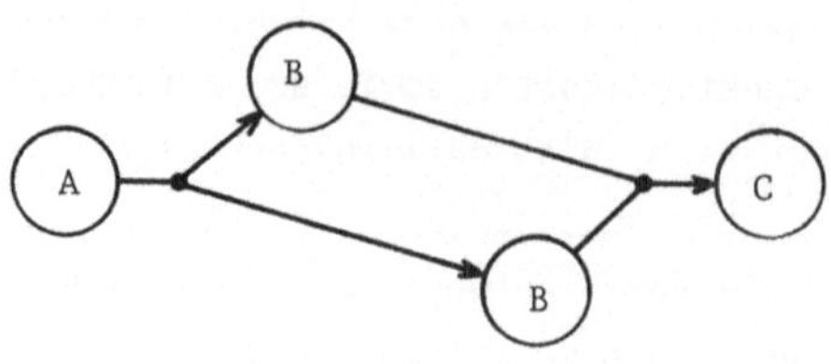

1. Agg.   2. Agg.   3. Agg.   4. Agg.

<u>Abbildung 50:</u> Parallelproduktion einer Erzeugnisart

Aggregat zur Verfügung, d.h., für Vorprodukt A tritt eine Verzweigung
und für das Zwischenprodukt B eine Vereinigung des Materialflusses auf[1].
Die modellmäßige Abbildung dieser Produktionsstruktur erfordert spezielle
Formulierungen für die Bestandsfortschreibung, die Stufenwechselbedingungen und für die Ermittlung der Zwischenlagerkosten. Diese Formulierungen
werden im folgenden abgeleitet.

Zunächst wird generell in den Modellformulierungen der Produktindex $z(i)$
durch den Beleginterballindex i bei allen produkt- *und* aggregatabhängigen
Modellparametern (x, k, Cr, tr) ersetzt[2]. Da jedem Beleginterball i ein
bestimmtes Produkt und ein bestimmtes Aggregat zugeordnet ist, wird durch
die Indizierung der Modellparameter mit dem Beleginterballindex i (z.B.
x_i anstelle von $x_{z(i)}$) eine eindeutige Zuordnung bei möglicher Parallelproduktion erzielt.

Nach dieser Indexsubstitution können die bereits im Kapitel 3333 abgeleiteten Formulierungen (7.7) bis (7.11) für die *Verzweigung des Material-*
flusses hier unverändert übernommen werden, da entsprechend der Abbildung 50 das Produkt A als gemeinsames Vorprodukt für das Zwischenprodukt
B auf Aggregat 2 und auf Aggregat 3 interpretiert werden kann. Die folgende Analyse kann somit auf die Vereinigung des Materialflusses und die
Ableitung der Zwischenlagerkosten für das Produkt B begrenzt werden.

---

1 Vgl. Kapitel 133 dieser Arbeit.

2 Vgl. die Ausführungen im Kapitel 3233 auf S. 173.

3 Vgl. Kapitel 3311 dieser Arbeit.

● *Vereinigung des Materialflusses einer Erzeugnisart*

Im Unterschied zu den Misch- und Montageprozessen[1], bei denen das Ein-
satzverhältnis der *unterschiedlichen* Vorprodukte als eindeutig im voraus
determiniert angenommen wurde, ist hier die Vereinigung des Materialflusses einer Erzeugnisart mit völlig variablen Einsatzverhältnissen der
identischen Vorprodukte (B) von unterschiedlichen Aggregaten (2 und 3) zu
analysieren. Für eine bestimmte Produktionsmenge des Erzeugnisses C ist
somit im voraus nicht bekannt, welche Teilmengen der ingesamt erforderlichen Vorprodukte B auf Aggregat 2 bzw. auf Aggregat 3 gefertigt werden.
Im Modell ist eine Aufteilung der Gesamtbedarfsmenge an Vorprodukten B
auf die Aggregate 2 und 3 zur Fortschreibung der Zwischenlagerbestände
an Vorprodukten B erforderlich, da die Bestände isoliert für die Aggregate 2 und 3 im Modell ermittelt werden. Die Aufteilung der Gesamtbedarfsmenge auf die Aggregate 2 und 3 wird durch eine Aufteilung der Produktionsdauer für Erzeugnis C in fiktive Teilproduktionszeiten erreicht,
die als neue Variable in das Modell aufgenommen werden.

Allgemein wird die Produktionsdauer PD_i in jedem Belegintervall i ε Iwv
aufgeteilt, dem eine wahlweise Produktion des erforderlichen Vorproduktes
auf verschiedenen Aggregaten vorangeht. Die Aufteilung der Produktionsdauer PD_i in die Teilproduktionszeiten PD_{ik} für alle Belegintervalle
k ε VG_i, in denen das erforderliche Vorprodukt auf unterschiedlichen
Aggregaten gefertigt werden kann, erfolgt mit Hilfe der Bedingung (7.12).

Aufteilungsbedingung für die Produktionsdauer

$$(7.12) \qquad PD_i = \sum_{k \varepsilon VG_i} PD_{ik} \qquad \forall \ i \ \varepsilon \ Iwv$$

Produktions- dauer im Be- leginter- vall i	Teilzeit der Produk- tionsdauer PD_i, die dem Vorgängerbeleg- intervall k zugeord- net wird

Die Fortschreibung der Zwischenlagerbestände BZ_i in allen Belegintervallen i ε Iw, in denen ein Erzeugnis wahlweise parallel gefertigt werden

---

1 Vgl. Kapitel 3331 dieser Arbeit.

kann, läßt sich jetzt mit Hilfe der Teilzeit $PD_{n(i),i}$ formulieren, die dem Belegintervall i als Teil der gesamten Produktionsdauer $PD_{n(i)}$ im Nachfolgebelegintervall n(i) zugeordnet ist. Gegenüber der Fortschreibungsbedingung (6.20) wird hier die Bedarfsmenge $m_i x_{z(n(i))} PD_{n(i)}$ durch die Teilbedarfsmenge $m_i x_{n(i)} PD_{n(i),i}$ ersetzt.

<u>Fortschreibungsbedingung für die Zwischenlagerbestände[1]</u>

$$(7.13) \qquad BZ_{f(i)} \quad = \quad BZ_i \quad + \quad x_i PD_i \quad - \quad m_i x_{n(i)} PD_{n(i),i} \qquad \forall \; i\varepsilon Iw$$

Zwischenlagerbestand für Belegintervall f(i)	Zwischenlagerbestand für Belegintervall i	Produktionsmenge im Belegintervall i	Teilbedarfsmenge an Erzeugniseinheiten z(i) zur Produktion im Nachfolgebelegintervall n(i)

Zur Koordination der Produktionstermine mit Hilfe von Stufenwechselbedingungen wird von dem durchaus denkbaren Fall ausgegangen, daß von den verfügbaren Aggregaten nur ein einziges Aggregat zur Produktion der jeweils betrachteten Erzeugnisart eingesetzt wird. Da im voraus nicht bekannt ist, welches der verfügbaren Aggregate bzw. Belegintervalle eingesetzt wird, ist im Modell für jedes Belegintervall, in dem das betrachtete Erzeugnis produziert werden kann, eine Stufenwechselbedingung zu formulieren, die für die unterstellte Situation einen zulässigen Produktionsablauf erzwingt.

Bei *geschlossenem Materialfluß* darf die Produktion im Nachfolgebelegintervall n(i) erst nach Abschluß der Produktion in allen vorangehenden Belegintervallen $k \; \varepsilon \; VG_{n(i)}$ beginnen, wenn für alle Belegintervalle k kein Zwischenlagerbestand BZ_k aus vorangegangenen Losen vorliegt. Treten hingegen Zwischenlagerbestände BZ_k auf, darf die Produktion im Nachfolgebelegintervall n(i) früher beginnen und zwar um die Zeit, die zum Abbau aller Zwischenlagerbestände BZ_k der Belegintervalle $k \; \varepsilon \; VG_{n(i)}$ im Belegintervall n(i) erforderlich ist. Diese Zeitspanne ergibt sich als Quotient aus der Summe der Zwischenlagerbestände BZ_k in allen Belegintervallen $k \; \varepsilon \; VG_{n(i)}$ und dem Bedarf $m_i x_{n(i)}$ pro Zeiteinheit an Vorprodukten z(i) im Nachfolgebelegintervall n(i).

---

[1] Die Formulierung von Start- und Abschlußbedingungen wird hier und im folgenden der Übersichtlichkeit wegen nicht wiederholt.

<u>Stufenwechselbedingung bei geschlossenem Materialfluß ((5.1))</u>

$$(7.14) \quad PB_i + PD_i \; \overset{\leq}{} \; PB_{n(i)} \; + \; \frac{\sum\limits_{k \in VG_{n(i)}} BZ_k}{m_i x_{n(i)}} \qquad \forall \; i \in Iw$$

Produktions- ende im Be- leginter- vall i	Produktions- beginn im Nachfolge- beleginter- vall n(i)	Produktionszeit im Nachfolgebeleginter- vall n(i) zum Abbau aller Zwischenlager- bestände BZ_k

Für den Fall eines *offenen Materialflusses* darf die Produktion in allen Belegintervallen i ∈ Iw, in denen ein Erzeugnis wahlweise gefertigt werden kann, höchstensfalls um die Abbauzeit für die Zwischenlagerbestände BZ_k später als die Produktion im Nachfolgebelegintervall n(i) beginnen. Der rechtzeitige Produktionsbeginn wird durch die Bedingung (7.15) erzwungen, die unabhängig von der Relation zwischen der Produktionsgeschwindigkeit x_i und dem Bedarf $m_i x_{n(i)}$ im Nachfolgebelegintervall n(i) für alle wahlweisen Belegintervalle i ∈ Iw formuliert wird.

<u>Stufenwechselbedingung bei offenem Materialfluß für *alle* wahlweisen Belegintervalle i ∈ Iw ((5.2))</u>

$$(7.15) \quad PB_i \; \overset{\leq}{} \; PB_{n(i)} \; + \; \frac{\sum\limits_{k \in VG_{n(i)}} BZ_k}{m_i x_{n(i)}} \qquad \forall \; i \in Iw$$

Produktions- beginn im Beleginter- vall i	Produktionsbe- ginn im Nach- folgebelegin- tervall n(i)	Produktionszeit im Nachfolgebeleginter- vall n(i) zum Abbau aller Zwischenlager- bestände BZ_k

Ist die Produktionsgeschwindigkeit x_i in einem oder in mehreren Belegintervallen i ∈ Iw kleiner als der Bedarf $m_i x_{n(i)}$ pro Zeiteinheit im Nachfolgebelegintervall n(i), kann der Fall eintreten, daß die Bedingung (7.15) allein nicht ausreicht, einen zulässigen Produktionsablauf zu garantieren. In dieser Situation kann ein unzulässiger negativer Zwischenlagerbestand bei Produktionsende im Nachfolgebelegintervall n(i) auftreten, wenn keine zusätzliche Bedingung für diese Situation formuliert wird. Gilt $x_i < m_i x_{n(i)}$, tritt ein negativer Zwischenlagerbestand für die Vorprodukte z(i) aus Belegintervall i bei Produktionsende

$PB_{n(i)} + PD_{n(i)}$ im Nachfolgebelegintervall $n(i)$ auf, wenn die Teilbedarfsmenge ${}_{m_i}x_{n(i)}PD_{n(i),i}$ an Vorprodukten $z(i)$ größer ist als der Zwischenlagerbestand BZ_i aus vorangegangenen Losen zuzüglich der Produktionsmenge im Belegintervall i bis zum Produktionsende im Nachfolgebelegintervall $n(i)$. Dieser Fall tritt für $x_i < {}_{m_i}x_{n(i)}$ und $BZ_i = 0$ stets auf, wenn das Vorprodukt $z(i)$ allein im Belegintervall i gefertigt wird und $PD_{n(i),i} = PD_{n(i)}$ gilt. In der Modellformulierung ist dieser Fall für alle wahlweisen Belegintervalle $i \in$ Iw mit $x_i < {}_{m_i}x_{n(i)}$ zu berücksichtigen, da die Aufteilung der Produktionsdauer $PD_{n(i)}$ im voraus unbekannt ist. Unzulässige negative Zwischenlagerbestände bei Produktionsende $PB_{n(i)} + PD_{n(i)}$ im Nachfolgebelegintervall $n(i)$ werden durch die Bedingung (7.16) verhindert.

<u>Zusätzliche Stufenwechselbedingung bei offenem Materialfluß für die wahlweisen Belegintervalle $i \in$ Iw mit $x_i < {}_{m_i}x_{n(i)}$ ((5.3))</u>

$$(7.16) \qquad PB_i \quad \leq \quad PB_{n(i)} + PD_{n(i)} \quad - \quad \frac{{}_{m_i}x_{n(i)}PD_{n(i),i} - BZ_i}{x_i} \qquad \forall \; i \in Iw$$

Produktions-	Produktionsende im	Mindest-Produktionszeit
beginn im	Nachfolgebelegin-	im Belegintervall i zur
Beleginter-	tervall n(i)	Befriedigung des Teilbe-
vall i		darfs ${}_{m_i}x_{n(i)}PD_{n(i),i}$ im
		Nachfolgebelegintervall
		n(i)

- *<u>Die Abbildung der Zwischenlagerbestandsentwicklung im Zeitablauf für parallel produzierbare Erzeugnisse</u>*

Die zeitliche Bestandsentwicklung in Zwischenlägern wird mit Hilfe der Gesamtbestände BSA bei Produktionsbeginn und BSE bei Produktionsende eines Loses beschrieben[1]. Zur Fortschreibung der Bestände BSA ((6.25) bis (6.27)) und BSE ((6.28)) sowie zur Verrechnung der Zwischenlagerkosten ((6.15)) in der Zielfunktion ist der durchschnittliche Bedarf $\bar{V}$ pro Zeiteinheit an Vorprodukten erforderlich, der mit Hilfe der Teilebedarfsrechnung ermittelt wird. Bei parallel produzierbaren Erzeugnissen besteht das Problem darin, den Bedarf $\bar{V}$ auf die einsetzbaren Aggregate bzw. die separaten Läger aufzuteilen. Im folgenden wird gezeigt, daß eine beliebige, z.B. eine Gleichverteilung des Bedarfs $\bar{V}$ auf alle separaten Zwischenläger einer betrachteten Erzeugnisart zu einer

---

1 Vgl. Kapitel 3313 dieser Arbeit.

korrekten Verrechnung der Zwischenlagerkosten im Planungszeitraum führt.

Die zeitliche Zwischenlagerbestandsentwicklung wird im Modell als Differenz der Gesamtbestandsentwicklungen für das betrachtete Vorprodukt und das folgende Produkt auf der nächsten Stufe dargestellt, wenn zwischen den aufeinanderfolgenden Produktionsstufen eine Input-Output-Relation von 1:1 gilt Entsprechend der Abbildung 50 ergibt sich die Zwischenlagerbestandsentwicklung für das parallel produzierbare Vorprodukt B aus der Gesamtbestandsentwicklung für beide Aggrete, 2 und 3, abzüglich der Gesamtbestandsentwicklung für das Nachfolgeprodukt C. Durch eine Parallelproduktion des Vorproduktes B wird die Abbildung der Gesamtbestandsentwicklung für das Nachfolgeprodukt C nicht beeinflußt, d.h., die Analyse kann sich auf die modellmäßige Abbildung der Gesamtbestandsentwicklung für das Vorprodukt B konzentrieren.

Die gesuchte Gesamtbestandsentwicklung läßt sich als Differenz der aggregierten Produktionsmengen des Vorproduktes B auf den Aggregaten 2 und 3 und dem durchschnittlichen Bedarf $\bar{V}$ pro Zeiteinheit an Erzeugniseinheiten B darstellen. In der folgenden Abbildung wird beispielsweise von je zwei Losen des Vorproduktes B auf den Aggregaten 2 und 3 im Planungszeitraum T ausgegangen. Die kumulierten Lagerzugänge in den separaten Zwischenlägern für die Produktionsmengen von Aggregat 2 bzw. 3 werden mit $LZU_2(t)$ und $LZU_3(t)$ bezeichnet. Für die aggregierte Lagerzugangsfunktion gilt $LZU(t) = LZU_2(t) + LZU_3(t)$, und der kumulierte durchschnittliche Bedarf $\bar{V}t$ ist als Ursprungsgerade abgebildet. Die gesuchte Gesamtbestandsentwicklung entspricht der schraffierten Fläche zwischen dem Kurvenzug für den aggregierten Lagerzugang $LZU(t)$ und der Ursprungsgeraden für den durchschnittlichen Bedarf $\bar{V}t$. Die schraffierte Fläche F ist identisch mit der Differenz aus der Fläche $F(LZU(t))$ - zwischen dem Kurvenzug $LZU(t)$ und der Abzisse - und der Fläche $F(\bar{V}t)$ unterhalb der Ursprungsgeraden $\bar{V}t$.

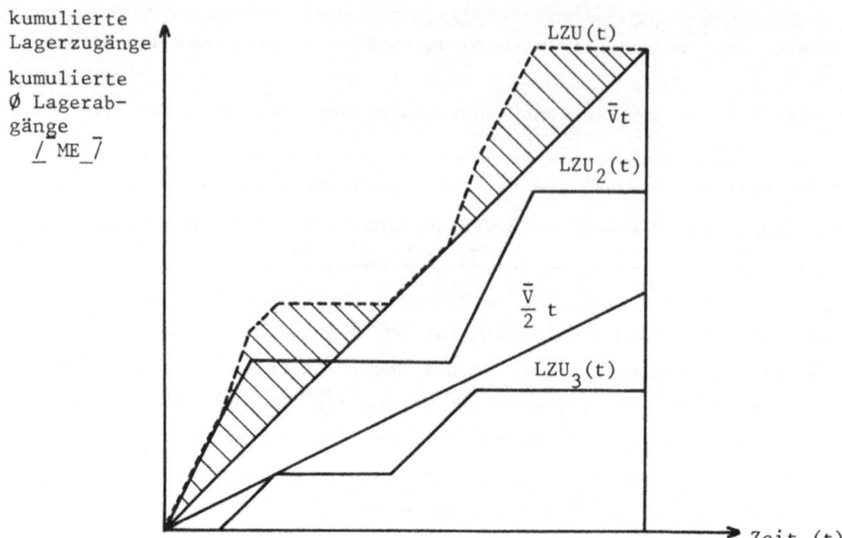

<u>Abbildung 51</u>: Gesamtbestandsentwicklung für ein parallel gefertigtes
Erzeugnis

$$F = F(LZU(t)) - F(\bar{V}t)$$

Werden die Flächen unterhalb der Lagerzugänge für die separaten Läger
entsprechend mit $F(LZU_2(t))$ bzw. $F(LZU_3(t))$ bezeichnet, gilt wegen
$LZU(t) = LZU_2(t) + LZU_3(t)$ für die schraffierte Fläche folgender Ausdruck.

$$F = F(LZU_2(t)) + F(LZU_3(t)) - F(\bar{V}t)$$

Die Fläche $F(\bar{V}t)$ zwischen der Ursprungsgeraden $\bar{V}t$ und der Abszisse läßt
sich mit Hilfe der Ursprungsgeraden $\frac{\bar{V}}{2} t$ für den halben durchschnittlichen Bedarf $\bar{V}t$ darstellen. Wegen $\bar{V}t = \frac{\bar{V}}{2} t + \frac{\bar{V}}{2} t$ gilt:

$$F(\bar{V}t) = F(\frac{\bar{V}}{2}t) + F(\frac{\bar{V}}{2}t)$$

Die schraffierte Fläche kann somit durch den folgenden Ausdruck beschrieben werden.

$$F = \underline{/}^- F(LZU_2(t)) - F(\tfrac{\bar{V}}{2}t)\underline{\_}7 \quad + \quad \underline{/}^- F(LZU_3(t)) - F(\tfrac{\bar{V}}{2}t)\underline{\_}7$$

Bestandsfläche für Vorpro-	Bestandsfläche für Vorpro-
dukt B, die dem Aggregat 2	dukt B, die dem Aggregat 3
zugeordnet wird	zugeordnet wird

<u>Daraus folgt:</u> Die Gesamtbestandsentwicklung für das parallel gefertigte Vorprodukt B kann mit Hilfe der isolierten Bestände BSA bzw. BSE für die Vorprodukte B von Aggregat 2 bzw. von Aggregat 3 abgebildet werden, wenn anstelle des durchschnittlichen Bedarfs $\bar{V}$ der halbe durchschnittliche Bedarf $\frac{\bar{V}}{2}$ bei der Bestandsermittlung und in der Zielfunktion verwendet wird. Stehen allgemein mehr als zwei Aggregate zur Produktion eines Erzeugnisses zur Verfügung, ist der durchschnittliche Bedarf $\bar{V}$ auf alle isolierten Bestandsentwicklungen aufzuteilen. Für an_z einsetzbare Aggregate zur Fertigung des Erzeugnisses z kann der durchschnittliche Bedarf $\frac{\bar{V}}{an_z}$ für die isolierten Bestandsentwicklungen der einzelnen Aggregate angesetzt werden. Entsprechend der Bedingung (6.26) ergibt sich somit folgende Bedingung zur Fortschreibung der isolierten Gesamtbestände BSA_i bei Produktionsbeginn in allen Belegintervallen i ϵ Iw, in denen ein parallel produzierbares Erzeugnis z(i) gefertigt werden kann.

$$(7.17) \qquad BSA_{f(i)} \quad = \quad BSA_i \quad + \quad x_i PD_i \quad - \quad \frac{\bar{V}_{z(i)}}{an_{z(i)}} (PB_{f(i)} - PB_i) \quad \forall \ i \ \epsilon \ Iw$$

| Isolierter Gesamtbestand bei Produktionsbeginn im Belegintervall f(i) | Isolierter Gesamtbestand bei Produktionsbeginn im Belegintervall i | Produktionsmenge im Belegintervall i | Ø Teilbedarfsmenge an Vorprodukten z(i) zwischen Produktionsbeginn im Belegintervall i und f(i) |

In der Bedingung (6.28) zur Ermittlung der Gesamtbestände BSE_i bei Produktionsende wird gleichfalls $\bar{V}_{z(i)}$ durch $\frac{\bar{V}_{z(i)}}{an_{z(i)}}$ ersetzt.

$$(7.18) \quad BSE_i = BSA_i + x_i\,PD_i - \frac{\overline{V}_{z(i)}}{an_{z(i)}}\,PD_i \qquad \forall\; i \in Iw$$

$$\underbrace{\text{Isolierter Gesamtbestand bei Produktionsende im Belegintervall i}} \quad \underbrace{\text{Isolierter-Gesamtbestand bei Produktionsbeginn im Belegintervall i}} \quad \underbrace{\text{Produktionsmenge im Belegintervall i}} \quad \underbrace{\emptyset\text{ Teilbedarfsmenge an Vorprodukten z(i) während der Produktionsdauer }PD_i\text{ im Belegintervall i}}$$

Zur Verrechnung der Zwischenlagerkosten werden die Summanden für alle Belegintervalle i $\in$ Iw im Ausdruck (6.15) durch die folgende Summe ersetzt.

$$(7.19) \quad \sum_{i \in Iw} C1S_{z(i)} \; \frac{x_i}{2\,\dfrac{\overline{V}_{z(i)}}{an_{z(i)}}\left(x_i - \dfrac{\overline{V}_{z(i)}}{an_{z(i)}}\right)} \; (BSE_i^2 - BSA_i^2)$$

Weitere Veränderungen in der Modellformulierung zur Verrechnung der Zwischenlagerkosten eines parallel produzierbaren Vorproduktes sind nicht erforderlich. Insbesondere dürfen für die Belegintervalle i $\in$ Iwv, denen eine Vereinigung des Materialflusses vorausgeht, nicht die Definitionen (7.1) und (7.2) für den Kostensatz C1S bei konvergierender Fertigung verwendet werden. Bei der Vereinigung des Materialflusses *einer* Erzeugnisart gelten nach wie vor die Definitionsgleichungen (6.12) bis (6.14), die für lineare Fertigungsstrukturen abgeleitet wurden.

Die entwickelten Modellerweiterungen für die Parallelproduktion gelten ausschließlich für Vor- und Zwischenprodukte. Die Parallelproduktion eines Fertigproduktes kann unmittelbar im Modell nur dann abgebildet werden, wenn keine Verzugsmengen für die parallel produzierbaren Fertigprodukte zugelassen werden, da für die isolierten Bestandsentwicklungen keine Unterscheidungsmöglichkeit zwischen Lager- und Verzugsmengen existiert. Eine indirekte Abbildung der Parallelproduktion von Enderzeugnissen ist allerdings stets möglich. Wird der real letzten Produktionsstufe ein fiktiver Arbeitsgang auf einem einzigen, ebenfalls fiktiven Aggregat nachgelagert, kann das tatsächliche Endprodukt für die Modellformulierung als Vorprodukt interpretiert werden. Die Verrechnung der Fertiglager- und Verzugskosten kann dann mit Hilfe der definierten Belegintervalle für den fiktiven Arbeitsgang erfolgen.

4. Exkurs: Die Aufbereitung der entwickelten Modelle für den Einsatz der linearen Programmierung als Lösungsalgorithmus

Für den Einsatz der linearen Programmierung[1] als Lösungsalgorithmus werden die nicht linearen Funktionen der Lager- und Verzugskosten in der statischen sowie der dynamischen Modellformulierung durch eine stückweise lineare Approximation ersetzt. Zudem ist zur Linearisierung der statischen Zyklusmodelle die Entwicklung einer äquivalenten linearen Modellformulierung des hyperbolischen Programms erforderlich, da die Zyklusdauer im Nenner der Zielfunktion erscheint. Diese Transformation wird für die dynamische Modellformulierung aufgrund des konstant vorgegebenen Planungszeitraums nicht benötigt. Neue Probleme ergeben sich hier allerdings wegen der konvex-konkaven Teilfunktionen für die Lager- bzw. Verzugskosten und wegen der binären Rüstvariablen, die nur die Werte Null oder Eins annehmen dürfen.

41. Die Aufbereitung des Zyklusmodells

411. Die Linearisierung der Lager- und Verzugskosten

Die Lager- und Verzugskosten pro Zyklus ergeben sich entsprechend der Zielfunktion (1.1) bzw. (2.1) als Summe quadratischer Funktionen der Verzugsbestände VA bei Produktionsbeginn und der Lagerbestände LE bei Produktionsende eines Loses. Wegen der formalen Identität der einzelnen Summanden reicht es aus, die Vorgehensweise zur Linearisierung anhand der Lager- und Verzugskosten für eine Auflage einer beliebigen Sorte zu zeigen[2]. Die Bestandskosten KB pro Auflage lassen sich als Summe der Lagerkosten KL pro Auflage und der Verzugskosten KV pro Auflage durch den Ausdruck (8.1) beschreiben, in dem zur Vereinfachung der Schreibweise die anschließend definierte Hiflsgröße a verwendet wird.

---

[1] Die lineare Programmierung wird z.B. gegenüber der quadratischen Programmierung (G.B. Dantzig (1966), S. 555 ff.) oder speziell entwickelten Suchverfahren wegen der allgemeinen Verfügbarkeit von Computer-Standardsoftware vorgezogen.

[2] Zur Vereinfachung der Schreibweise ist der Sorten- bzw. Auflagenindex im folgenden entfallen.

$$(8.1) \quad KB = KL + KV \quad = \quad \underbrace{a\ Cl\ LE^2}_{} \quad + \quad \underbrace{a\ Cv\ VA^2}_{}$$

$$\underbrace{\qquad\qquad\qquad}_{}$$

Bestandskosten pro	Lagerkosten pro	Verzugskosten pro
Auflage	Auflage	Auflage

$$\text{mit } a = \frac{1}{2}\ \frac{x}{V}\ \frac{1}{x-V}$$

Die Linearisierung erfolgt isoliert für die Teilfunktion KL und KV.
Beide Teilfunktionen sind nur von einer einzigen Variablen LE bzw. VA
abhängig und können durch eine polygonale, d.h. stückweise lineare
Funktion approximiert werden, wenn der Definitionsbereich der Variablen
begrenzt wird[1]. Die Untergrenze $bl_0(bv_0)$ der Bestandsvariablen LE(VA)
wird durch die Nicht-Negativitätsbedingung determiniert; die Obergrenze
$bl_{snl}(bv_{snv})$ - bis zu der die Teilfunktion KL(KV) approximiert werden
soll - ist zu schätzen und für die Modellformulierung vorzugeben.

In den Abbildungen 52 und 53 sind mögliche lineare Approximationen $\hat{KL}$ und
$\hat{KV}$ der gepunktet eingezeichneten Lagerkostenfunktion KL bzw. der Verzugskostenfunktion KV dargestellt. Die approximierte Funktion $\hat{KL}(\hat{KV})$
setzt sich aus zwei linearen Teilstücken zwischen $bl_0(bv_0)$ und $bl_1(bv_1)$
sowie zwischen $bl_1(bv_1)$ und $bl_2(bv_2)$ zusammen, deren Länge mit $dl_1(dv_1)$
bzw. $dl_2(dv_2)$ bezeichnet wird.

Bevor die Linearisierung der Lager- und Verzugskosten im Modell durchgeführt werden kann, muß die Länge $dl_s(dv_s)$ der einzelnen linearen Abschnitte s festgelegt werden. Zur Bestimmung günstiger Abschnittslängen dl_s wird im folgenden eine geeignete Vorgehensweise anhand der
Lagerkostenfunktion KL abgeleitet. Die gewonnenen Ergebnisse lassen
sich anschließend auch für die Verzugskostenfunktion KV verwenden.

Durch die Linearisierung der Lager- und Verzugskosten treten Approximationsfehler auf, da innerhalb eines jeden linearen Abschnitts die
polygonale Funktion $\hat{KL}$ von der kontinuierlichen Funktion KL abweicht
und beide Funktionen jeweils nur zu Beginn und am Ende eines Abschnitts,
d.h. in den Stützstellen, identisch sind. Dieser Approximationsfehler
kann für jeden linearen Abschnitt als Kostenabweichung DK_s der Approxi-

---

1 Zur Vorgehensweise bei der Linearisierung vgl. G.B. Dantzig (1966),
  S. 547 ff.; G. Hadley (1969), S. 137 ff.; C.E. Miller (1963), S. 89 ff.

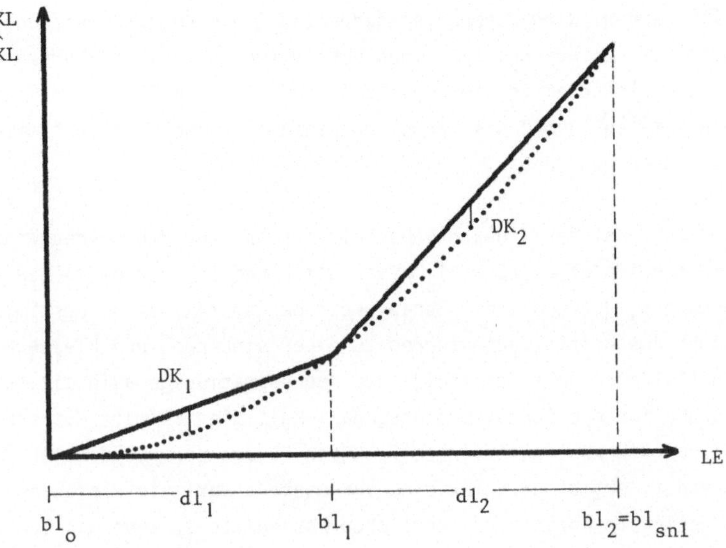

Abbildung 52: Lineare Approximation der Lagerkosten pro Los (C1 = 0,1)

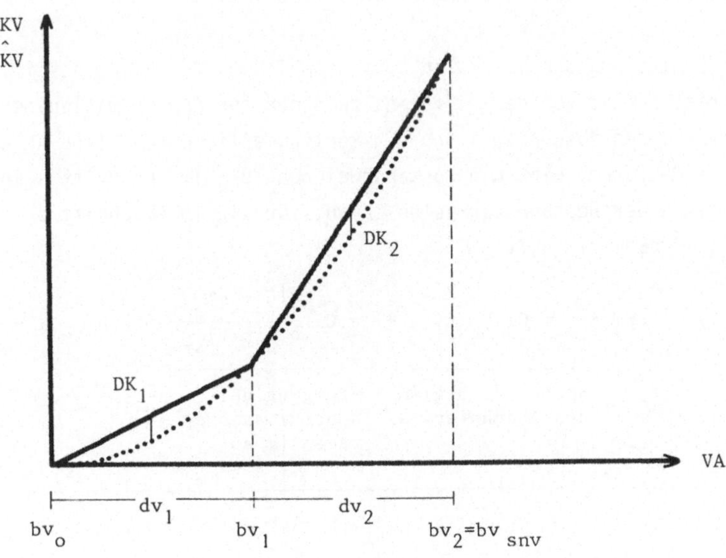

Abbildung 53: Lineare Approximation der Verzugskosten pro Los (Cv = 0,2)

mationsgeraden im Abschnitt s und der kontinuierlichen Funktion dargestellt werden. Wird davon ausgegangen, daß die Kostenabweichung DK_s in
jedem linearen Abschnitt s einen bestimmten Wert nicht überschreiten
darf und gleichzeitig die Gesamtzahl der linearen Abschnitte möglichst
klein sein soll, muß die Länge der einzelnen Abschnitt bestimmten An-
forderungen genügen.

Die Anzahl snl der linearen Abschnitte s ist für den vorgegebenen Bestandsbereich $bl_o \leq LE \leq bl_{snl}$ von der Länge dl_s der einzelnen Abschnitte
s abhängig, durch die die Genauigkeit der Approximation bestimmt wird.
Größere Abschnittslängen führen zu einer sinkenden und kleinere Abschnittslängen zu einer steigenden Approximationsgenauigkeit. Wird als
Meßgröße für die Approximationsgenauigkeit die maximale Kostenabweichung
zwischen der kontinuierlichen Funktion KL und der polygonalen Funktion $\hat{KL}$
verwendet, ergibt sich für eine vorgegebene maximale Kostenabweichung $\overline{DK}$
die geringste Anzahl erforderlicher Abschnitte s, wenn die maximale
Kostenabweichung in jedem Abschnitt s der vorgegebenen Maximalabweichung
$\overline{DK}$ entspricht. In diesem Fall resultiert aus der Festlegung der linearen
Abschnitte bei gegebener Approximationsgenauigkeit der geringst mögliche
Modellumfang, da im Modell für jeden linearen Abschnitt eine spezielle
Variable zur Linearisierung erforderlich ist.

Zur Ermittlung der maximalen Kostenabweichung für einen bestimmten Abschnitt s wird von der Differenz zwischen der Approximationsgeraden im
betrachteten Abschnitt s und der kontinuierlichen Funktion KL ausgegangen.
Diese Differenz gibt die Kostenabweichung DK_s im Abschnitt s in Abhängigkeit von der Bestandsvariablen LE an, für die im Abschnitt s
$bl_{s-1} \leq LE \leq bl_s$ gilt.

$$(8.2) \quad DK_s = a\,C1\,bl_{s-1}^2 \; + \; a\,C1\,\frac{bl_s^2 - bl_{s-1}^2}{bl_s - bl_{s-1}}\,(LE - bl_{s-1}) - a\,C1\,LE^2$$

$$\underbrace{\qquad\qquad\qquad\qquad\qquad\qquad\qquad\qquad}_{\hat{KL}} \quad \underbrace{\qquad}_{KL}$$

Kosten zu Beginn des Abschnitts s	Steigung der Approximationsgeraden im Abschnitt s

Die gesuchte maximale Kostenabweichung $DKmax_s$ im Abschnitt s läßt sich
durch Differenzieren der Funktion (8.2) nach der Bestandsvariablen LE
ermitteln.

$$\frac{d\,DK_s}{d\,LE} = a\,C1\,\lfloor(bl_s + bl_{s-1}) - 2\,LE\rfloor \overset{!}{=} 0$$

$$LE = \frac{1}{2}(bl_s + bl_{s-1})$$

oder wegen $dl_s = bl_s - bl_{s-1}$

$$(8.3) \qquad LE = bl_{s-1} + \frac{1}{2}\,dl_s$$

Die maximale Kostenabweichung $DKmax_s$ im Abschnitt s ist folglich erreicht, wenn der Bestand LE den Definitionsbereich des Abschnitts s halbiert. Durch Einsetzen des abgeleiteten Ausdrucks (8.3) in die Funktion (8.2) läßt sich die maximale Kostenabweichung $DKmax_s$ im Abschnitt s ermitteln.

$$DKmax_s = a\,C1\,\lfloor bl_{s-1}^2 + \underbrace{(bl_s + bl_{s-1})\,\frac{1}{2}\,dl_s}_{LE} - (bl_{s-1} + \frac{1}{2}\,dl_s)^2$$

oder

$$(8.4) \qquad DKmax_s = a\,C1\,(\tfrac{1}{2}\,dl_s)^2$$

Wird die maximale Kostenabweichung $DKmax_s$ durch die vorgegebene Maximalabweichung $\overline{DK}$ ersetzt, kann die maximal zulässige Länge des Abschnitts s in Abhängigkeit von $\overline{DK}$ durch Auflösen des Ausdrucks (8.4) nach der Abschnittslänge dl_s ermittelt werden.

$$(8.5) \qquad dl = dl_s = 2\sqrt{\frac{\overline{DK}}{a\,C1}}$$

Die maximal zulässige Abschnittslänge dl ist unabhängig von dem betrachteten Abschnitt s und wird ausschließlich durch die vorgegebene Kostenabweichung $\overline{DK}$ sowie durch den Kostensatz a C1 determiniert. Werden demnach alle linearen Abschnitte s entsprechend dem Ausdruck (8.5) gleich lang gewählt, ergibt sich die minimale Anzahl der Linearisierungsabschnitte, die zu der gewünschten Approximationsgenauigkeit $\overline{DK}$ führt.

Die entsprechende Abschnittslänge dv zur Approximation der Verzugskostenfunktion KV läßt sich analog ableiten.

$$(8.6) \qquad dv = 2 \sqrt{\frac{\overline{DK}}{a \ Cv}}$$

Werden die Abschnittslängen dl und dv für die Approximation verwendet, ergibt sich höchstenfalls - zusammen für die Lager- und Verzugskosten - eine Approximationsungenauigkeit in Höhe von 2 $\overline{DK}$ pro Auflage einer Sorte.

Mit Hilfe der Abschnittslängen dl und dv kann nunmehr die mindest erforderliche Anzahl der linearen Abschnitte - snl für die Lagerkosten und snv für die Verzugskosten - ermittelt werden, wenn die vorgegebene Maximalabweichung $\overline{DK}$ nicht überschritten werden soll. Die mindest erforderliche Anzahl snl bzw. snv ergibt sich, wenn der Quotient aus der Länge des Definitionsbereichs $bl_{snl} - bl_o$ bzw. $bv_{snv} - bv_o$ und der abgeleiteten Abschnittslänge dl bzw. dv auf den nächst größeren ganzzahligen Wert aufgerundet wird.

$$(8.7) \qquad snl = \left\lceil \frac{bl_{snl} - bl_o}{dl} \right\rceil^+$$

$$(8.8) \qquad snv = \left\lceil \frac{bv_{snv} - bv_o}{dv} \right\rceil^+$$

Wegen $dl \ snl \gtrless bl_{snl} - bl_o$ bzw. $dv \ snv \gtrless bv_{snv} - bv_o$ kann der vorgegebene Definitionsbereich bei Verwendung von snl(snv) Abschnitten der Länge dl(dv) überschritten werden. Soll der Definitionsbereich $bl_{snl} - bl_o$ bzw. $bv_{snv} - bv_o$ stets exakt eingehalten werden, sind die Abschnittslängen dl und dv zu korrigeren. Die korrigierten Abschnittslängen werden mit DL bzw. DV bezeichnet; sie ergeben sich, wenn die Länge des Definitionsbereichs durch die ermittelte Abschnittsanzahl snl (8.7) bzw. snv (8.8) dividiert wird.

$$(8.9) \qquad DL = \frac{bl_{snl} - bl_o}{snl} \lessgtr dl$$

$$(8.10) \qquad DV = \frac{bv_{snv} - bv_o}{snv} \lessgtr dv$$

Durch die vorgenommene Korrektur zur Einhaltung des vorgegebenen Definitionsbereichs können die Linearisierungsabschnitte kürzer, aber niemals länger werden. Kürzere Abschnitte ergeben eine genauere Approximation, und ein Überschreiten der maximal zulässigen Abweichung $\overline{DK}$ kann nicht eintreten.

Zur Linearisierung[1] der Modellformulierung wird für jeden Abschnitt
$s = 1,snl(snv)$ eine spezielle Variable $SE_s(SA_s)$ mit folgenden Bereichsgrenzen eingeführt.

$$(8.11) \qquad O \leq SE_s \leq DL \qquad\qquad \forall\, s = 1,snl$$

$$(8.12) \qquad O \leq SA_s \leq DV \qquad\qquad \forall\, s = 1,snv$$

Die Summe der Variablen $SE_s(SA_s)$ soll der Bestandsvariablen $LE(VA)$ entsprechen.

$$(8.13) \qquad LE = \sum_{s=1}^{snl} SE_s$$

$$(8.14) \qquad VA = \sum_{s=1}^{snv} SA_s$$

In der Zielfunktion (1.1) bzw. (2.1) werden die Lager- und Verzugskosten,
KL und KV, pro Auflage eines Loses durch die polygonalen Funktionen $\hat{KL}$
und $\hat{KV}$ ersetzt[2].

$$(8.15) \qquad \hat{KL} = \sum_{s=1}^{snl} a\ Cl\ (2s-1)\ DL\ SE_s$$

$$\underbrace{}$$

Steigung von
KL im Ab-
schnitt s

$$(8.16) \qquad \hat{KV} = \sum_{s=1}^{snv} a\ Cv\ (2s-1)\ DV\ SA_s$$

$$\underbrace{}$$

Steigung von
$\hat{KV}$ im Ab-
schnitt s

---

1 Vgl. z.B. <u>G.B. Dantzig</u> (1966), S. 547 ff.

2 Der Faktor $(2s-1)DL$ im Ausdruck für die Steigung von $\hat{KL}$ im Abschnitt s
folgt aus der Identität der Abschnittlängen $DL = bl_s - bl_{s-1}$ für alle
Abschnitt $s = 1,snl$.

$$\frac{bl_s^2 - bl_{s-1}^2}{bl_s - bl_{s-1}} = bl_s + bl_{s-1}$$

$$bl_s + bl_{s-1} = s\ DL + (s-1)DL = (2s-1)DL$$

Die gewünschte Approximation der Lager- und Verzugskosten wird erreicht, wenn die Variablen $SE_s(SA_s)$ in aufsteigender Indexfolge eingesetzt werden, d.h., jede Variable $SE_s(SA_s)$ darf nur dann einen positiven Wert annehmen, wenn für alle Variablen $SE_j(SA_j)$ mit $j<s$ $SE_j = DL$ $(SA_j=DV)$ gilt. Diese Bedingung wird aufgrund der Konvexität der quadratischen Kostenfunktion KL *und* KV für die Lager- und Verzugskosten pro Auflage bereits durch den Einsatz der Simplexmethode als Lösungsalgorithmus erfüllt[1].

Die Konvexität der Summe der Teilfunktionen, d.h. die Konvexität der Bestandskosten KB = KL + KV pro Los kann gezeigt werden, wenn der Lagerendbestand LE entsprechend der Bestandsbedingung (1.5) bzw. (2.4) durch die Produktionsdauer PD und den Verzugsbestand VA bei Produktionsbeginn eines Loses in der Bestandskostenfunktion (8.1) ersetzt wird und für verschiedene Vorgabewerte der Bestandskosten KB pro Los der funktionale Zusammenhang zwischen der Produktionsdauer PD und dem Verzugsbestand VA abgebildet wird. In der Abbildung 54 sind diese Isokostenverläufe dargestellt. Auf der gestrichelt gezeichneten Geraden liegen alle Kostenwerte, die für die abgeleitete Losauflageregel (1.9) gültig sind. Beim erweiterten Produktionszyklus (2.1) bis (2.5) wird der zulässige Bereich für die Isokostenkurven durch VA = 0 und LE = (x-V)PD - VA = 0 begrenzt. Dieser Bereich ist konvex, wenn die linearen Verbindungen zwischen allen Punkten des Bereiches nur innerhalb dieses Bereichs verlaufen und ihn nicht verlassen[2]. Diese Bedingung ist erfüllt; sie wird z.B. durch die eingezeichneten linearen Verbindungen zwischen den Punkten P_1 und P_2 sowie P_2 und P_3 verdeutlicht. Die Punkte P_1, P_2 und P_3 liegen auf der Oberfläche des zulässigen Bereichs, und alle Punkte auf den linearen Verbindungen liegen innerhalb des Bereichs.

---

1 Vgl. G. Hadley (1969), S. 158 ff.

2 Vgl. z.B. H.P. Künzi, W. Krelle (1962), S. 34 ff.

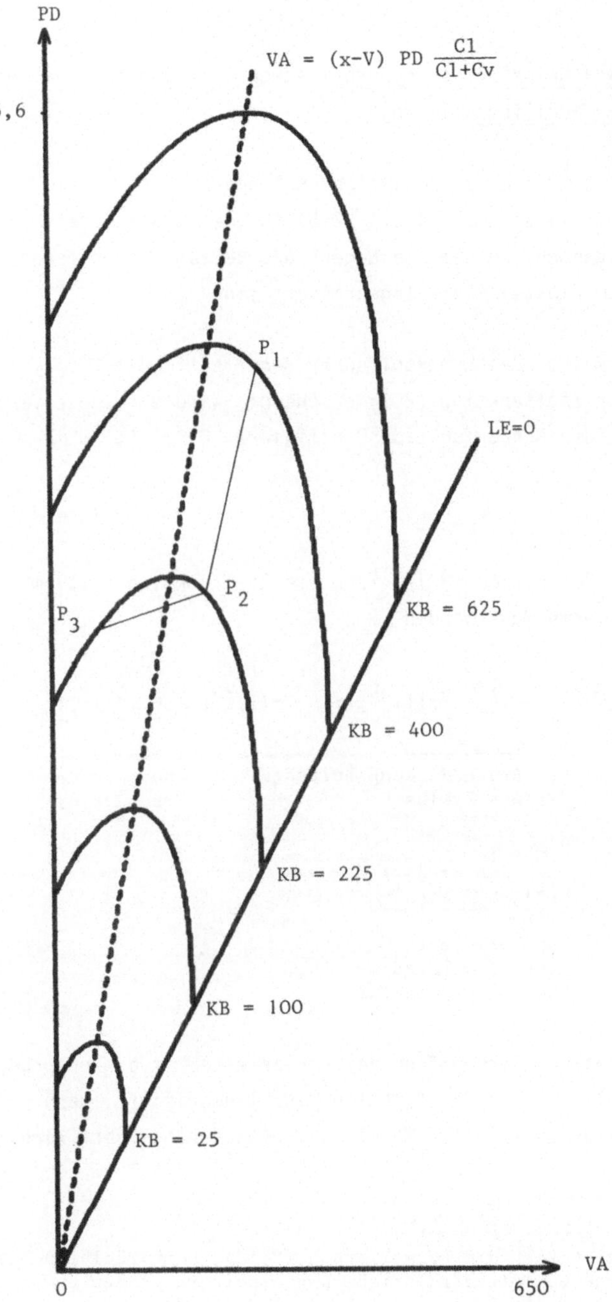

Abbildung 54: Isokostenverläufe beim erweiterten Produktionszyklus für unterschiedliche Bestandskosten KB pro Los in Abhängigkeit von der Produktionsdauer PD und dem Verzugsbestand VA bei Produktionsbeginn eines Loses (x = 200; V = 50; C1 = 0,1; Cv = 0,2)

412. Die Transformation der hyperbolischen - in eine äquivalente lineare Modellformulierung[1]

Für die Entwicklung einer äquivalenten linearen Modellformulierung wird von dem Planungsansatz (2.1) bis (2.5) für den erweiterten Produktionszyklus ausgegangen, in dem die Lager- und Verzugskosten bereits - entsprechend dem Kapitel 411 - linearisiert sind.

Zur Transformation des hyperbolischen Modells, in dem die Zyklusdauer D im Nenner der Zielfunktion (2.1) erscheint, wird eine neue Variable q als Kehrwert der Nennerfunktion D definiert. Es gilt:

$$(8.17) \qquad Dq = 1$$

Aufgrund der Definition (8.17) kann die Zielfunktion (2.1) mit Hilfe der Variablen q formuliert werden[2].

$$(8.18) \qquad G = q \; \underline{/}^{-} \sum_{i=1}^{in} \underbrace{(P_{z(i)} - k_{z(i)}) \; x_{z(i)} PD_i}_{\substack{\text{Bruttodeckungsbeiträge} \\ \text{pro Zyklus}}} - \underbrace{\sum_{i=1}^{in} Cr_{z(i)}}_{\substack{\text{Rüstkosten-} \\ \text{pro Zyklus}}}$$

$$- \underbrace{\sum_{i=1}^{in} (\hat{KL}_i + \hat{KV}_i)}_{\substack{\text{Approximierte La-} \\ \text{ger- und Verzugs-} \\ \text{kosten pro Zyklus}}} \underline{/} \rightarrow max$$

Die multiplikative Verknüpfung der Variablen q mit den ursprünglichen Modellvariablen in der Zielfunktion wird linearisiert, wenn die folgende Substitution für alle Modellvariablen durchgeführt wird.

---

1 Vgl. A. Charnes, W.W. Cooper (1962), S. 181 ff.

2 Formal ergibt sich die Formulierung (8.18), wenn Zähler und Nenner der Zielfunktion mit der Variablen q erweitert werden und der erweiterte Nenner gleich Eins gesetzt wird (8.17).

- 243 -

$$PD_i^* = PD_i\, q \qquad \forall\ i=1,in$$

$$S_i^* = S_i\, q \qquad \forall\ i=1,in$$

$$LE_i^* = LE_i\, q \qquad \forall\ i=1,in$$

$$SE_{is}^* = SE_{is}\, q \qquad \forall\ i=1,in;\ s=1,sn1$$

$$VA_i^* = VA_i\, q \qquad \forall\ i=1,in$$

$$SA_{is}^* = SA_{is}\, q \qquad \forall\ i=1,in;\ s=1,snv$$

$$\hat{KL}_i^* = \hat{KL}_i\, q \qquad \forall\ i=1,in$$

$$\hat{KV}_i^* = \hat{KV}_i\, q \qquad \forall\ i=1,in$$

$$F_i^* = F_i\, q \qquad \forall\ i=1,in$$

$$D^* = D\, q = 1$$

Mit Hilfe der substituierten, mit einem Stern gekennzeichneten Variablen ergibt sich folgende lineare Modellformulierung für den Planungsansatz (2.1) bis (2.5).

Zielfunktion ((2.1))

$$(8.19)\quad G = \underbrace{\sum_{i=1}^{in} (p_{z(i)} - k_{z(i)})\, x_{z(i)}\, PD_i^*}_{\substack{\text{Bruttodeckungsspanne}\\ \text{pro Zeiteinheit}}} - \underbrace{\sum_{i=1}^{in} Cr_{z(i)}\, q}_{\substack{\text{Rüstkosten}\\ \text{pro Zeitein-}\\ \text{heit}}} - \underbrace{\sum_{i=1}^{in} (KL_i^* + KV_i^*)}_{\substack{\text{Approximierte}\\ \text{Lager- und Ver-}\\ \text{zugskosten pro}\\ \text{Zeiteinheit}}} \to \max!$$

Abstimmungsbedingung ((2.2))

$$(8.20)\quad LE_i^* + VA_{f(i)}^* = V_{z(i)}\,\underline{/}\ \sum_{\substack{j=i+1 \\ \text{mod.in}}}^{f(i)-1} (S_j^* + tr_{z(j)}\, q + PD_j^*) + S_{f(i)}^* + tr_{z(f(i))}\, q\,\underline{/}$$

$$- F_i^* \qquad \forall\ i=1,in$$

Kapazitätsrestriktion ((2.3))

$$(8.21)\quad \sum_{i=1}^{in} (S_i^* + tr_{z(i)}\, q + PD_i^*) = 1 \qquad ^{1}$$

---

1 Die Bedingung $D^*=1$ (8.17) entfällt, wenn D^* durch die Konstante 1 ersetzt wird.

Bestandsbedingung ((2.4))

$$(8.22) \quad VA_i^* + LE_i^* = (x_{z(i)} - V_{z(i)})\, PD_i^* \qquad \forall\ i=1,in$$

Approximationsgleichungen für die Lager- und Verzugskosten ((8.13) bis (8.16))

$$(8.23) \quad LE_i^* = \sum_{s=1}^{snl} SE_{is}^* \qquad \forall\ i=1,in$$

$$(8.24) \quad VA_i^* = \sum_{s=1}^{snv} SA_{is}^* \qquad \forall\ i=1,in$$

$$(8.25) \quad \hat{KL}_i^* = \sum_{s=1}^{snl} \frac{x_{z(i)}\, Cl_{z(i)}}{2\, V_{z(i)} (x_{z(i)} - V_{z(i)})} (2s-1)\, DL_i\, SE_{is}^* \qquad \forall\ i=1,in$$

$$(8.26) \quad \hat{KV}_i^* = \sum_{s=1}^{snv} \frac{x_{z(i)}\, Cv_{z(i)}}{2\, V_{z(i)} (x_{z(i)} - V_{z(i)})} (2s-1)\, DV_i\, SA_{is}^* \qquad \forall\ i=1,in$$

Bereichsgrenzen für die Linearisierungsvariablen ((8.11) und (8.12))

$$(8.27) \quad 0 \le SE_{is}^* \le DL_i\, q \qquad \forall\ i=1,in;\ s=1,snl$$

$$(8.28) \quad 0 \le SA_{is}^* \le DV_i\, q \qquad \forall\ i=1,in;\ s=1,snv$$

Nicht-Negativitätsbedingung ((2.5))

$$(8.29) \quad PD_i^*,\ S_i^*,\ F_i^*,\ LE_i^*,\ VA_i^*,\ \hat{KL}_i^*,\ \hat{KV}_i^* \ge 0 \qquad \forall\ i=1,in$$

$$q > 0 \qquad [1]$$

Die Lösung des approximierten *und* transformierten Planungsansatzes (8.19)
bis (8.29) mit Hilfe der linearen Programmierung führt für q > 0 zu einer
optimalen Lösung des approximierten Modells, aus der die Lösungswerte
für die ursprünglichen Variablen durch eine Rücktransformation entsprechend den abgeleiteten Substitutionsbeziehungen gewonnen werden.

---

1 Die Bedingung q > 0 wird für Cl > 0 *und* Cv > 0 erfüllt.

42. Die Aufbereitung des dynamischen Modells

421. Der Einsatz der separablen Programmierung zur Approximation der Lager- und Verzugskosten

● **Linearisierung der Bestandskosten für Fertigerzeugnisse**

Zur Linearisierung des dynamischen Modells werden die insgesamt vier quadratischen Teilfunktionen der Lager- und Verzugskosten KB pro Los (3.5) zu den beiden Teilfunktionen KBE und KBA zusammengefaßt, die für die Bestandskosten pro Los in Abhängigkeit vom Bestand BE bei Produktionsende bzw. BA bei Produktionsbeginn eines Loses definiert werden.

$$(9.1)\quad KB = KBE + KBA = \underline{/}\ a \underbrace{\left\{ \begin{array}{l} C1\ BE^2\ \text{für}\ BE \gtreqless 0 \\[2mm] (-Cv\ BE^2)\ \text{für}\ BE < 0 \end{array} \right\}}_{KBE} + a \underbrace{\left\{ \begin{array}{l} (-C1\ BA^2)\ \text{für}\ BA \lesseqgtr 0 \\[2mm] Cv\ BA^2\ \text{für}\ BA < 0 \end{array} \right\}}_{KBA} \underline{/}$$

$$\text{mit}\ a = \frac{1}{2}\ \frac{x}{V}\ \frac{1}{x-V}$$

Der generell symmetrische Verlauf der Teilfunktionen KBE und KBA, die sich nur durch das Vorzeichen unterscheiden, ist in den Abbildungen 55 und 56 dargestellt. Für die polygonalen Funktionen $\hat{K}BE$ und $\hat{K}BA$ wird ein identischer Approximationsbereich zwischen b_0 und b_{sn} vorgegeben, der zu gleichfalls symetrischen Funktionen $\hat{K}BE$ und $\hat{K}BA$ führt, wenn die abgeleiteten Abschnittslängen DL (8.9) und DV (8.10) verwendet werden.

Aufgrund der Symmetrie der stückweise linearen Funktionen werden für Belegintervalle, in denen nicht produziert wird, d.h., für die BA = BE $\neq$ 0 gilt, - wie erforderlich - Bestandskosten in Höhe von Null im linearisierten Modell verrechnet.

Zur Linearisierung der Modellformulierung werden die speziellen Variablen SE_s und SA_s für jeden linearen Abschnitt s=1,...,r,...,sn definiert, wobei der Index r den jeweils letzten Abschnitt der Länge DV bezeichnet, der an der Stelle BE = 0 bzw. BA = 0 abschließt. Für die Variablen SE_s und

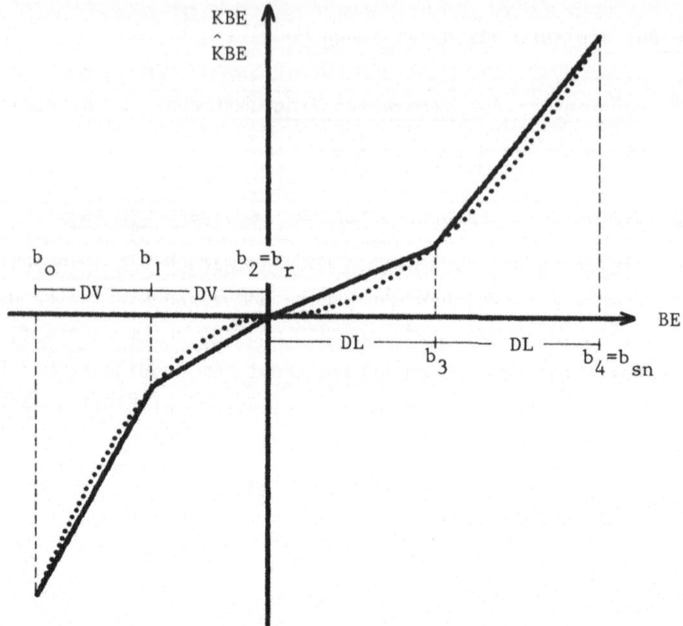

Abbildung 55: Bestandskosten pro Los in Abhängigkeit vom Bestand BE bei Produktionsende eines Loses ($Cl = 0,1$; $Cv = 0,2$)

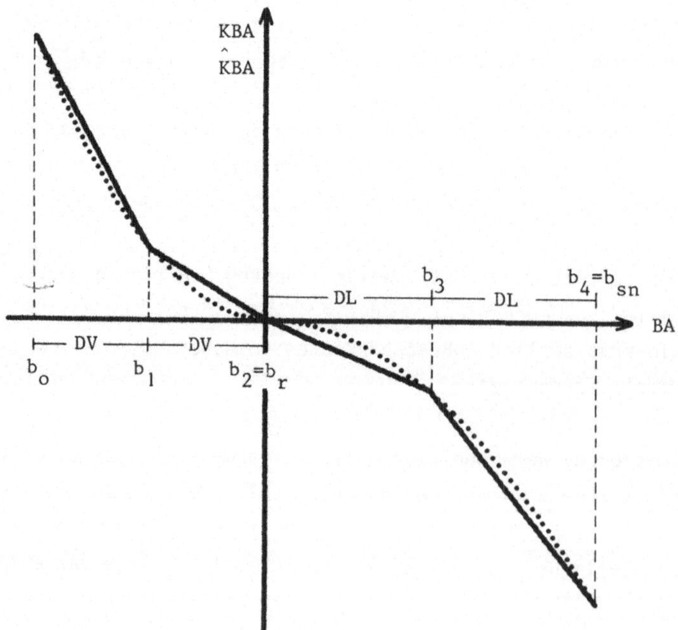

Abbildung 56: Bestandskosten pro Los in Abhängigkeit von Bestand BA bei Produktionsbeginn eines Loses ($Cl = 0,1$; $Cv = 0,2$)

SA_s gilt folgender Definitionsbereich.

$$(9.2) \qquad 0 \leq SE_s, \; SA_s \leq DV \qquad \forall \; s=1,r$$

$$(9.3) \qquad 0 \leq SE_s, \; SA_s \leq DL \qquad \forall \; s=r+1,sn$$

Der Bestand BE(BA) kann durch die Summe der Variablen SE_s(SA_s) dargestellt werden, wenn der absolut gesetzte Vorgabebestand b_0 von dieser
Summe subtrahiert wird.

$$(9.4) \qquad BE = \sum_{s=1}^{sn} SE_s - |b_0|$$

$$(9.5) \qquad BA = \sum_{s=1}^{sn} SA_s - |b_0|$$

Die approximierten Lager- und Verzugskosten $\hat{KBE}$ und $\hat{KBA}$, können entsprechend den Funktionen $\hat{KL}$ (8.15) und $\hat{KV}$ (8.16) abgeleitet werden.

$$(9.6) \qquad \hat{KBE} = \sum_{s=1}^{r} a \; Cv \; \underline{/}\; 2(r-s) + 1\;\underline{\_/} \; DV \; SE_s$$

$$\underbrace{\qquad\qquad\qquad\qquad\qquad}_{\text{Steigung von } \hat{KBE} \text{ im Abschnitt } s \leq r}$$

$$+ \sum_{s=r+1}^{sn} a \; C1 \; \underline{/}\; 2(s-r)-1\;\underline{\_/} \; DL \; SE_s$$

$$\underbrace{\qquad\qquad\qquad\qquad}_{\text{Steigung von } \hat{KBE} \text{ im Abschnitt } s > r}$$

$$- \qquad a \; Cv \; b_0^2$$

$$\underbrace{\qquad\qquad}_{\substack{\text{Konstante für zuviel} \\ \text{verrechnete Bestands-} \\ \text{kosten}}}$$

Die Funktion $\hat{KBA}$ ergibt sich entsprechend (9.6) mit umgekehrtem Vorzeichen.

$$(9.7) \qquad \hat{KBA} = - \sum_{s=1}^{r} a\, Cv\, \underline{/}^{-}2(r-s)+1\underline{}\overline{7}\, DV\, SA_s$$

$$- \sum_{s=r+1}^{sn} a\, Cl\, \underline{/}^{-}2(s-r)-1\underline{}\overline{7}\, DL\, SA_s$$

$$+ a\, Cv\, b_o^2$$

Für BE = b_o(BA=b_o) nehmen alle Variablen SE_s(SA_s) den Wert Null an, und die verrechneten Kosten entsprechen der Transformationskonstanten - a Cv b_o^2 (a Cv b_o^2). Für BE = b_{sn}(BA=b_{sn}) besitzen alle Variablen SE_s(SA_s) einen Werte in Höhe ihrer jeweiligen Obergrenze DV bzw. DL. Die zu verrechnenden Kosten betragen a Cl b_{sn}^2 (- a Cl b_{sn}^2). Liegt der Bestand BE(BA) zwischen b_o und b_{sn}, werden die Lager- und Verzugskosten korrekt approximiert, wenn die Variablen SE_s(SA_s) in aufsteigender Indexfolge mit maximal möglichem Wert eingesetzt werden, bis die Summe der Variablen den Wert BE(BA) erreicht. Alle folgenden, höher indizierten Variablen SE_s(SA_s) müssen somit den Wert Null annehmen.

Diese Reihenfolgebedingung wird hier - im Gegensatz zu den Zyklusmodellen[1] - nicht allein durch den Einsatz der Simplexmethode als Lösungsalgorithmus erfüllt, da die Funktion KBE im negativen Bestandsbereich und die Funktion KBA im positiven Bestandsbereich nicht konvex ist. Die Erfüllung dieser Bedingung kann mit Hilfe der Methode des beschränkten Basiseintritts[2] (*separable Programmierung*) erzwungen werden. Durch eine Modifikation des Simplexalgorithmus wird erreicht, daß - bei Verwendung der Upper-Boundingtechnik - gleichzeitig höchstens eine einzige Variable SE_j(SA_j) aus einer definierten Folge s=1,sn von Variablen SE_s(SA_s) in der Basis ist, wobei die übrigen Variablen SE_s(SA_s) für alle s=1,j-1 ihre Obergrenze DV bzw. DL sowie für alle s=j+1,sn den Wert Null annehmen. Diese Erweiterung der Simplexmethode ist weitgehend in der Standardsoftware zur linearen Programmierung enthalten[3].

---

1 Vgl. Kapitel 411 dieser Arbeit.

2 Vgl. G. Hadley (1969), S. 137 ff.; C.E. Miller (1963), S. 89 ff.; H.M. Wagner (1972), S. 551 ff.

3 Z.B. in dem Programmpaket: MPSX der IBM (1972), S. 238 ff.

Die separable Programmierung garantiert das Auffinden einer optimalen
Lösung des approximierten Modells, wenn *für das approximierte Modell* nur
ein einziges lokales Optimum existiert, das in diesem Fall mit dem globalen Optimum identisch ist. Lösungsgarantie liegt demnach im Fall der
Unimodularität des approximierten Problems vor. Diese Situation trifft
allgemein nur dann zu, wenn die Teilfunktionen $\hat{KBE}$ und $\hat{KBA}$ im gesamten
Definitionsbereich streng konvex sind und der Einsatz der separablen
Programmierung mit beschränktem Basiseintritt - wie im Fall der Zyklusmodelle[1] - nicht erforderlich ist[2], da die Simplexmethode allein zu einer
optimalen Lösung führt. In jedem anderen Fall, in dem mehrere lokale
Optima auftreten können, wird durch die separable Programmierung nur
das Auffinden eines beliebigen Optimums aus der Menge der lokalen Optima
des approximierten Problems garantiert.

Die separable Programmierung eignet sich zur Lösung linearer Probleme,
die zusätzlich einige konvexe und "schwach konkave" Funktionen enthalten[3]. Für Probleme dieser Art werden durch die separable Programmierung
i.d.R. lokale Optima gefunden, die in der Nähe eines globalen Optimums
liegen[4]. Die Einschränkung auf *einige* nicht lineare Funktionen erfolgt
aus Effizienzgründen, da für Probleme mit einer relativ großen Anzahl
nicht linearer Funktionen geeignetere Algorithmen, z.B. spezielle Suchverfahren, existieren, die in diesem Fall weniger Rechenzeit erfordern[5].

Für das vorliegende dynamische Modell ist die Anzahl der Nicht-Linearitäten
relativ gering, und die Bestandskostenfunktion wird keine "starken
Konkavitätseigenschaften" aufzuweisen, da die oben aufgestellte Forderung
nach Unimodularität des approximierten Problems für das ursprünglich
kontinuierliche Problem erfüllt wird. Die Unimodularität der Bestandskosten KB pro Los ist aus der Abbildung 57 zu erkennen, in der Isokostenverläufe für vorgegebene Bestandskosten KB pro Los in Abhängigkeit von

---

1 Vgl. Kapitel 411 dieser Arbeit.

2 Vgl. G. Hadley (1969), S. 158 ff.

3 Vgl. H.M. Wagner (1972), S. 557; IBM (1972), S. 243.

4 Vgl. G. Hadley (1969), S. 143.

5 Vgl. H.P. Künzi, W. Krelle (1962); H.P. Künzi, W. Oettli (1969).

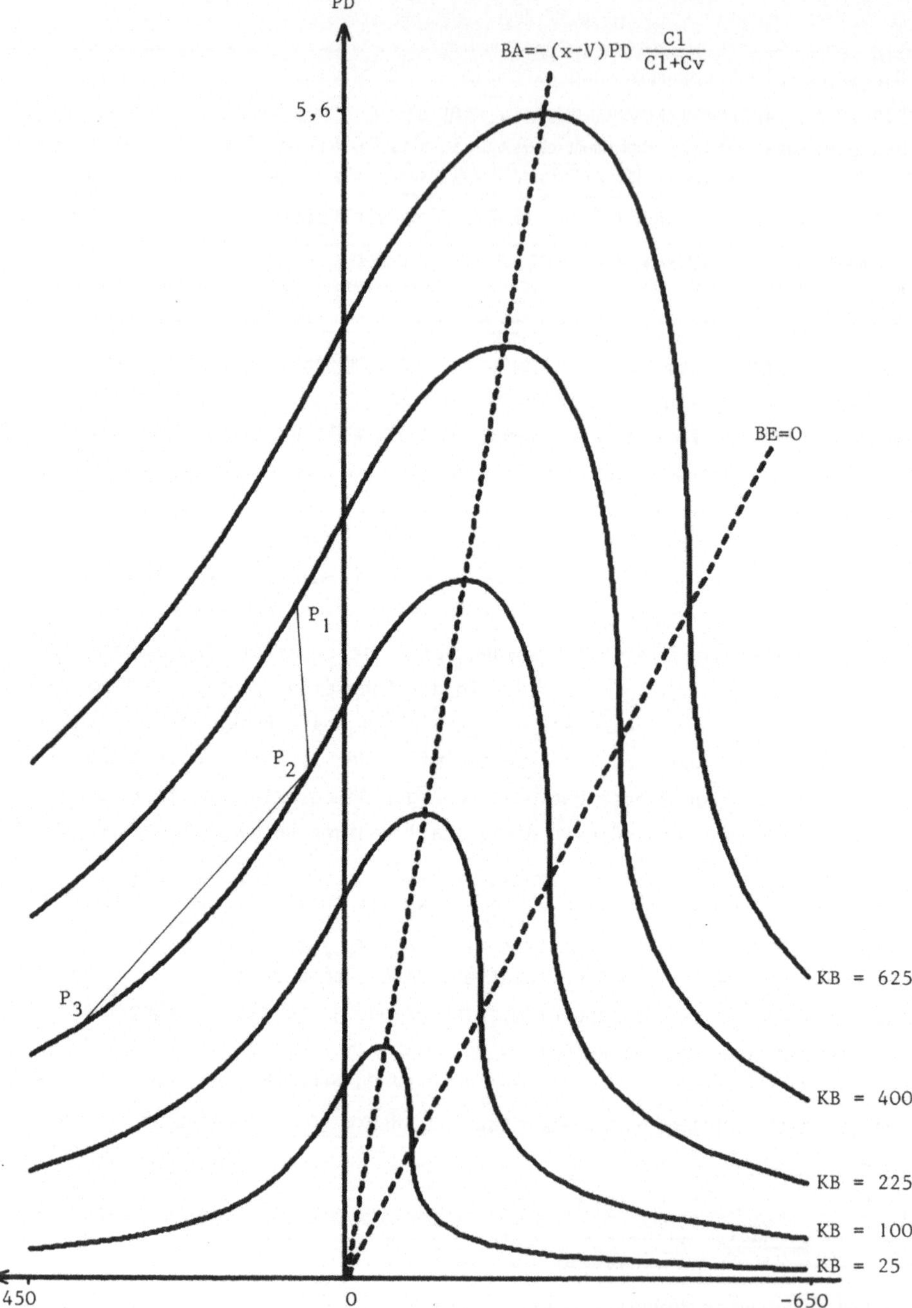

Abbildung 57: Isokostenverläufe beim dynamischen Modell für unterschiedliche Bestandskosten KB pro Los in Abhängigkeit von der Produktionsdauer PD und dem Anfangsbestand BA bei Produktionsbeginn eines Loses (x = 200; V = 50; Cl = 0,1; Cv = 0,2)

der Produktionsdauer PD und dem Bestand BA bei Produktionsbeginn dargestellt sind. Zwischen den Grenzen BA = 0 und BE = 0, die für das erweiterte Zyklusmodell den Definitionsbereich der Bestandsvariablen angeben[1],
ist der abgebildete Bereich streng konvex. Innerhalb dieses Bereichs liegt
das Optimum der Bestandskosten auf der gestrichelten Kammlinie, die der
abgeleiteten, für das strenge Zykluskonzept gültigen Losauflageregel (1.9)
entspricht. Außerhalb des streng konvexen Bereichs werden die Konvexitäts-
oder Konkavitätseigenschaften durch die linearen Verbindungen der Ober-
flächenpunkte P_1, P_2 und P_3 auf dem zulässigen Bereich verdeutlicht.
Die lineare Verbindung zwischen den Punkten P_1 und P_2 verläuft innerhalb
des zulässigen Bereichs (Konvexität), während die lineare Verbindung der
Punkte P_2 und P_3 den zulässigen Lösungsraum verläßt (Konkavität).

Die hier gemachte Annahme über das Auffinden eines Optimums in der Nähe
des globalen Optimums scheint zuzutreffen, da alle bisher erzielten numerischen Resultate durchaus zufriedenstellend sind, zumal wenn sie mit bereits veröffentlichten Planungsergebnissen anderer Autoren verglichen
werden[2].

● Linearisierung der Zwischenlagerkosten

Zur Linearisierung der Zwischenlagerkosten im mehrstufigen Modell ist
eine lineare Approximation der Gesamtbestandskosten KBS pro Los erforderlich, die sich entsprechend der Formel (6.15) als Summe der Bestandskosten
KBSE in Abhängigkeit vom Gesamtbestand BSE bei Produktionsende eines Loses
und der Bestandskosten KBSA in Abhängigkeit vom Gesamtbestand BSA bei Produktionsbeginn eines Loses ergeben.

$$(9.8) \quad KBS = KBSE + KBSA = \underbrace{a \; C1S \; BSE^2}_{KBSE} + \underbrace{(- \, a \; C1S \; BSA^2)}_{KBSA}$$

$$\text{mit } a = \frac{1}{2} \frac{x}{\bar{V}} \frac{1}{x - \bar{V}}$$

In den Abbildungen 58 und 59 ist eine mögliche lineare Approximation der
Teilfunktionen KBSE und KBSA mit identischen Abschnittslängen DSL abge-

---

1 Vgl. Abbildung 54 und die zugehörigen Erläuterungen.

2 Vgl. die im Kapitel 313 angegebenen numerischen Resultate mit den Planungsergebnissen bei K. Dellmann (1975), S. 184 ff. und bei D.B.
Pressmar (1977), S. 623 ff.

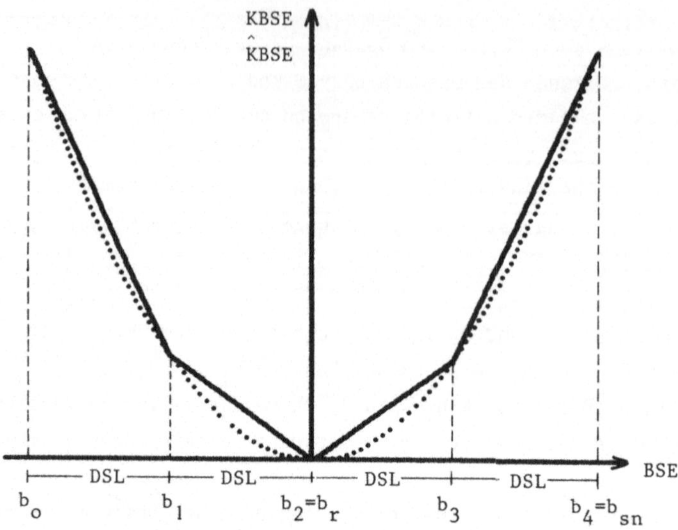

Abbildung 58: Gesamtbestandskosten pro Los in Abhängigkeit vom Gesamtbestand BSE bei Produktionsende eines Loses

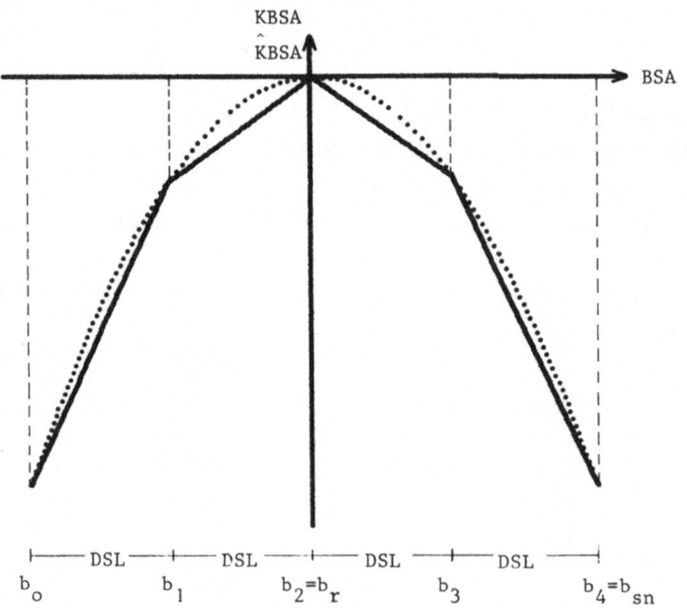

Abbildung 59: Gesamtbestandskosten pro Los in Abhängigkeit vom Gesamtbestand BSA bei Produktionsbeginn eines Loses

bildet. Die Abschnittslänge DSL kann entsprechend den Formeln (8.5)
bis (8.10) ermittelt werden, wenn anstelle des Lagerkostensatzes C1 der
zur Vereinfachung der Schreibweise definierte Kostensatz C1S verwendet
wird. Für die Linearisierung der Funktionen KBSE und KBSA werden die
speziellen Variablen SSE und SSA eingeführt, mit deren Hilfe sich folgende lineare Modellformulierung (9.9.) bis (9.13) ergibt.

$$(9.9) \qquad 0 \leq SSE_s, \ SSA_s \leq DSL \qquad \forall \ s=1,sn$$

$$(9.10) \qquad BSE = \sum_{s=1}^{sn} SSE_s - |b_o|$$

$$(9.11) \qquad BSA = \sum_{s=1}^{sn} SSA_s - |b_o|$$

$$(9.12) \qquad \hat{KBSE} = \sum_{s=1}^{sn} a \ C1S \ \underline{/}^-2(s-r)-1\underline{\_7} \ DSL \ SSE_s + C1S \ b_o^2$$

$$(9.13) \qquad \hat{KBSA} = -\sum_{s=1}^{sn} a \ C1S \ \underline{/}^-2(s-r)-1\underline{\_7} DSL \ SSA_s - C1S \ b_o^2$$

Die Konvexitäts- oder Konkavitätseigenschaften der Teilfunktionen KBSE
und KBSA werden durch die Abbildungen 58 und 59 verdeutlicht. Die Teilfunktion KBSE ist im gesamten Definitionsbereich konvex, d.h., für die
Folge der Variablen SSE_s mit s=1,sn ist kein beschränkter Basiseintritt
erforderlich, da bereits durch das Simplexkriterium der Einsatz der
Variablen SSE_s in aufsteigender Indexfolge garantiert wird. Für die Folge
der Variablen SSA_s mit s=1,sn muß allerdings der beschränkte Basiseintritt definiert werden, da die Teilfunktion KBSA konkav ist und die
Variablen SSA_s nur dann in aufsteigender Indexfolge eingesetzt werden,
wenn diese Forderung z.B. durch die separable Programmierung mit beschränktem Basiseintritt für die Folge der Variablen SSA_s erzwungen wird.

Die Konvexitäts- und Konkavitätseigenschaften der Gesamtbestandskosten
KBS = KBSE + KBSA pro Los werden aus der Abbildung 60 deutlich, in der
Isokostenverläufe für vorgegebene Gesamtbestandskosten KBS in Abhängigkeit von der Produktionsdauer PD und dem Gesamtbestand BSA bei Produktionsbeginn eines Loses dargestellt sind. Beim Übergang von einer Isoquante zur nächst höheren liegt Konvexität vor, da z.B. die lineare Verbindung zwischen den Oberflächenpunkten P_2 und P_1 unterhalb der Ober-

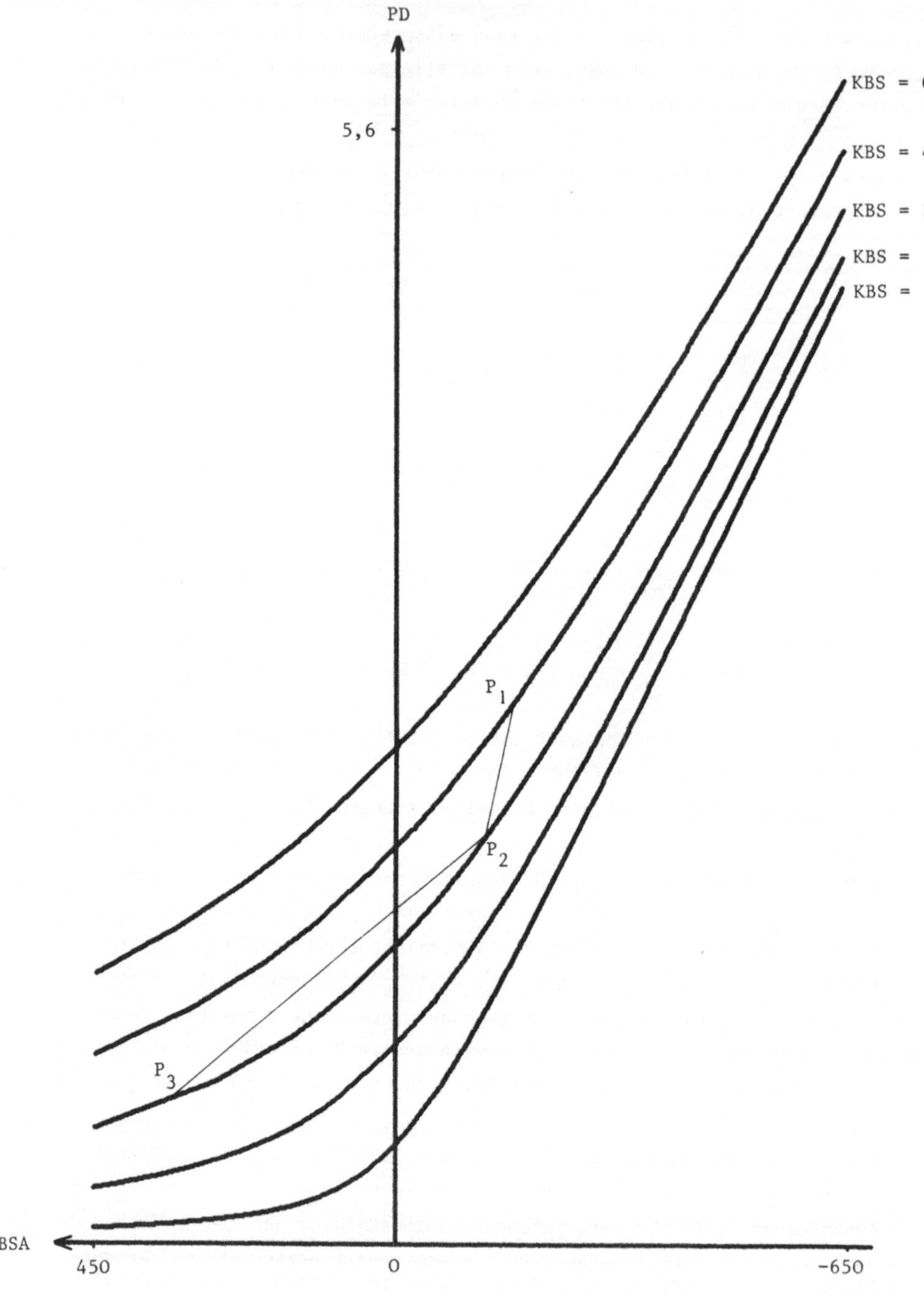

Abbildung 60: Isokostenverläufe für unterschiedliche Gesamtbestandskosten KBS pro Los in Abhängigkeit von der Produktionsdauer PD und dem Gesamtbestand BSA bei Produktionsbeginn eines Loses (x = 200; $\bar{V}$ = 50; C1S = 0,1)

fläche verläuft und den zulässigen Bereich nicht verläßt. Für zwei Punkte auf einer Isoquante, z.B. P_2 und P_3, verläuft die lineare Verbindung allerdings oberhalb des zulässigen Bereichs, d.h., die Funktion der Gesamtbestandskosten KBS pro Los ist nicht konvex.

Der Verlauf der Gesamtbestandskosten KBS kann im Vergleich zu den Bestandskosten KB für Fertigerzeugnisse nicht mehr als "schwach konkav" eingestuft werden. Diese Erkenntnis darf allerdings nicht dazu führen, den Einsatz der separablen Programmierung als Lösungsalgorithmus für das mehrstufige Modell zu verwerfen. Denn durch eine isolierte Betrachtung kann zwar die Konvexität einer Funktion beurteilt werden, die aufgrund der Linearität des Restriktionssystems im Rahmen des Modellzusammenhangs stets erhalten bleibt. Festgestellte Konkavitätseigenschaften einer isoliert betrachteten Funktion können jedoch im Rahmen des Gesamtmodells durch das lineare Restriktionssystem des Modells gemildert oder aufgehoben werden, wenn z.B. der konkave Bereich aufgrund von Restriktionen aus dem Lösungsraum ausgeschlossen wird. Folglich kann die im Rahmen des Gesamtmodells auftretende Konkavität einer nicht linearen Funktion i.d.R. nur durch eine simultane Betrachtung des Gesamtmodells festgestellt werden.

Die bislang vorliegenden Rechenerfahrungen mit dem mehrstufigen Modell lassen den Schluß zu, daß die separable Programmierung zumindest zu ökonomisch sinnvollen Lösungen führt. Inwieweit die ermittelten Optima dem globalen Optimum benachbart sind, kann z.Zt. nicht abgeschätzt werden.

422. Die Berücksichtigung der Bivalenzbedingung für die Rüstvariablen

Zur Ermittlung einer Lösung für das linearisierte dynamische Modell mit zusätzlichen 0/1-Bedingungen für die Rüstvariablen (3.17) bietet sich zunächst die ganzzahlige lineare Programmierung an, die als Zusatz in den meisten Standardprogrammen zur linearen Programmierung enthalten ist. Mit dem eingesetzten Programmpaket der IBM[1], "MPSX-Mixed Integer", können z.B. auf der vorhandenen Rechenanlage - IBM 360/50[2] - bei einer auf 10 Minuten begrenzten reinen Rechenzeit Probleme gelöst werden, die bis zu 40 Belegintervalle, d.h. 40 Binärvariable umfassen. Für kleinere

---

1 IBM (1972); IBM (1973).

2 Moderne Anlagen arbeiten mehr als 15 mal schneller.

praktische Planungsprobleme reichen 40 Belegintervalle in der Regel aus, um ein gutes Planungsergebnis zu erzielen.

Eine Möglichkeit, den Rechenaufwand für die Lösung größerer Planungsprobleme erheblich zu reduzieren, besteht darin, anstelle des ganzzahligen Programmierungsalgorithmus ein iteratives Näherungsverfahren einzusetzen, um von der "optimalen", nicht ganzzahligen Lösung zu einer "guten", jedoch nicht zwangsweise optimalen, ganzzahligen Lösung zu gelangen. Die Rüstvariablen können iterativ dem Wert Null bzw. Eins angenähert werden, wenn anstelle der Obergrenzen OG und der Untergrenzen UG in der eingesetzten Rüstbedingung (3.9), (3.10) bis (3.12) oder (4.16) mit (4.17) veränderbare Parameter PO_i für die Obergrenzen und PU_i für die Untergrenzen eingesetzt werden. Zu Beginn der Berechnung gilt $PO_i = OG_{z(i)}$ und $PU_i = UG_{z(i)}$ für alle Belegintervalle i. Nach Ermittlung der nicht ganzzahligen Optimallösung werden für alle Belegintervalle i beide Parameter PO_i und PU_i gleichgesetzt der Produktionsdauer PD_i, die in der aktuellen, nicht ganzzahligen Lösung realisiert wird. Anschließend wird durch eine Nach-Optimierung die optimale Lösung für die neue Parameterkonstellation bestimmt. Ist durch die erhaltene Lösung die Bivalenzbedingung nicht erfüllt, werden die Parameter wiederum entsprechend den ermittelten Werten für die Produktionsdauer PD_i verändert und die Nach-Optimierung fortgesetzt. Das Verfahren ist beendet, wenn für alle Rüstvariablen $u_i \in \{0,1\}$ gilt.

Ergibt sich aus einer nicht ganzzahligen Lösung während des Iterationsprozesses für die Produktionsdauer PD_i ein Wert von Null, werden die zugehörigen Parameter PO_i und PU_i nicht verändert. Andernfalls erhielten die Parameter den Wert Null, und die Produktionsdauer PD_i wäre z.B. aufgrund der Rüstbedingung (3.9) für den gesamten folgenden Iterationsprozeß auf Null fixiert. Zusätzlich ist zu beachten, daß während des Iterationsprozesses für die Rüstvariablen u_i Werte größer als Eins auftreten dürfen, d.h., in der ursprünglichen Modellformulierung wird für die Rüstvariable keine Obergrenze definiert; es gilt $0 \leq u_i \leq \infty$ für alle i=1,in.

Praktische Erfahrunge zeigen eine schnelle Konvergenz des vorgeschlagenen iterativen Näherungsverfahrens. Für alle getesteten Zahlenbeispiele war die Bedingung $u_i \in \{0,1\}$ spätestens nach 7 Iterationsschritten erfüllt. Zur Beurteilung der Eignung des Verfahrens wurden einige Beispiele

mit dem Näherungsverfahren *und* der ganzzahligen Programmierung gelöst.
Die Ergebnisse aus beiden Berechnungen waren mit einer Ausnahme stets
identisch. In diesem Fall ermittelte das Näherungsverfahren eine andere
Auflagenreihenfolge und einen um 0,79 Prozent geringeren Gewinnwert.

Symbolverzeichnis

ME = Mengeneinheiten; ZE = Zeiteinheiten; GE = Geldeinheiten

● <u>Indizes und Indexmengen</u>

a $= \begin{cases} \text{Zyklusmodell: Index für die ausgewählte Fehlmengensorte} \\ \text{Dynamisches Modell: Aggregatindex} \end{cases}$

an = Anzahl der Aggregate, auf denen ein Erzeugnis wahlweise parallel gefertigt werden kann

f(i) = Indexpointer für die nächste Auflage der gleichen Sorte bzw. für das nächste Belegintervall des gleichen Vor- oder Endproduktes auf dem gleichen Aggregat

I_e = Indexmenge aller Endprodukt-Belegintervalle

I_f = Indexmenge der Belegintervalle i mit definiertem Folgebelegintervall f(i)

I_H = Indexmenge der Belegintervalle, für die eine Änderung der Absatzgeschwindigkeit definiert ist

I_1 = Indexmenge der Belegintervalle, die dem Lager 1 zugeordnet sind

I_n = Indexmenge aller Vorprodukt-Belegintervalle

I_p = Indexmenge der Kuppelprozeß-Belegintervalle

I_w = Indexmenge der Belegintervalle, in denen Erzeugnisse wahlweise parallel gefertigt werden können

I_{wv} = Indexmenge der Belegintervalle, denen eine wahlweise Produktion des erforderlichen Vorproduktes auf verschiedenen Aggregaten vorangeht

I_z = Indexmenge der Belegintervalle für Produkt z

i = Auflagen- bzw. Belegintervallindex

in = Anzahl der Auflagen bzw. Belegintervalle; Obergrenze für den Index i

i1(z) = Index des zeitlich ersten Belegintervalls der Sorte z

in(z) = Index des zeitlich letzten Belegintervalls der Sorte z

i(a) = Index des zeitlich letzten Belegintervalls für Aggregat a j,k   = Hilfsindizes

l   = Lagerindex

N   = Indexmenge der direkten Nachfolgebelegintervalle

n(i)   = Indexpointer für das Nachfolgebelegintervall in der nächsten
              Produktionsstufe

n(i,p)   = Indexpointer für das Nachfolgebelegintervall des Kuppelpro-
              duktes p in der nachfolgenden Produktionsstufe

P   = Indexmenge der Kuppelprodukte aus einem Kuppelprozeß

p   = Kuppelproduktindex

r   = Index des Approximationsabschnittes, bei dessen Ende ein
              Bestand von Null vorliegt; $b_r = 0$

s   = Index für die linearen Abschnitte bei der Approximation
              der Lager- und Verzugskosten

sn   = Anzahl der Approximationsabschnitte

snl   = Anzahl der Approximationsabschnitte für die Lagerkosten
              (Zyklusmodell)

snv   = Anzahl der Approximationsabschnitte für die Verzugskosten
              (Zyklusmodell)

t   = Zeitindex

VG   = Indexmenge der direkten Vorgängerbelegintervalle

vg(i)   = Indexpointer für das Vorgängerbelegintervall in der voran-
              gegangenen Produktionsstufe

Ze   = Indexmenge aller Endprodukte

Zn   = Indexmenge aller Vorprodukte

z   = Sortenindex bzw. Index für Vor-, Zwischen- oder Endprodukte

zn   = Anzahl der Sorten; Obergrenze für den Index z

● <u>Modellvariable</u>

BA   = Bestand bei Produktionsbeginn eines Loses; nicht vorzeichen-
              beschränkte Variable $/\overline{}ME\_\overline{/}$

BE   = Bestand bei Produktionsende eines Loses; nicht vorzeichen-
              beschränkte Variable $/\overline{}ME\_\overline{/}$

BH   = Bestand zum Zeitpunkt einer Änderung der Absatzgeschwindigkeit; nicht vorzeichenbeschränkte Variable $/\overline{\ }ME\_/$

BSA   = Gesamtbestand bei Produktionsbeginn eines Loses; nicht vorzeichenbeschränkte Variable $/\overline{\ }ME\_/$

BSE   = Gesamtbestand bei Produktionsende eines Loses; nicht vorzeichenbeschränkte Variable $/\overline{\ }ME\_/$

BSn   = Gesamtbestand für ein Produkt bei Planungsende; nicht vorzeichenbeschränkte Variable $/\overline{\ }ME\_/$

BZ   = Zwischenlagerbestand aus vorangegangenen Losen; $BZ \geq 0$ $/\overline{\ }ME\_/$

D   = Zyklusdauer $/\overline{\ }ZE\_/$

Dkrit   = Kritische Zyklusdauer $/\overline{\ }ZE\_/$

Dmin   = Mindestzyklusdauer $/\overline{\ }ZE\_/$

Dopt   = Optimale Zyklusdauer $/\overline{\ }ZE\_/$

EGF   = Entgangener Deckungsbeitrag pro Zeiteinheit aufgrund von
Fehlmengen $/\overline{\ }GE/ZE\_/$

F   = Fehlmenge pro Los $/\overline{\ }ME\_/$

Fo   = Fehlmenge vor Produktionsbeginn des ersten Loses einer
Sorte $/\overline{\ }ME\_/$

FH   = Fehlmenge zwischen einer Änderung der Absatzgeschwindigkeit
und dem nächsten Belegintervall der betrachteten Sorte $/\overline{\ }ME\_/$

G   = $\begin{cases} \text{Zyklusmodelle: Deckungsbeitrag pro Zeiteinheit } /\overline{\ }GE/ZE\_/ \\ \text{Dynamisches Modell: Gewinn im Planungszeitraum } /\overline{\ }GE\_/ \end{cases}$

KB   = Bestandskosten $/\overline{\ }GE\_/$

KBA   = Bestandskosten in Abhängigkeit vom Bestand bei Produktionsbeginn eines Loses $/\overline{\ }GE\_/$

$\widehat{KBA}$ = Approximierte Bestandskosten KBA $/\overline{\ }GE\_/$

KBE   = Bestandskosten in Abhängigkeit vom Bestand bei Produktionsende eines Loses $/\overline{\ }GE\_/$

$\widehat{KBE}$ = Approximierte Bestandskosten KBE $/\overline{\ }GE\_/$

KBH   = Bestandskosten, die aus einer Änderung der Absatzgeschwindigkeit resultieren $/\overline{\ }GE\_/$

KBS   = Gesamtbestandskosten pro Los $[\,GE\,]$

KBSA   = Gesamtbestandskosten in Abhängigkeit vom Gesamtbestand bei Produktionsbeginn eines Loses $[\,GE\,]$

$\hat{\text{KBSA}}$ = Approximierte Gesamtbestandskosten KBSA $[\,GE\,]$

KBSE   = Gesamtbestandskosten in Abhängigkeit vom Gesamtbestand bei Produktionsende eines Loses $[\,GE\,]$

$\hat{\text{KBSE}}$ = Approximierte Gesamtbestandskosten KBSE $[\,GE\,]$

KL   = Lagerkosten pro Los $[\,GE\,]$

$\hat{\text{KL}}$ = Approximierte Lagerkosten pro Los $[\,GE\,]$

KLm   = Mengenabhängige Lagerkosten $[\,GE\,]$

KLz   = Belegzeitabhängige Lagerkosten $[\,GE\,]$

KV   = Verzugskosten pro Los $[\,GE\,]$

$\hat{\text{KV}}$ = Approximierte Verzugskosten pro Los $[\,GE\,]$

L   = Lagerbestand $[\,ME\,]$

LA   = Lagerbestand bei Produktionsbeginn eines Loses $[\,ME\,]$

LE   = Lagerbestand bei Produktionsende eines Loses $[\,ME\,]$

PB   = Produktionsbeginn eines Loses in einem Belegintervall (Zeitpunkt) $[\,ZE\,]$

PD   = Produktionsdauer pro Los $[\,ZE\,]$

q   = Transformationsvariable zur Transformation eines hyperbolischen- in ein äquivalentes lineares Programm

S   = Maschinenstillstandszeit zwischen zwei aufeinanderfolgenden Auflagen $[\,ZE\,]$

SA   = Linearisierungsvariable für die Bestände bei Produktionsbeginn eines Loses $[\,ME\,]$

SE   = Linearisierungsvariable für die Bestände bei Produktionsende eines Loses $[\,ME\,]$

SSA   = Linearisierungsvariable für die Gesamtbestände bei Produktionsbeginn eines Loses (Zwischenlagerkosten) $[\,ME\,]$

SSE   = Linearisierungsvariable für die Gesamtbestände bei Produktionsende eines Loses (Zwischenlagerkosten) $[\,ME\,]$

u   = Binäre Rüstvariable

VA   = Verzugsbestand bei Produktionsbeginn eines Loses $\underline{/}^-$ME$\underline{\,/}$

VE   = Verzugsbestand bei Produktionsende eines Loses $\underline{/}^-$ME$\underline{\,/}$

VM   = Vernichtungsmenge $\underline{/}^-$ME$\underline{\,/}$

w   = Reihenfolgeabhängige Rüstvariable

● <u>Modellkonstante und sonstige Symbole</u>

a   = $\begin{cases} \text{Zyklusmodell: Fehlmengensteuerparameter} \\ \text{Dynamisches Modell: Hilfsgröße } a = \dfrac{1}{2}\dfrac{x}{V}\dfrac{1}{x-V} \end{cases}$

Bo   = Bestand zu Beginn des Planungszeitraums $\underline{/}^-$ME$\underline{\,/}$

Bn   = Bestand am Ende des Planungszeitraums $\underline{/}^-$ME$\underline{\,/}$

BSo   = Gesamtbestand für ein Produkt bei Planungsbeginn $\underline{/}^-$ME$\underline{\,/}$

b   = $\begin{cases} \text{Zyklusmodell: Element eines Lösungsvektors bei der Auf-} \\ \qquad\quad\text{lösung eines linearen Gleichungssystems} \\ \text{Dynamisches Modell: Verzugs- bzw. Lagerbestand am Ende} \\ \qquad\quad\text{eines Approximationsabschnittes } \underline{/}^-\text{ME}\underline{\,/} \end{cases}$

bl   = Lagerbestand am Ende eines Approximationsabschnittes für die Lagerkosten (Zyklusmodell) $\underline{/}^-$ME$\underline{\,/}$

bv   = Verzugsbestand am Ende eines Approximationsabschnittes für die Verzugskosten (Zyklusmodell) $\underline{/}^-$ME$\underline{\,/}$

Cl   = Lagerkostensatz $\underline{/}^-$GE/(ME·ZE)$\underline{\,/}$

Clm   = Mengenabhängiger Lagerkostensatz $\underline{/}^-$GE/ME$\underline{\,/}$

ClS   = Modifizierter Lagerkostensatz $\underline{/}^-$GE/(ME·ZE)$\underline{\,/}$

Clz   = Zeitabhängiger Lagerkostensatz $\underline{/}^-$GE/ZE$\underline{\,/}$

Cr   = Rüstkosten pro Umrüstung $\underline{/}^-$GE$\underline{\,/}$

Cv   = Verzugskostensatz $\underline{/}^-$GE/(ME·ZE)$\underline{\,/}$

c   = Element eines Lösungsvektors bei der Auflösung eines linearen Gleichungssystems

DK   = Kostenabweichung zwischen der polygonalen- und kontinuierlichen Funktion in einem Approximationsabschnitt $\underline{/}^-$GE$\underline{\,/}$

DKmax   = Maximale Kostenabweichung DK $\underline{/}^-$GE$\underline{\,/}$

$\overline{DK}$ = Vorgegebene, maximal zulässige Kostenabweichung DK $/\,^-GE\_7$

DL = Identische Länge der Approximationsabschnitte im positiven Bestandsbereich $/\,^-ME\_7$

DLS = Identische Länge der Approximationsabschnitte für die Gesamtbestandskosten (Zwischenlagerkosten) $/\,^-ME\_7$

DV = Identische Länge der Approximationsabschnitte im negativen Bestandsbereich $/\,^-ME\_7$

dl = Länge eines Approximationsabschnitts im positiven Bestandsbereich $/\,^-ME\_7$

dv = Länge eines Approximationsabschnitts im negativen Bestandsbereich $/\,^-ME\_7$

f = Fehlmengenkostensatz $/\,^-GE/ME\_7$

g = Lagerkoeffizient $/\,^-ME/ME\_7$

H = Zeitpunkt einer Änderung der Absatzgeschwindigkeit $/\,^-ZE\_7$

KT = Losgrößenunabhängige Produktionskosten pro Zeiteinheit $/\,^-GE/ZE\_7$

k = Losgrößenunabhängige variable Produktionskosten $/\,^-GE/ME\_7$

LAB = Kumulierte Lagerabgänge $/\,^-ME\_7$

LD = Maximale Lagerdauer $/\,^-ZE\_7$

LK = Lagerkapazität $/\,^-ME\_7$

LZU = Kumulierte Lagerzugänge $/\,^-ME\_7$

m = Mengenfaktor; Input-Output-Relation

mod. = "modulo"-Funktion (Divisionsrest)

OG = Obergrenze für die Produktionsdauer einer Sorte in einem Belegintervall $/\,^-ZE\_7$

PO = Parameter für die Obergrenze der Produktionsdauer in einem Belegintervall $/\,^-ZE\_7$

PU = Parameter für die Untergrenze der Produktionsdauer in einem Belegintervall $/\,^-ZE\_7$

p = Verkaufspreis $/\,^-GE/ME\_7$

$\overline{T}$ = Planungszeitraum $/\,^-ZE\_7$

tr = Rüstzeit pro Umrüstung $\lceil$ ZE $\rfloor$

U = Mindestabsatzgeschwindigkeit $\lceil$ ME/ZE $\rfloor$

UG = Untergrenze für die Produktionsdauer einer Sorte in einem Belegintervall $\lceil$ ZE $\rfloor$

V = Absatzgeschwindigkeit $\lceil$ ME/ZE $\rfloor$

$\bar{V}$ = Durchschnittlicher Bedarf pro Zeiteinheit $\lceil$ ME/ZE $\rfloor$

VD = maximale Verzugsdauer $\lceil$ ZE $\rfloor$

x = Produktionsgeschwindigkeit $\lceil$ ME/ZE $\rfloor$

Abbildungsverzeichnis

Seite

Seite

Tabellenverzeichnis

Seite

Abkürzungsverzeichnis

MS   Management Science

OR   Operations Research

WISU   Das Wirtschaftsstudium

ZfB   Zeitschrift für Betriebswirtschaft

ZfbF   Zeitschrift für betriebswirtschaftliche Forschung

ZfhF   Zeitschrift für handelswissenschaftliche Forschung

Literaturverzeichnis

Adam, D. (1963), Simultane Ablauf- und Programmplanung bei Sortenfertigung mit ganzzahliger linearer Programmierung, in:
ZfB (1963), S. 233 ff.

Adam, D. (1969), Produktionsplanung bei Sortenfertigung, Wiesbaden 1969.

Adam, D. (1972), Quantitative und intensitätsmäßige Anpassung mit Inten-
sitäts-Splitting bei mehreren funktionsgleichen, kostenverschiedenen Aggregaten, in: ZfB (1972), S. 381-400.

Adam, D. (1972/1), Produktionsdurchführungsplanung, in: Jacob, H. (Hrsg.),
Industriebetriebslehre in programmierter Form, Bd. II,
Planung und Planungsrechnung, Wiesbaden 1972, S. 329-498.

Adam, D. (1975), Betriebswirtschaftliche Modelle: Aufgabe, Aufbau, Eignung, in: WISU (1975), S. 369-371 und S. 419-423.

Adam, D. (1976), Typen betriebswirtschaftlicher Modelle, in: WISU (1976),
S. 1-5.

Adam, D. (1976/1), Zeitablaufbezogene Interpretation von Ergebnissen aus
zeitablaufunabhängigen Modellen, dargestellt am Beispiel
eines Produktionsaufteilungsproblems, in: ZfB (1976),
S. 149-161.

Adam, D. (1976/2), Zeitablaufbezogene Interpretation von Ergebnissen eines
zeitablaufunabhängigen Modells zur Losgrößen- und Programmplanung bei zeitlich abgestimmten Losauflagerhythmen,
in: ZfB (1976), S. 263-280.

Adam, D. (1976/3), Produktionspolitik, Wiesbaden 1976.

Adam, D. (1977), Produktions- und Kostentheorie, 2. Aufl., Düsseldorf
1977.

Albach, H. (1962), Investition und Liquidität, Wiesbaden 1962.

Angermann, A. (1963), Industrielle Planungsrechnung, Bd. 1, Entscheidungsmodelle, Frankfurt 1963.

Argyris, A. (1977), Optimale Fertigungsablaufplanung, Kritische Überprüfung und Erwägung des Ablaufplanungsproblems und Entwicklung statischer und dynamischer Ablaufplanungsmo-
delle in der Werkstattfertigung, Berlin 1977.

Baker, K.R. (1970), On Madigan's Approach to the Deterministic Multi-
Product Production and Inventory Problem, in: MS (1970),
S. 636 ff.

Bellmore, M., Nemhauser, G.L. (1968), The Traveling Salesman Problem:
A Survey, in: OR (1968), S. 538 ff.

Berr, U., Papendieck, A. (1968), Algebraische Methoden der Teilebedarfs-
ermittlung, in: Werkstatt-Technik (1968), S. 172 ff.

Bomberger, E.E. (1966), A Dynamic Programming Approach to a Lot Size
          Scheduling Problem, in: MS (1966), S. 778 ff.

Born, A. (1976), Entscheidungsmodelle zur Investitionsplanung. Ein Bei-
          trag zur Konzeption der flexiblen Planung, Wiesbaden 1976.

Buffa, E.S. (1963), Modells for Production and Operations Management, New
          York-London 1963.

Charnes, A., Cooper, W.W. (1962), Programming with Linear Fractional
          Functionals, Naval Research Logistics Quarterly (1962),
          S. 181-186.

Churchman, C.W., Ackoff, R.L., Arnoff, E.L. (1966), Operations Research,
          3. Aufl., Wien-München 1966.

Conway, R.W., Maxwell, W.L., Miller L.W. (1967), Theory of Scheduling,
          Reading, Mass., 1967.

Dantzig, G.B. (1966), Lineare Programmierung und Erweiterungen, Berlin-
          Heidelberg-New York 1966.

Dellmann, K., Nastansky, L. (1969), Kostenminimale Produktionsplanung bei
          rein intensitätsmäßiger Anpassung mit differenzierten
          Intensitätsgraden, in: ZfB (1969), S. 239 ff.

Dellmann, K. (1975), Entscheidungsmodelle für die Serienfertigung,
          Opladen 1975.

Delporte, C.M., Thomas, L.J. (1977), Lot Sizing and Sequencing for N
          Products on One Facility, in: MS (1977), S. 1070 ff.

Dinkelbach, W. (1964), Zum Problem der Produktionsplanung in Ein- und
          Mehrproduktunternehmen, Würzburg-Wien 1964.

Dinkelbach, W. (1973), Modell - ein isomorphes Abbild der Wirklichkeit?,
          in: Grochla, E., Szyperski, N. (Hrsg.), Modell- und
          computergestützte Unternehmensplanung, Wiesbaden 1973,
          S. 151-162.

Dobbeler, C. v. (1920), Berechnung der wirtschaftlichsten Fertigungsein-
          heit bei der Aufstellung eines Fertigungsplanes, Der
          Betrieb (1920), S. 213 ff.

Doll, C.L., Whybark, D.C. (1973), An Iterative Procedure for the Single-
          Maschine Multi-Product Lot Scheduling Problem, MS (1973),
          S. 50 ff.

Domainko, D. (1966), Die rationelle Organisation des innerbetrieblichen
          Transportes, in: Industrielle Organisation (1966), S.
          21-30.

Dürr, K. (1952), Die Bemessung der Auflage in der Serienfabrikation,
          Bern 1952.

Eilon, S. (1962), Elements of Produktion Planning and Control, New York
          1962.

Ellinger, Th. (1959), Ablaufplanung, Grundfragen der Planung des zeit-
    lichen Ablaufs der Fertigung im Rahmen der industriellen
    Produktionsplanung, Stuttgart 1959.

Elmaghraby, S.E., Mallik, A.A. (1973), The Scheduling of a Multi-Product
    Facility, Symposion on the Theory of Scheduling and Its
    Applications, Berlin-Heidelberg-New York 1973.

Fackelmeyer, A. (1966), Materialfluß, Planung und Gestaltung, Düsseldorf
    1966.

Gerhardt, C. (1966), Bestimmungsmöglichkeiten optimaler Produktionsprogram-
    me bei primärer Verbundproduktion, Diss. Hamburg 1966.

Grochla, E. (1969), Modelle als Instrument der Unternehmensführung, in:
    ZfbF (1969), S. 382-397.

Grötschel, M., Padberg, N.W. (1975), Partial Linear Characterisations of
    the Asymetric Travelling Salesman Polytope, in:
    Mathematical Programming (1975), S. 378 ff.

Günther, H. (1971), Das Dilemma der Arbeitsablaufplanung, Zielverträg-
    lichkeiten bei der zeitlichen Strukturierung, Berlin
    1971.

Gutenberg, E. (1960), Sortenproblem und Losgröße, in: Handwörterbuch der
    Betriebswirtschaft, 3. Aufl., Stuttgart 1960, Spalte
    4897 ff.

Gutenberg, E. (1975), Grundlagen der Betriebswirtschaftslehre, Bd. 3,
    Die Finanzen, 7. Aufl., Berlin-Heidelberg-New York 1975.

Gutenberg, E. (1976), Einführung in die Betriebswirtschaftslehre, Bd. 1,
    Die Produktion, 22. Aufl., Berlin-Heidelberg-New York
    1976.

Hadley, G. (1962), Linear Programming, London 1962.

Hadley, G. (1969), Nichtlineare und dynamische Programmierung, in deut-
    scher Sprache herausgegeben von Künze, H.P., Würzburg-
    Wien 1969.

Hadley, G., Within, T.H. (1963), Analysis of Inventory Systems,
    Englewood Cliffs, N.J. 1963.

Hansmann, F. (1962), Operations Research in Production and Inventory
    Control, New York-London 1962.

Hax, H. (1964), Investitionsplanung mit Hilfe der linearen Programmie-
    rung, in: ZfbF (1964), S. 430 ff.

Heinen, E. (1976), Grundfragen der entscheidungsorientierten Betriebs-
    wirtschaftslehre, München 1976.

Held, M., Karp, R.M. (1970), The Traveling-Salesman Problem and Minimum
    Spanning Trees, in: OR (1970), S. 1138 ff.

Held, M., Karp. R.M. (1971), The Traveling-Salesman Problem and Minimum
              Spanning Trees: Part II, in: Mathematical Programming
              (1971), S. 6 ff.

Hoss, K. (1965), Fertigungsablaufplanung mittels operationsanalytischer
              Methoden unter Berücksichtigung des Ablaufplanungs-
              dilemmas in der Werkstattfertigung, Würzburg-Wien 1965.

IBM (1972), Mathematical Programming System-Extended (MPSX), and
              Generalized Upper Bounding (GUB), Program Description,
              Program Number 5734-XM4, IBM-Form-Nr. SH 20-0968-1,
              2. Aufl., New York 1972.

IBM (1973), Mathematical Programming System Extended (MPSX), Mixed Integer
              Programming (MIP) Program Description, Program Number
              5734-XM4, IBM-Form-Nr. SH 20-0908-1, 2. Aufl.,
              New York 1973.

Jacob, H. (1962), Investitionsplanung auf der Grundlage der linearen
              Optimierung, in: ZfB (1962), S. 651 ff.

Jacob, H. (1963), Produktionsplanung und Kostentheorie, in: Zur Theorie
              der Unternehmung, Festschrift für E. Gutenberg, Wies-
              baden 1963, S. 206 ff.

Jacob, H. (1969), Der Absatz, in: Jacob, H. (Hrsg.), Allgemeine Betriebs-
              wirtschaftslehre in programmierter Form, Wiesbaden 1969,
              S. 287 ff.

Jacob, H. (1971), Zur optimalen Planung des Produktionsprogramms bei Ein-
              zelfertigung, in: ZfB (1971), S. 495-516.

Jacob, H. (1971/1), Investitionsplanung und Investitionsentscheidung mit
              Hilfe der Linearprogrammierung, 2. erw. Aufl., Wies-
              baden 1971.

Jacob, H. (1972), Die Planung des Produktions- und Absatzprogramms, in:
              Jacob, H. (Hrsg.), Industriebetriebslehre in programmier-
              ter Form, Bd. II, Planung und Planungsrechnung, Wies-
              baden 1972, S. 39-260.

Jacob, H. (1974), Unsicherheit und Flexibilität - Zur Theorie der Pla-
              nung bei Unsicherheit, in: ZfB (1974), S. 299-326,
              403-448, 505-526.

Jaeschke, G. (1964), "Branching and Bounding" eine allgemeine Methode
              zur Lösung kombinatorischer Probleme, in: Ablauf- und
              Planungsforschung (1964), S. 133 ff.

Karrenberg, R., Scheer, A.W. (1970), Ableitung des kostenminimalen Ein-
              satzes von Aggregaten zur Vorbereitung der Optimierung
              simultaner Planungssysteme, in: ZfB (1970), S. 689 ff.

Kilger, W. (1966), Optimale Verfahrenswahl bei gegebenen Kapazitäten,
              in: Produktionstheorie und Produktionsplanung, Moxter,
              A., Schneider, D., Wittmann, W. (Hrsg.), Köln-Opladen
              1966, S. 155 ff.

Kilger, W. (1973), Optimale Produktions- und Absatzplanung, Opladen 1973.

Kilger, W. (1973/1), Optimale Preispolitik bei Saisonschwankungen der Absatzmengen, in: Koch, H. (Hrsg.), Zur Theorie des Absatzes, Wiesbaden 1973, S. 175 ff.

Kilger, W. (1975), Die Produktionsplanung mit Hilfe der mathematischen Programmierung - kritische Analyse der praktischen Anwendungsmöglichkeiten, in: Hansen, H.R. (Hrsg.), Informationssysteme im Produktionsbereich, München 1975, S. 121-140

Knuth, D.E. (1973), The Art of Computer Programming, Vol. 1, Fundamental Algorithms, 2. Aufl., Reading, Massachusetts 1973.

Kortzfleisch, G. (1972), Systematik der Produktionsmethoden, in: Jacob, H. (Hrsg.), Industriebetriebslehre in programmierter Form, Bd. I, Grundlagen, Wiesbaden 1972, S. 119-206.

Kosiol, E. (1961), Modelle als Grundlage unternehmerischer Entscheidungen, in: ZfhF (1961), S. 318-334.

Kosiol, E. (1966), Die Unternehmung als wirtschaftliches Aktionszentrum, Reinbek b. Hamburg 1966.

Krippendorff, H. (1967) (Hrsg.), 1. Deutsches Materialfluß- und Transporthandbuch, München 1967.

Krycha, K.T. (1972), Methoden zur Ablaufplanung, Frankfurt/Main-Zürich 1972.

Künzi, H.P., Krelle, W. (1962), Nichtlineare Programmierung, Berlin-Göttingen-Heidelberg 1962.

Künzi, H.P., Oettli, W. (1969), Nichtlineare Optimierung: Neuere Verfahren Bibliographie, Berlin-Heidelberg-New York 1969.

Liesegang, D.G. (1974), Möglichkeiten zur wirkungsvollen Gestaltung von Branch and Bound-Verfahren dargestellt an ausgewählten Problemen der Reihenfolgeplanung, Diss. Köln 1974.

Lin, S., Kerninghan, B.W. (1973), An Effective Heuristic Algorithm for the Traveling Salesman Problem, in: OR (1973), S. 498 ff.

Little, J.D.C., Murty, K.G., Sweeny, D.W., Karel, C. (1963), An Algorithm for the Traveling Salesman Problem, in: OR (1963), S. 972 ff.

Lomniki, Z.A. (1965), A 'Branch-and-Bound' Algorithm for the Exact Solution of the Three Maschine Schedling Problem, in: Operations Research Quarterly (1965), S. 89 ff.

Lücke, W. (1957), Die optimale Auflegungszahl, in: ZfB (1957), S. 344 ff.

Lücke, W. (1962), Finanzplanung und Finanzkontrolle, Wiesbaden 1962.

Madigan, J.G. (1968), Scheduling a Multi-Product Single Maschine System
for an Infinite Planing Period, in: MS (1968), S. 713 ff.

Magee, J.F. (1958), Production Planing and Inventory Control, New York-
London 1958.

Manne, A.S. (1963), On the Job-shop Scheduling Problem, in: Muth, J.F.,
Thompson, G.L. (Hrsg.), Industrial Scheduling, 2. Aufl.,
Inc., Englewood Cliffs, New Jersey (1963), S. 187 ff.

Maxwell, W.L. (1964), The Scheduling of Economic Lot Sizes, in: Naval
Research Logistics Quarterly (1964), S. 89 ff.

Miller, C.E. (1963), The Simplex Method for Local Separable Programming,
in: Graves, R.L., Wolfe, P. (Hrsg.), Recent Advances in
Mathematical Programming (1963), S. 89-100.

Modigliani, F., Hohn, F.E. (1955), Production Planing over Time and the
Nature of the Expectations and Planing Horizon, in:
Econometrica (1955), S. 46 ff.

Müller-Merbach, H. (1961), Die Bestimmung optimaler Lagermengen, in:
Zeitschrift für wirtschaftliche Fertigung, Qualitäts-
kontrolle (1961), S. 142-146.

Müller-Merbach, H. (1962), Die Bestimmung optimaler Losgrößen bei Mehr-
produktfertigung, Diss. Darmstadt 1962.

Müller-Merbach, H. (1968), Die Berechnung des unterminierten und termi-
nierten Teilebedarfs mit dem Gozinto-Graph, in: Bußmann,
K.F., Mertens, P. (Hrsg.), Operations Research und
Datenverarbeitung bei der Produktionsplanung, Stuttgart
1968.

Müller-Merbach, H. (1970), Optimale Reihenfolgen, Berlin-Heidelberg-
New York 1970.

Orth, L. (1961), Die Eignung der Losgrößenformel als Instrument der Produktionsplanung, in: ZfhF (1961), S. 738 ff.

Pack, L. (1963), Optimale Bestellmenge und optimale Losgröße - Zu
einigen Problemen ihrer Ermittlung, in: ZfB (1963),
S. 465 ff. und S. 573 ff.

Pack, L. (1964), Optimale Bestellmenge und optimale Losgröße, Wiesbaden
1964.

Pack, L. (1970), Optimale Produktionsplanung als Entscheidungsproblem,
in: ZfB (1970), S. 67 ff.

Pfaffenberger, U. (1960), Produktionsplanung bei reihenfolgeabhängigen
Maschinenumstellkosten, in: Unternehmensforschung
(1960), S. 31 ff.

Piehler, J. (1960), Ein Beitrag zum Reihenfolgeproblem, in: Unternehmensforschung (1960), S. 138 ff.

Piesch, W. (1968), Die Lösung einer Klasse von Produktionsglättungsmodellen, Tübingen 1968.

Pressmar, D.B. (1974), Stationäre Planung und Losgrößenanalyse, in: ZfB (1974), S. 729 ff.

Pressmar, D.B. (1977), Zur optimalen Bestimmung einer nicht stationären Losgrößenpolitik unter Berücksichtigung von Verzugsmengenkosten, in: ZfB (1977), S. 609 ff.

Riebel, P. (1955), Die Kuppelproduktion, Betriebs- und Marktprobleme, Köln und Opladen 1955.

Rogers, J. (1958), A Computational Approach to the Economic Lot Scheduling Problem, in: MS (1958), S. 264 ff.

Schlüter, H. (1954), Zum Problem der optimalen Losgröße, in: ZfB (1954), S. 188 ff.

Schneider, D. (1975), Investition und Finanzierung, Lehrbuch der Investitions-, Finanzierungs- und Ungewißheitstheorie, 4. Aufl., Köln-Opladen 1975.

Seelbach, H. (1967), Planungsmodelle in der Investitionsrechnung, Würzburg-Wien 1967.

Seelbach, H. (1975), Ablaufplanung, Würzburg-Wien 1975.

Siegel, Th. (1974), Optimale Maschinenbelegungsplanung, Zweckmäßigkeit der Zielkriterien und Verfahren zur Lösung des Reihenfolgeproblems, Berlin 1974.

Strobel, W. (1964), Simultane Losgrößenbestimmung bei stationären Modellen, in: ZfB (1964), S. 241 ff.

Swoboda, P. (1965), Die simultane Planung von Rationalisierungs- und Erweiterungsinvestitionen und von Produktionsprogrammen, in: ZfB (1965), S. 148 ff.

Taha, H.A. (1975), Integer Programming: Theory, Applications and Computations, Academic Press 1975.

Teichmann, H. (1975), Der optimale Planungshorizont, in: ZfB (1975), S. 295-312.

Thormählen, M.V. (1974), Ein computergestütztes Produktionsplanungssystem für Rezepturbetriebe, Wiesbaden 1974.

Vazsonyi, A. (1962), Die Planungsrechnung in Wirtschaft und Industrie, Wien 1962.

Wagner, H.M. (1972), Principles of Operations Research, 2. Aufl., London 1972.

Waldmann, J. (1971), Optimale Unternehmensfinanzierung, Wiesbaden 1971.

Winkler, H. (1977), Warenverteilungsplanung. Ein Beitrag zur Theorie der industriebetrieblichen Warenverteilung, Wiesbaden 1977.

Wismer, D.A. (1972), Solution of the Flowshop-Scheduling Problem with
        No Intermediate Queues, in: OR (1972), S. 689 ff.

Witte, Th. (1978), Heuristische Vorgehensweisen bei der Strukturierung
        betrieblicher Planungsprobleme, Habilitationsschrift,
        Münster 1978.